中国高校艺术专业技能与实践系列教材

国家产品艺术设计高水平专业群系列教材

设计程序与方法

SHEJI CHENGXU YU FANGFA

桂元龙 ◆ 总主编

李　楠　况雯雯　周唯为 ◆ 编　著

人民美術出版社

北京

图书在版编目（CIP）数据

设计程序与方法 / 桂元龙总主编；李楠，况雯雯，周唯为编著. -- 北京：人民美术出版社，2024.1

中国高校艺术专业技能与实践系列教材　国家产品艺术设计高水平专业群系列教材

ISBN 978-7-102-09219-5

Ⅰ. ①设… Ⅱ. ①桂… ②李… ③况… ④周… Ⅲ. ①设计学－高等学校－教材 Ⅳ. ① TB21

中国国家版本馆 CIP 数据核字（2023）第 161175 号

中国高校艺术专业技能与实践系列教材

ZHONGGUO GAOXIAO YISHU ZHUANYE JINENG YU SHIJIAN XILIE JIAOCAI

国家产品艺术设计高水平专业群系列教材

GUOJIA CHANPIN YISHU SHEJI GAO SHUIPING ZHUANYEQUN XILIE JIAOCAI

设计程序与方法

SHEJI CHENGXU YU FANGFA

编辑出版　人民美術出版社

（北京市朝阳区东三环南路甲3号　邮编：100022）

http://www.renmei.com.cn

发行部：（010）67517799

网购部：（010）67517743

总 主 编　桂元龙

编　　著　李　楠　况雯雯　周唯为

责任编辑　范　榕

装帧设计　茹玉霞

责任校对　李　杨

责任印制　胡雨竹

制　　版　北京字间科技有限公司

印　　刷　天津图文方嘉印刷有限公司

经　　销　全国新华书店

开　本：889mm×1194mm　1/16

印　张：13

字　数：300千

版　次：2024年1月　第1版

印　次：2024年1月　第1次印刷

印　数：0001—2000册

ISBN　978-7-102-09219-5

定　价：79.00元

如有印装质量问题影响阅读，请与我社联系调换。（010）67517850

序　言

FOREWORD

喜闻桂元龙教授主编“国家产品艺术设计高水平专业群系列教材”即将付梓，欣喜之。

常记得著名美学家朱光潜先生的座右铭：“此身、此时、此地。”朱老先生对这句话的解读，朴素且实在：凡是此身应该做且能够做的事情，绝不推诿给别人；凡是此刻做且能做的事情，便不推延到将来；凡是此地应该做且能够做的事，不要等未来某一个更好的环境再去做。在当代高职教育人的身上，我亦深深感受到了这样的勤勉与担当。作为与中华人民共和国一同成长起来的新时代职教人，于教材创新这件事，他们觉得能做、应该做、应该现在做。于是，我们迎来了桂元龙教授主编的“国家产品艺术设计高水平专业群系列教材”。

情怀和梦想之所以充满诗意，往往因为它们总是时代的一个个注脚，不经意就照亮了人间前程。中华人民共和国的高职教育，历经改革开放40多年的发展，在新时代的伊始，亦明晰了属于自己的诗和远方。“双高”计划的出台，其意义不仅仅是点明了现代高职教育高质量发展的道路，更是几代人“大国工匠”的梦想一点点地照进现实的写照。

时光迈入新世纪第二个十年，《国家职业教育改革实施方案》《关于实施中国特色高水平高职学校和专业建设计划的意见》等政策文件的发布，吹响了中国现代职业教育再攀高峰的号角。广东轻工职业技术学院作为粤港澳大湾区内历史最悠久、专业(群)门类最齐全、全面服务产业转型升级的国家示范性高职院校，亦在2019年成功申报为国家“双高”职校，艺术设计学院产品艺术设计专业群成功申报为国家“双高”专业群，更是可喜可贺！“国家产品艺术设计高水平专业群系列教材”诞生在这样的背景下，于我看来，这是对我们近40年中国特色高等职业教育最好的献礼。

教材是教学之本，教育活动中，各专业领域的知识与技术成果最终都将反映在教材上，并以此作为媒介向学生传播。由此观之，作为国家“三教改革”重点领域之一的教材，其重要性不言而喻。依据什么原则筛选放入教材内容、应该把什么样的内容放入教材、在教材中如何组织内容，这是现代高等职业教育教材编制的经典三问。而“国家产品艺术设计高水平专业群系列教材”则用“项目化”“模块化”“立体化”三个词，完美回答了这一系列灵魂拷问。在高质量发展成为当代高等职业教育生命线的当下，“引领改革、支撑发展、中国标准、世界一流”成为广东轻工艺术设计高职教育者的新追求。以桂元龙教授为总主编的编写团队秉持这一理念和追求，率先编写和使用这样一套高水平教材，作为他们对现代高等职业教育的思考和实践，无疑是走在了中国特色高等艺术设计职业教育的最前沿。

这种思考和实践，无论此身、此时、此地，于这个时代而言，都恰到好处！

是为序。

中国工业设计协会秘书长

浙江大学教授、博士生导师

应放天

2022年7月20日于生态设计小镇

前言
PREFACE

2023年2月，我国印发了《质量强国建设纲要》，明确提出发挥工业设计项目对质量提升的牵引作用，强化研发设计，推动工业品质量迈向中高端。要大力发展优质制造，强化研发设计、生产制造、售后服务全过程质量控制；加强应用基础研究和前沿技术研发，强化复杂系统的功能、性能及可靠性一体化设计，提升重大技术装备制造能力和质量水平；同时提升工业设计、知识产权等科技服务水平，推动产业链与创新链、价值链精准对接、深度融合。2023年6月，国家印发的《职业教育产教融合赋能提升行动实施方案（2023—2025年）》提出让职业教育产教融合真正成为产业发展的"助推器"。

顺应时代需求，国家对设计的重视程度逐步升级，工业设计的地位随之提升，承载了产业振兴、民族强盛的厚望。伴随着工业4.0、元宇宙的兴起，智能制造成为当下工业设计的发展新路径，CMF（色彩、材料、加工工艺）设计的飞速发展赋予了产品更多的创造性，增材制造技术摆脱了传统生产制造工艺的束缚，虚拟现实辅助设计给设计作业创造了全新的可能，开启了产品设计创新的新时代。高职产品艺术设计专业作为服务地方产业的技能教育，一方面要积极探索产教融合的道路，运用工学交替的项目制课程来缩小课堂教育与社会实践之间的距离；另一方面要密切关注时代变化，将最新的趋势与动态融入教学之中，保证人才的培养与时代需求相同步。

设计创新教育日益受到重视，而产品艺术设计是设计创新教育中非常重要的一个领域。《设计程序与方法》是高等院校产品艺术设计（工业设计）专业的核心专业课之一。这门课是衔接基础课与专业课的"理论+实践"课程。在多数情况下，它是产品设计专业学生所学习的第一门专业核心课，可以从整体上介绍产品设计的过程及设计过程中所用到的方法，使学生对本专业所从事的活动有全面的认识，也对后面需要进一步学习的专业课有初步的了解，所以《设计程序与方法》这门课程在一定程度上发挥着总揽全局的作用，可以为学习设计打下坚实的基础。

本书以产品设计典型流程为主线，详细分解了设计的各个环节、流程，并将一些常用的方法融入流程中，即通过流程+方法+案例的讲解，使学生对这门课程有更好的理解。

本书的特色首先是注重校企合作，引进了大量当下中国最活跃的设计企业的成功案例，并邀请粤港澳大湾区知名设计品牌——广东东方麦田工业设计股份有限公司及其他设计公司深度参与，以其相关项目为实战案例，呈现一线设计实践项目的完整实施过程和详细内容，增强本书的实战指导作用；其次是在编写中注重产教融合，将广东轻工职业技术学院艺术设计学院开展的"工学商一体化"项目制课程教学改革的经验融入书中；最后是体现教学内容的实战性，将企业开发新产品的流程融入教材，在流程中讲解方法、引入案例、布置实训任务，便于各高校用于课程的指导与实践。

编者

2023年12月

课程计划

CURRICULAR PLAN

章　名	章节内容	课时分配	
第一章 设计程序与方法概述	第一节　设计概论	4	12
	第二节　产品设计理念分析	4	
	第三节　设计程序与方法的基本概念	4	
第二章 设计与实训	第一节　实战程序1:研究洞察	8	32
	第二节　实战程序2:产品策略	8	
	第三节　实战程序3:深入设计	8	
	第四节　实战程序4:产品实现	4	
	第五节　实战程序5:推广营销	4	
第三章 作品案例与分析	第一节　学生作品案例	2	4
	第二节　企业作品案例	2	

目　录
CONTENTS

第一章　设计程序与方法概述

第一节　设计概论

第二节　产品设计理念分析

第三节　设计程序与方法的基本概念

第一章　设计程序与方法概述

本章概述

本章简要介绍设计概论、产品设计理念分析和设计程序与方法的基本概念。先是通过分析经典案例探讨设计的原理、要素、法则、程序、方法等理论性知识，重点在于帮助学生了解不同的设计理念和设计方法，并对设计程序与方法建立系统的认知。然后根据教学经验总结一套设计程序与方法的实用模型供学生参考学习，并在后续章节中依据该模型进行深入剖析与总结。通过本章的学习，学生应熟悉设计全流程的关键节点和重点方法，并进一步树立全局观和职业理想。

第一节　设计概论

一、产品设计概述

产品设计是一种根据社会、个人的需求、技术与产业状况赋予制造物适切特征的、有目的的创造性活动。设计本身就是一个创新、创造的过程。

（一）产品设计的目的

产品设计的目的是产品存在的意义及其能够提供的价值。产品设计的目的从企业角度来说，可以提升销售量、提高企业利润；从满足个人需求的角度来说，可以提供便捷生活、提高工作与学习效率等；从社会的角度来说，可以提高生产效率，创造更多的价值、解决更多复杂的社会问题。因此，产品设计是有目的性的、以解决问题为目标的活动。如图1-1-1所示的混凝土砌块替代品，是由难以回收的塑料品制成，并通过蒸汽和压缩将塑料挤压成块的。它可用于建造棚屋、挡土墙、垃圾箱围栏、隐私围栏和家具等，有效地缓解了塑料污染的社会问题。

（二）产品设计离不开人与社会

1. 产品设计与技术发展直接相关

技术的应用直接影响产品设计的物质形态，如材料、工艺，这会导致产品的使用方式不同、与人的互动不同，从而直接影响人的生活方式。

如图1-1-2所示的两把椅子，它们都能满足坐的需求。木椅子以木头作为材料，是通过辅助工具手工完成的，制作耗时长且原材料成本高；而塑料椅则以塑料为主要材料，加工生产速度非常快。随着原材料塑料价格的降低，塑料椅子的成本也变得非常低，因此在很多大排档等消费相对平价的经营场所都可以见到这种椅子。同时，由于批量化和规范化生产，使得这种椅子可以精准地叠放起来以节省空间，给不同的使用场合带来很大的灵活性。虽然这两把椅子风格不同、使用方式不同，但不能简单地评价哪个好哪个不好。随着技术的不断发展和

图 1-1-1　混凝土砌块替代品

图 1-1-2　椅子的对比

产品的不断更新，人们有更多选择的空间。

由于塑料这种新材料的发展和应用及各种先进加工工艺的出现，使得我们突破了传统生产工艺难以实现的产品设计，包括新的形态、颜色与使用方式，这为人类和社会提供了更多的选择空间。

2. 产品设计应具备适切特征

过去，人们需要使用笔进行书写，但随着工业革命的进展，打字机的发明大大减轻了人们的抄写压力。随着技术的不断进步，计算机的出现又帮助人们处理了许多工作。而今天，人手一部的智能手机，几乎要替代了传统计算机，一部手机可以解决拍照、计算、购物等许多问题。在这样的背景下，我们的设计应该紧跟时代的发展趋势，设计出符合时代需求的产品。我们不应该逆势而动，而是要恰当地把握当代人的生活习惯和心理需求。在当今生活水平逐步提高的情况下，单纯追求功能的满足而忽视人们的心理和情感需求，或者追求华而不实、缺乏实际意义的产品设计都是不可取的。

二、产品设计的意义

（一）产品设计是企业的核心竞争力之一

在当前经济全球化不断加深、国际市场竞争日益激烈的背景下，设计已经成为现代企业发展的关键动力之一，被视为摆脱同质化竞争、实施差异化品牌竞争策略的重要手段。设计作为最活跃的因子，是企业重要的创新方式之一。如图1-1-3所示的智能产品，其简约、科技感的设计，深受许多年轻人的喜爱。

（二）设计不断改变着人类的生活方式

人类的生活方式受生活器具、工具或物件的影响，产品设计通过对这些“物”的创新和创造而改变着人类的生活方式。从马车到汽车、从算盘到计算机、从蜡烛到电灯、从简陋的木屋到摩天大厦、从手动到电动、从自动化到人工智能……所有这一切，都在为我们展示设计所带来的新的生活方式和生活理念。如图1-1-4所示的是从自行车到独轮车的变化。

（三）设计引导人类文明迈向更高的境界

现代设计所追求的是技术与艺术、功能与形式的统一，不仅要满足使用功能上的需求，也要关注审美、文化等精神上的需求。一个好的设计作品往往在为人们带来便捷、乐趣的同时，也在唤起人们对审美和文化的认知。设计正是通过产品的外在形式使人们在精神上得到满足，从而引导人类文明迈向更高境界的。如图1-1-5所示，故宫文创的爆火引起更多年轻人的关注，这既能使年轻人了解传统文化的魅力，也能让传统文化融入现代生活。

科学与技术为人类提供了丰富的物质基础，设计则最终将其转化为可供人类使用的成果，使生活

图1-1-3　智能产品

图1-1-4　从自行车到独轮车的变化

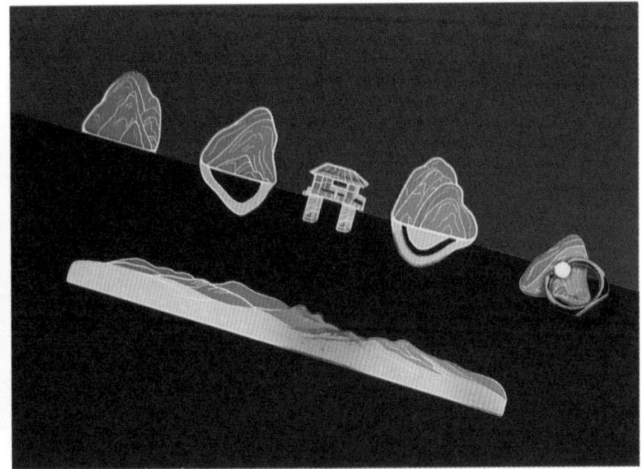

图 1-1-5　故宫部分文创产品

变得越来越丰富多彩。因此，人类的思想愈加得到解放，审美意识不断提高，想象力和创造力得到激发，不断创造更美好的生活。

三、产品设计的基本类型

随着经济的发展和人们生活需求的不断增长，现代设计已渗透社会生活的各个方面，可以说，设计无处不在、无所不包。按照不同标准，产品设计可以分为不同的类别。

（一）从设计本体分类

所谓设计本体，指的是设计行为或设计活动本身。现代企业常常采用这种方法来定义产品开发与设计项目。一般分为开发设计、改良设计和概念设计。

1. 开发设计

开发设计一般是指对未曾生产过的产品进行研究、创新、设计、试制和检测等工作。开发设计并不等同于发明和发现，它通常是在现有技术水平和生产能力的范围内，利用各类资源对产品进行创新性再设计，以创造新的生活方式。如图 1-1-6 所示的高铁完全革新了我们的交通方式，使人们出行更加便捷。高铁的成功建设不仅可以带动经济发展，还可以提高国家竞争力和社会发展水平。

图 1-1-6　高铁

2. 改良设计

改良设计是指在原有产品技术、工艺的基础上进行性能、机能或外观上的改进和改造。通常情况下，改良设计针对的都是功能、市场都已经非常成熟的产品。这类产品的使用功能已为市场和消费者所接受，有些甚至已经投放市场很多年且技术与工艺也趋向成熟。例如，手机、数码产品的型号更替，基本是在原有产品的基础上的改良。产品改良设计可细分为产品功能改良设计、产品性能改良设计、产品人机工学改良设计、产品形态和色彩改良设计等。此外，增加原有产品的花色、品种、规格，或者说为原有产品开发新花色、新品种、新规格、新造型、新包装等也属于产品改良设计的范畴。如图 1-1-7 所示的一款工具系列产品，它将强大的工业设

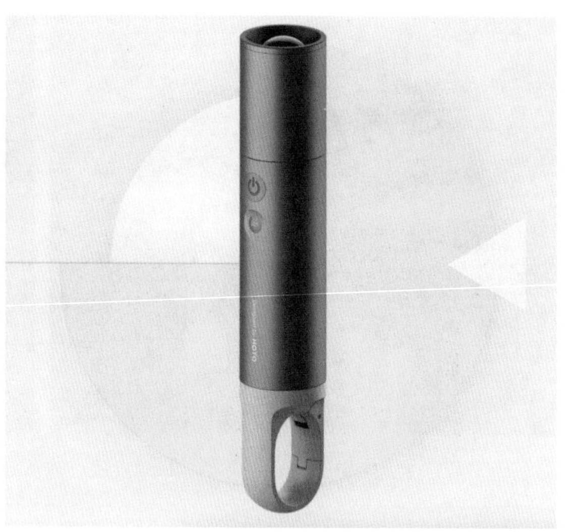

图 1-1-7　工具系列产品

计能力与智能科技应用到传统工具行业，创造更符合新世代审美与使用体验的智能生活工具。

3. 概念设计

概念设计是指针对某一内容或问题进行创新性的概念构想，形成一种前期的设计方案。实际上，这种方法是利用设计概念贯穿全部设计过程的设计方法。尽管概念设计尚未形成具体的设计纲要，但已呈现出完整的设计过程，将设计者复杂的感性思维和瞬间思维上升到统一的理性思维。概念设计是设计院校课程训练中经常采用的课题设计方式，也是许多企业经常采用的设计方式。

（二）从设计客体分类

设计客体，即设计对象，其范围是非常广泛的，几乎涵盖了与人相关的一切事物。可以说，一切事物都有可能成为设计的对象或目标。此分类通常是针对应用领域或行业来进行的。例如，分为家具、电器、家电、文创产品、交互设计、服务设计等。

（三）从设计风格分类

设计是“人为造物”的活动，因此设计主体的意识、观念、逻辑、知识、技能、审美趣味等都会对设计产生影响，决定设计的最终状态和形式。设计主体主要可以从地域和职业两个方面进行区分。设计主体的设计行为通常受到地域文化的影响，表现出地方性特征，如北欧风格、德国理性主义、日本风格等。这种区分方式通常从宏观上和整体上把握一个地区的设计特征或设计文化。

（四）从设计理念分类

设计理念是指在设计过程中所遵循的、基于对需求和目标的深入理解而得出的设计思想或设计方案的总体性表述。它包含了设计的核心价值观、设计的目标和意图、设计的原则和策略等方面。设计理念是设计师在设计过程中的指导方针，它决定着设计方案的整体风格和质量水平。

通常，设计理念可以分为以下几个方面：关注地球环境与人类发展的绿色设计、低碳设计、可持续设计；关注产品功能与拓展的整合设计、模块化设计；关注产品设计及使用环境设计以尽最大可能面向所有使用者的通用设计，又名全民设计、全方位设计或无障碍设计；此外，还有仿生设计、人性化设计等。

设计涉及的领域不断扩展，与其他学科和知识领域之间的边界逐渐模糊化。设计已经从20世纪初的边缘学科演变为一个涵盖众多领域和知识层面的重要学科，其思维方式的独特性也越来越受到重视，甚至与科学和艺术并列，被称为“人类的第三种智慧系统”。设计的分类只是阶段性的区分或为了方便设计实践行为的划分。从宏观角度来看，不同类型的设计是相互融通、交叉整合的，设计师在设计过程中不应受到界限的限制。

四、产品设计的基本要素

产品设计贯穿于人类生产、生活的始终，诸多要素与产品设计密切相关。

（一）人

此处的人主要是指用户和消费者。人的因素包括生理因素和心理因素。人类的生理因素涉及人的形态和生理方面的特征，如人体的基本尺寸、体形、动作范围、活动空间和行为习惯等，这些因素对产品的功能实现、操作便捷性和使用安全性等方面产生影响。人类的心理因素主要涉及精神方面，由于国家、民族、地区、时间、年龄、性别、职业、文化层次等的不同而相异，影响着产品的形态、色彩与质感等与视觉美感相关的设计内容。

设计是为人服务的，因此在设计分析阶段关注人的因素变得至关重要。为不同的人设计，需要考虑他们的诸多需求与心理特征。

（二）环境

环境和生态已成为现代产品设计必须考虑的因素之一。当经济利益与生态环境发生冲突时，设计需要站在保护环境的立场上，将产品开发置于人——自然——社会的体系中综合考量。

环境也包括设计对象的各种要素，如具体的技术、功能、人的机能、结构、材料、加工工艺、色彩，以及宏观的经济形态、社会文化、自然环境、法规、专利和市场等。在设计产品时，必须考虑产品所处的环境因素。

1. 功能

设计中的功能通常指的是实用功能，这是产品设计的核心之一。功能因素可以分为物质功能和精神功能。

物质功能是指产品为人所提供的实用价值。精神功能主要包括审美功能、象征功能和教育功能等。如图1-1-8所示的椅子为例，它的标志性特征之一是护罩。在休闲时使用这种椅子时，将褶皱毛毡向下，坐着的人可以更多地与周围环境和人接触；而将护罩翻起时，可以形成一个适合工作的私人空间，给人提供安全感，这就是精神层面的功能。随着物质供给的不断丰富，产品设计中的精神功能越来越受到重视。

图1-1-8　椅子案例

2. 形态

形态是产品设计的表现形式。构成形态的点、线、面、体等概念元素在产品中如何体现，是产品设计的重点内容。

不同产品的形态会受功能需求、技术条件及时尚潮流和审美倾向的影响，不同的设计师和消费者对产品形态的理解也存在较大差异。产品形态的多样化使得我们的生活更加丰富多彩。产品形态的考量主要遵循和谐、统一、变化节奏、韵律、对比、调和等视觉原则，同时要与产品的实用功能和人们的审美心理相一致。如图1–1–9所示以清晨荷叶露水为灵感创作的餐盘，能给人一种自然、清新的感受。

3. 色彩

色彩在产品设计中具有重要的作用。不同的色彩给人以不同的视觉形象和联想，产品的色彩直接影响消费者的喜好和购买欲望。色彩不仅具有审美意义，也具有功能性。例如，红绿灯设计、救生衣的橙红色设计，都是为了使人们便于识别。在设计过程中，设计师对色彩因素的考虑不应只局限于审美方面，还应包含产品色彩的和谐度、色彩的禁忌、色彩对环境的影响及对人的视觉刺激等。如图1–1–10所示不同色彩搭配在产品中的应用。

图 1–1–9　餐具设计

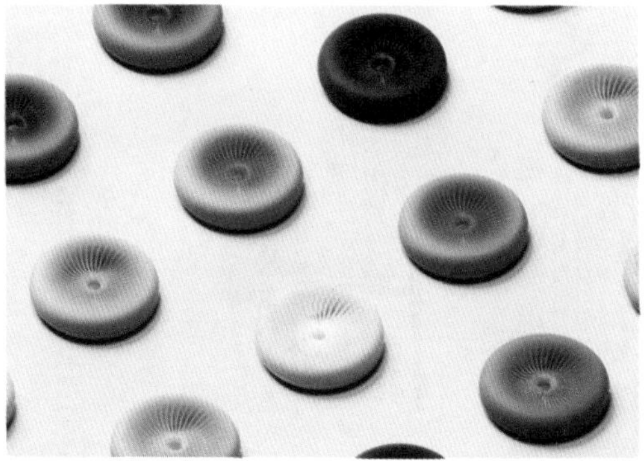

图 1–1–10　不同色彩在产品中的应用

4. 结构

结构通常是工程设计的范畴，但在产品设计过程中，必须充分了解相关因素，以便合理展开构思。例如，在家具、文具等产品的设计中，常常可以从结构的变化和改良入手，使内外部分相协调，从而创造出技术、艺术和功能兼备的产品。如图 1–1–11 所示的手表表带设计，就改变了传统的表带结构方式。

5. 材料与加工工艺

产品的材料是决定产品质量的关键因素。随着技术的发展，新材料不断涌现并广泛应用于各类产品中。对产品材料和工艺的选择应在便于生产、降低成本、减少公害的前提下进行，同时要考虑材料应用的合理性、节省性、无污染性、加工组装简便性、易回收性、可循环利用性等问题。在产品设计领域，出于对功能需求、性能提升和市场营销等考虑，新材料的研发和应用成为产品改良设计和创新设计的重要内容。如图 1–1–12 所示的一体式不锈钢刀具，它减少了配件和加工程序，既节约资源，又具有独特的创意和便利的使用方式。

6. 使用方式

通过细心观察和分析，我们可以发现不同人对同一产品的喜好和习惯往往存在差异。这种差异性成为设计创新的重要因素。如图 1–1–13 所示的沙发设计，它通过创新的使用方式增加了实用性，满足了不同人的需求和习惯。

7. 经济性

物美价廉始终是消费者追求的目标。然而，这并不是鼓励设计者选用最低廉的原材料来拼凑产品，只一味降低成本，忽视产品的质量。在设计过程中，设计师对经济因素的考虑应根据具体项目的需求进行，在保证质量的前提下降低产品的成本消

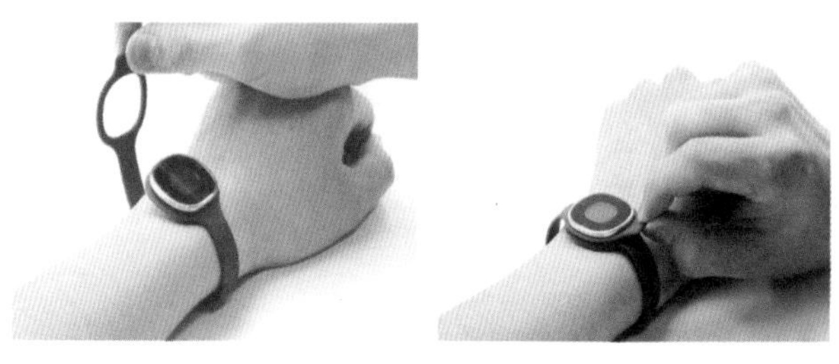

图 1–1–11　手表表带设计

图 1–1–12　一体式不锈钢刀具

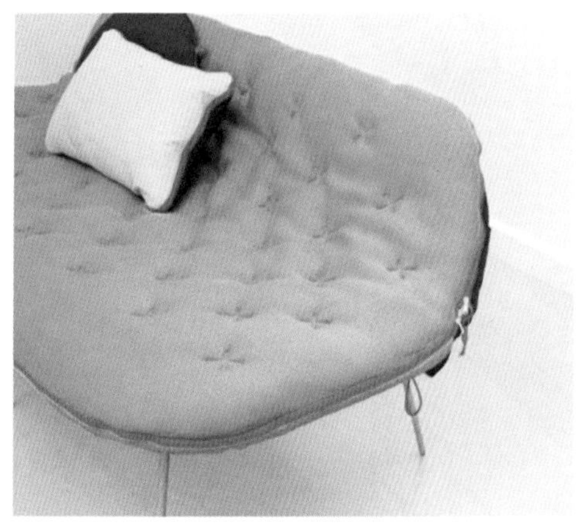

图 1–1–13　沙发设计

耗。如图1-1-14所示的例子，展示了合理的结构设计，使用硬纸作为手柄材料，替代传统的塑料手柄，从而降低了一次性剃须刀的成本。

8. 安全性

设计一切产品时，安全问题都是必须充分考虑的因素。设计师在设计过程中必须全面考虑产品可能带来的危害，包括技术问题、材料问题和潜在的危险等，并采取相应的措施进行化解。同时，设计师还必须遵守各种相关的安全法规和产品标准。

9. 创造性

创造性是产品设计的本质体现。离开了创造性，设计往往会流于抄袭或简单仿制。但追求产品的创造性，并不是片面地强调产品的离奇古怪和“与众不同”，而是要充分考虑世界各地的传统文化、审美习惯等因素，并结合产品的实用功能，设计出融实用性和审美性于一体的优秀产品。如图1-1-15所示的网球拍贴设计，不需要弯腰就可以将网球“捡起来”。

10. 情感与文化因素

当社会物质水平发展到一定程度时，产品设计在考虑前面几项因素之外，还应该考虑情感与文化的因素，这对于用户在选择丰富多样的产品时，提供了更多的精神功能。产品设计应能引发人们的兴趣，并传达特定的文化价值观。如图1-1-16所示，以中国传统日晷为灵感，结合LED灯设计的时钟，让人充满文化自豪感。

11. 专利、法规

世界各国都制定了相关的法律条例来保护产品的专利权，涵盖名称、商标、文字、造型、结构、操作方式、装配方法等内容。作为设计师，既要掌

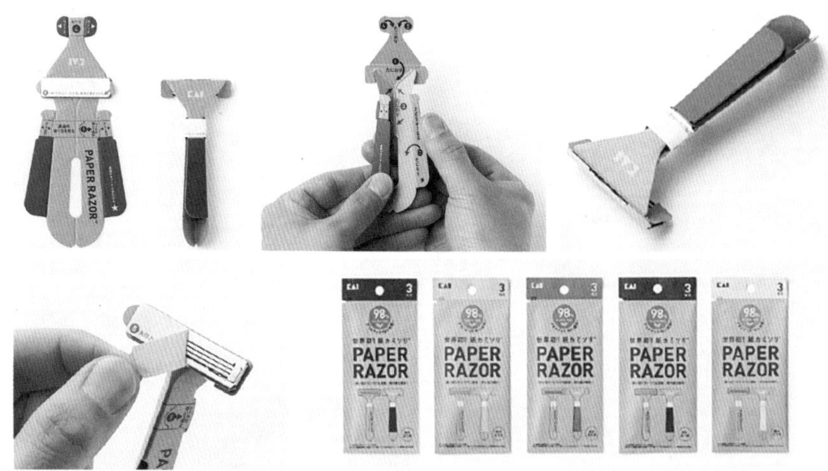

图1-1-14　使用硬纸替代塑料手柄的剃须刀

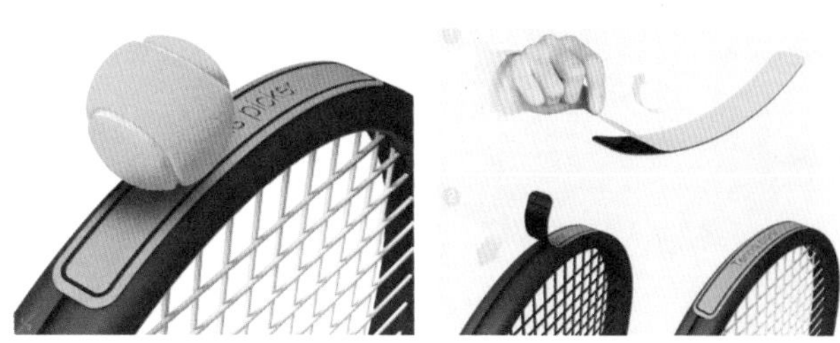

图1-1-15　网球拍贴设计

图1-1-16　时钟设计

握一定的法律知识，遵守法律规定，也要善于从专利中吸取和借鉴优秀的元素，用于创新设计。

产品的构成因素众多，以上所述为其中主要的几个方面。但是在设计过程中，我们不能孤立地考虑某个因素，而应该从具体的产品出发，综合研究和应用各个要素，从而创造出更多受消费者青睐的产品。

五、设计应遵循的原理与原则

（一）以人为本原理

设计中的“以人为本”是指从人的本性出发而进行的设计活动。人性的问题是一个较为复杂的社会学和哲学问题，它涵盖了人的“个性”和“社会性”的各个层面，所以“以人为本”是一个抽象概念。

将以人为本的内涵按照人的“个性”和“社会性”两条线索细分为四个层次逐步进行分析。在“个性”方面，以人为本可以细分为功能主义的人本和系统性的人本，分别对应第一层次和第二层次。因为产品首先是被要求实现某种特定的功能的，所以功能主义和人体工程学是以人为本原理第一层次中的典型代表。例如，在穿戴产品的尺寸设计中，腰带、项链、表带、戒指等的尺寸应该适合人的相关部位尺寸。此外，为了满足更多使用人群的需求，这些产品在设计上也会考虑尺寸的可调节性。

第二层次的以人为本是系统性的人本，相较于功能主义人本，它涵盖的范畴更广，要求设计者在考虑人的需求时要从更多的维度思考。这些需求包括心理需求、审美需求、精神寄托需求等。在第二层次中，后现代设计和情感化设计是典型的代表。

第三层次的以人为本主要体现为平等尊重的人本，即对特殊人群和各个社会群体的特殊关怀，全面尊重不同年龄、不同身份、不同文化、不同性别、不同生理条件使用者的人格。在第三层次中，无障碍设计、定制设计是典型代表。

第四层次的以人为本是以全人类整体为本，体现对全人类命运具有责任关怀的人文精神，这与我国提倡的人类命运共同体不谋而合。因为以人为本的设计不只是“为个人”的设计，更是“为人类”的设计，必须关注人类共同的生活环境和生存危机。在第四层次中，绿色设计、生态设计和可持续设计是典型代表。另外，我们生活中的共享车、网约车等商业模式，在提高了出行效率的基础上，减少了车的闲置率，让有限的资源发挥出更大的效益，这是一种协调了资源与社会的可持续模式，体现了对社会群体的可持续责任与关怀。图 1-1-17 所示的是一款旨在解决当前玻璃回收问题的产品，让公众更深入地参与回收过程，提高玻璃瓶的回收率，实现“有意义的回收运动”的目标。该设计巧妙地利用了玻璃材料的质感和反射率，创造了人与玻璃回收站的双向互动，它不仅是一个回收箱，还是一个可互动的审美教育公共装置。

以人为本的设计理念涉及的四个层次，分别是以功能主义和人体工程学为代表的功能主义人本；以现代设计和情感化设计为代表的系统性人本；以无障碍设计和定制设计为代表的平等尊重的人本；以绿色设计、生态设计和可持续设计为代表的全人类的人本。

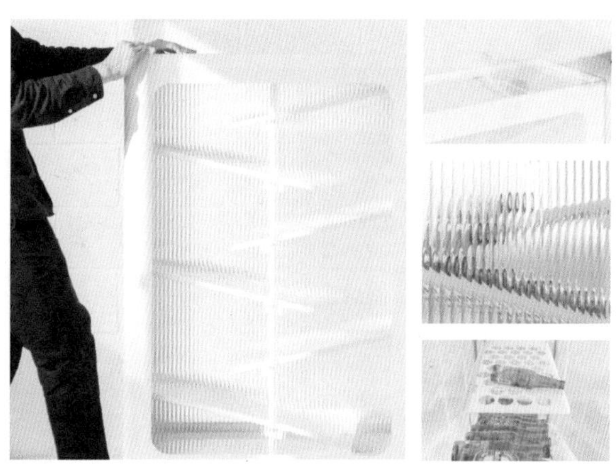

图 1-1-17　玻璃回收产品

（二）美学原理

在满足实用需求和解决问题的同时，产品设计也需要考虑满足审美需求。美观的产品能够给使用者带来愉悦的心情，同时有助于商业上的成功。产品设计是一门复杂的学科，设计出美观的产品不只依赖外观的美观，还需要兼顾功能、材质、工艺等多个方面。因此，设计一款美的产品需要综合考虑多个因素才能完成。

1. 功能美

大批量生产的工业化带来了产品的极大丰富，引起了人们生活方式的改变。

功能美首先要完成功能本身的作用，要与人、环境相适应，实用性是功能美所达到的基本要求，无论是单一功能、多功能，还是模块化功能，功能最终都是统一展现的。功能美是对功能整体的美学表达。在提升产品审美性的时代，不能为了审美而牺牲功能，也不能让功能拖了审美的后腿。这两者在设计时要达到均衡，这也需要设计师和工程师相互配合才能做到极致。如图1-1-18所示的无叶风扇，造型简洁现代，使用起来更安全，基于新的功能技术，是通过功能传递美的一种方式。

图 1-1-18　无叶风扇

2. 造型美

在设计产品造型时，造型是产品设计外在的整体体现。我们首先要考虑满足功能结构及人机交互的需求，然后考虑适应生产工艺的要求。在不影响这两大基础要素的前提下，我们需要根据用户定位和产品风格定位来确定产品造型的风格和语言。

不同的造型能够营造出不同的意境。复古感、趣味感、清新感、沉闷感、舒适感等都是造型带来的感受。造型美能够与消费者的审美形成共鸣。在其他所有元素相似的情况下，符合消费者审美的造型可能会成为消费者决定购买的直接原因。如图1-1-19所示的咖啡研磨机，采用简约流畅的造型，给消费者带来了美的感受。

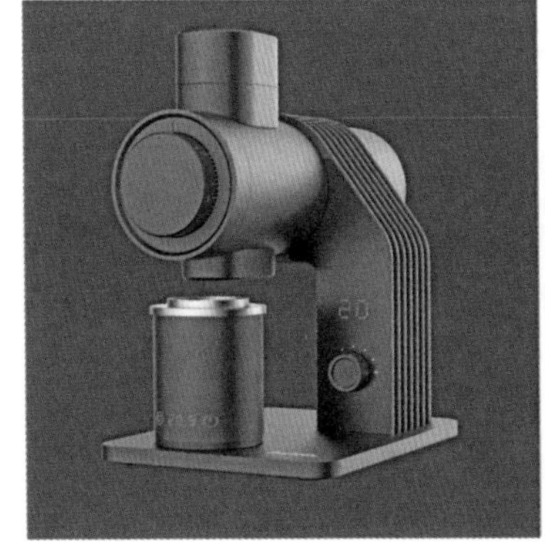
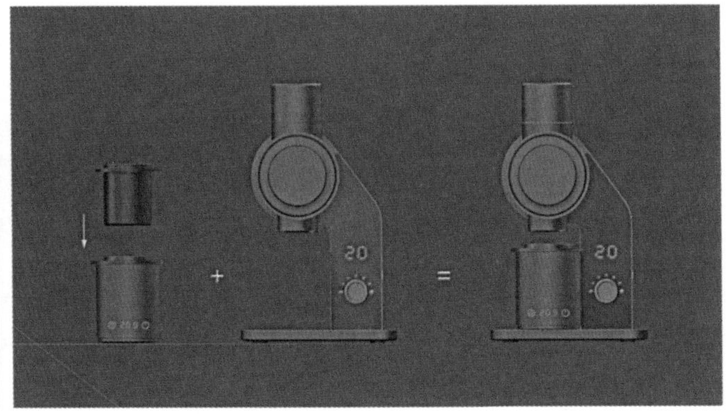

图 1-1-19　咖啡研磨机

3. 材质美

材质是产品设计的基本要素之一，材质的选择影响着功能的实现、产品的形态和生产工艺的选择。材质本身具有一定的美感，包括光泽、温度和纹理。作为可以直接与消费者接触的设计元素，材质美在用户观察和体验产品时都可以产生。每种材料都有着独特的情感传递方式，不同的材料能传递不同的美的感受。例如，金属材质的触感和光泽可以营造科技氛围，而木材的纹理和质地能给使用者带来朴实、稳重的氛围。材质美的可塑性非常大，通过材质的组合和创新可以产生不同的视觉效果。因此，不能局限于材质固有的美，而是要多关注现有材质的使用方向和表达效果。产品的复杂程度越高，使用材质的组合程度也会越丰富，面对材质的组合时，要注意材料与材料之间的连接美。如图 1–1–20 所示的灯具，将回收纸做成纸浆并使用桂皮与蓝草染色，形成如独特岩石般的肌理。同时，通过“非遗”传统工艺技法创造了凹凸触感，并散发出自然草木的香气。这种设计展现了材料的多样性和独特之美，同时对“非遗”进行了创新性传承和创造性转化。

如图 1–1–21 所示的产品，木材与亮面塑料的搭配，形成天然与人工的对比。同样是塑料的材料，设计师用不同的表面效果分别处理了产品的两个分件，形成亚光和亮光的对比，产生精致的细节。而塑料与木材的搭配，又形成软和硬的对比，给人一种反差美的感受。

4. 工艺美

工艺美是指产品在加工或生产过程中由生产技术所带来的美感。在工业大生产时代，机械生产与传统手工艺生产存在着显著的差异，然而这两种生产工艺并非完全隔离和分离。在各自独特的生产特点的引领下，机械生产和传统手工艺生产都努力传递着工艺之美。如图 1–1–22 所示的碳纤维桌，在现代材料和现代化机器生产的基础上，桌子表面采用了传统手工艺的犀皮漆工艺。高性能的碳纤维材

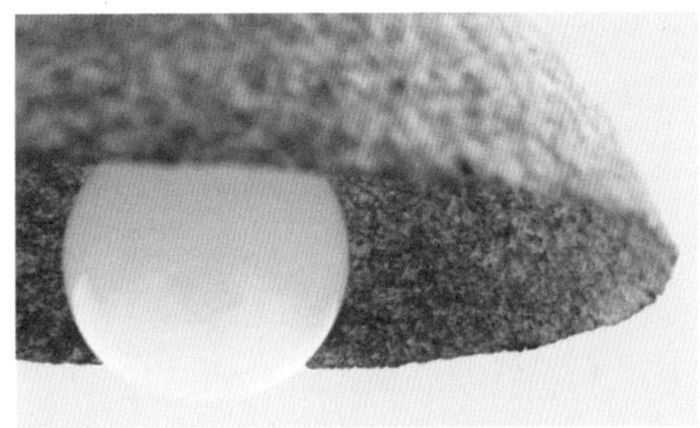

图 1–1–20　灯具

图 1–1–21　木材与亮面塑料的搭配

图 1-1-22　碳纤维桌

料和现代精细的加工，再加上精湛的手工艺，使得桌子的造型非常简洁，只保留了传统中式家具的代表性轮廓。整件产品展现出了极致的工艺美和东方韵味，实现了传统文化和现代工艺的完美融合。

5. 细节美

产品设计中的细节，如按键、喇叭、Logo、插孔和分模线，对于产品的外观设计至关重要。这些细节的形态、位置、颜色和材质等方面的推敲是否到位，决定了产品外观设计的关键性和精彩之处。

（三）设计的经济性原则

产品设计的经济性原则是指在产品设计过程中，必须考虑产品的成本和效益。产品设计在符合消费者需求、可行性和质量标准的前提下，要以最小化的成本，实现最大化的效益。具体来说，在考虑产品设计的经济性原则时主要考虑以下因素。

材料成本：选择低成本、高性能、高质量的材料，降低产品制造成本。

生产工艺成本：设计时要充分考虑生产工艺和流程，以保证生产的高效率和低成本。

设计元素成本：设计时要尽可能使用简单的设计元素，通过良好的组合和布局，实现高品质和高价值的产品设计。

成本效益分析：在产品设计的每个阶段都要对成本进行评估和优化，确保设计成本与预期效益相匹配。

研发投入成本：在产品研发过程中，要控制研发投入成本，避免无用的研发支出，确保项目的可行性和利润空间。

维护成本：设计时应考虑维护成本，并采取一些措施降低维护成本，如提供易于维护的设计方案，降低产品易损件的使用等。

产品寿命周期成本：设计时应考虑整个产品寿命周期的成本，并在设计阶段就做好相应的规划和控制，以最大限度地降低产品的总体成本。

（四）可持续原则

产品设计的可持续原则是指在设计过程中考虑对环境、社会和经济的影响，以实现最小化的生态足迹和资源浪费。可持续设计的应用可通过设计耐久性产品、研发可回收材料、倡导低碳生活方式、开发持久性能源四个方面来探索。

1. 设计耐久性产品

设计耐久性产品提高了产品的质量和寿命，并增强用户的满意度和信赖度，同时降低了生产和维护成本，达到可持续设计的目的。如图 1-1-23 所示的高脚椅，通过巧妙的结构设计，使其满足孩子不同年龄段的座椅需求，适应各种用餐和生活场景。椅子可在一秒内调节并提供五种座椅解决方案，轻松适应成长中的孩子。

2. 研发可回收材料

在可回收材料方面，竹材、木材、藤材等自然界材料都是可再生的，并且它们的生产过程都非常环保，属于典型的持久性材料。因此，我们应该优先研发与竹材、木材、藤材相关的可回收材料。如图 1-1-24 所示的花生壳堆肥花勺，花生壳含有大量可作为肥料的营养物质。使用丢弃的花生壳创造功能性用品，使用完毕后可以回收。用户取出种子，用勺子挖出土壤，将种子埋入花盆。最后可以将勺子掰成碎片放入土壤中，勺子就会变成肥料，提供养分。

图 1-1-23 高脚椅

图 1-1-24 花生壳堆肥花勺

3. 倡导低碳生活方式

在生活和生产中，我们应该首先依赖可再生的自然资源。例如，在产品的材质选用上，我们应优先考虑竹材、藤材、棉麻、木材，减少使用金属、塑料、化学材料。并且在使用这些材料的时候尽量使用它们的自然形态，而非加工成型状态。

此外，消费方式的引导是建立持久性生活方式的重要内容。工业革命解放了生产力，给我们带来了丰富的物质生活，但也助长了人们的占有欲。很多普通家庭都拥有了衣帽间，挂满了数量众多的衣服。然而，自然杂志上的相关研究显示，当下现存的服装数量够全球人穿几十年，这是错误的消费方式所导致的结果。因此，各类生活物品建议达到够用即可，切勿过多占有，造成浪费。随着网上购物增加，垃圾场也填满了运输纸箱，如图 1-1-25 所示的交付包，可灵活重复使用，不需要从网店仓库到送货地址的单一旅程后被丢弃，而是可以退回并重新用于交付。

4. 开发持久性能源

众所周知，化石能源等不可再生能源总会面临枯竭的时刻，并且会对环境造成一定程度的污染。因此，太阳能、风能、水能等可再生能源和清洁能源将成为我们优先选择和最终依赖的持久性能源。随着可持续发展得到人们越来越多的重视和实践，我们现在拥有了许多利用可再生能源的产品。例如，太阳能热水器和太阳能路灯已经变得非常普遍。此外，我们还建立了许多利用可再生能源的太阳能电站、风力电站和水利电站，这些举措为我们开发持久性能源奠定了坚实的基础。另外，核能也是一种重要的清洁能源，但在控制辐射方面必须确保万无一失的安全保障。

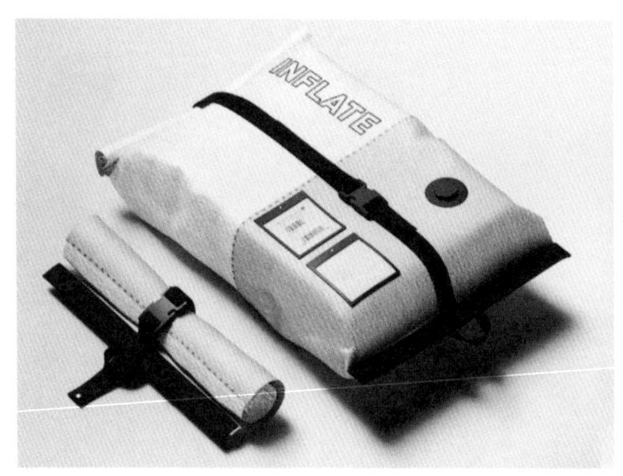

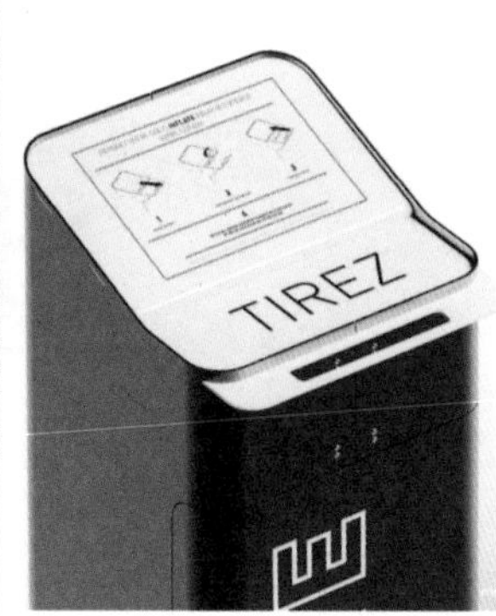

图 1–1–25　交付包

第二节　产品设计理念分析

一个好的设计理念应该能够引导设计师创造出具有创新、美感和实用性等多种特点的产品，同时要考虑产品的可持续性和生态友好性等因素。在实际的设计工作中，设计理念可以帮助设计师明确设计的目标和意图，提高设计方案的质量和效率，同时可以提升产品的用户体验和市场竞争力。

根据不同的分类方式，存在许多不同的设计理念。下面介绍几种在教学与实践领域较为常见的产品设计理念，以帮助学习者更好地理解相关理念与特征。

一、人性化设计

（一）人性化设计的概念

人性化设计是以“以人为本”思想为基础的设计理念，注重将人放在设计过程中的优先位置。它分为生理学层面和心理学层面两个方向。前者考虑人体生理机能习惯，后者考虑人的情感、美学和社会潮流等因素。虽然强调以人为本，但并不意味着可以让人为所欲为，好的人性化设计应该让用户无法察觉，就像人生下来就会呼吸一样自然。这是一个非常理想的状态，应该成为每个设计师前进的方向。

（二）产品人性化设计的特征

产品人性化设计的特征包括使用的舒适性和便捷性，以及满足人的情感需求，关怀特殊人群。设计者需要分析用户的身体状况和生活环境，并结合相关知识不断优化产品，使其在满足大多数人需求的基础上增强舒适性和便捷性。同时，产品还应该满足用户的精神需求，赋予其人性化的设计，以满足人们的心理需求。对于特殊人群，需要进行更专业的调研，设计有针对性的产品，如面向老年人群的“老人机”。

（三）人性化设计的应用

复杂的包装会降低服务员的工作效率、增加顾客的等待时间。图 1–2–1 所示的咖啡包装设计则非常简单，工作人员只需在饮品制作完成后直接将其放在包装平台上，就可以快速打包，并且不会影响顾客携带。图 1–2–2 所示的卷尺设计了左撇子和右撇子都方便使用的功能，为用户提供了更便捷的测量体验。

现代科技的迅猛发展带来了越来越多的高科技

成果，然而，人与冷漠的高新技术之间的协调和平衡关系却被打破。在赋予产品情感表达的过程中，设计师必须注重人、产品和社会之间的关系，以实现三者的协调发展。时代和社会的进步推动着设计的发展，而人性化设计思想将有更大的发挥空间。

二、情感化设计

（一）情感化设计的概念

情感化设计是指将情感因素融入产品设计中，以创造更好的用户体验和建立更强的情感共鸣。它将人的情感需求与产品功能、形式和交互等方面相结合，使产品更具吸引力、易用性和用户满意度。

（二）情感化设计的特征

情感化设计主要包括以下三个层次。

视觉层次：通过产品的外观、颜色、材料等激发用户的情感反应。例如，使用高质量的材料、美观的造型和流畅的线条，可以增加用户对产品的喜爱程度。

功能层次：通过产品的功能、交互方式和表现形式激发用户的情感反应。例如，增加产品的互动性、用户界面的友好性和操作的顺畅性，可以提高用户的满意度。

人文层次：通过产品所传达的价值观、文化内涵和品牌形象来激发用户的情感反应。例如，传递积极向上的品牌形象和价值观，可以提高用户的认同感和忠诚度。

情感化设计有助于产品设计者更好地理解用户的情感需求，从而创造更好的用户体验和更强的品牌忠诚度。

（三）情感化设计的应用

如图 1-2-3 所示，在遮阳帽的帽檐上设计一个飞鸟形状的小孔，阳光便会投射出一只“小鸟”陪伴在使用者的肩膀。图 1-2-4 所示是一组为小孩设计的肥皂，通过缤纷的色彩、不同的气味和与玩具的互动激励孩子喜欢洗手。肥皂设有一个圆环，方便孩子抓握，玩具被置于肥皂内部。缤纷的色彩和不同的香气刺激孩子的视觉、嗅觉和心理，帮助孩子克服对洗手的抵抗情绪。

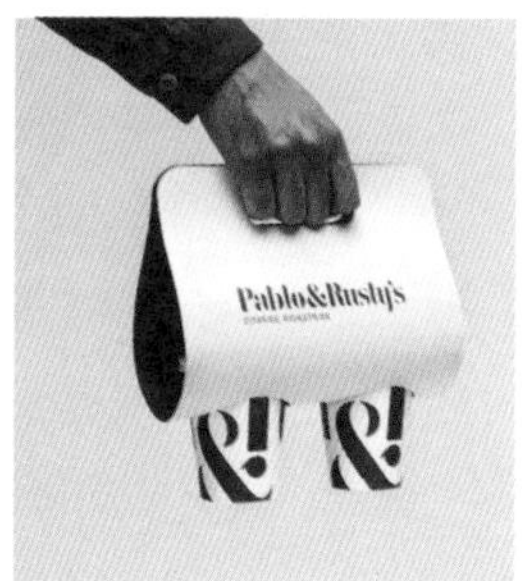

图 1-2-1　咖啡包装设计

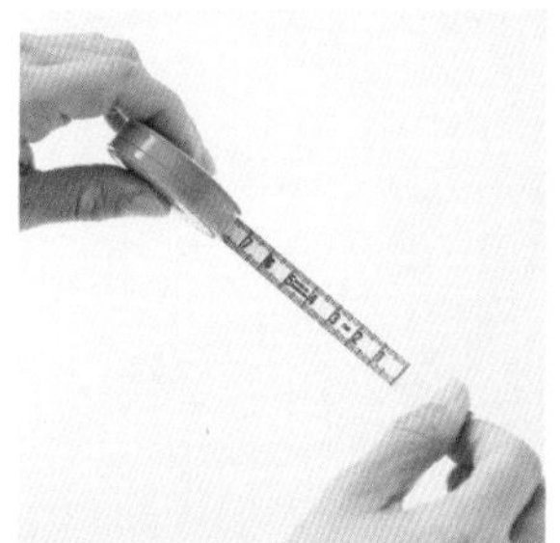

图 1-2-2　卷尺设计

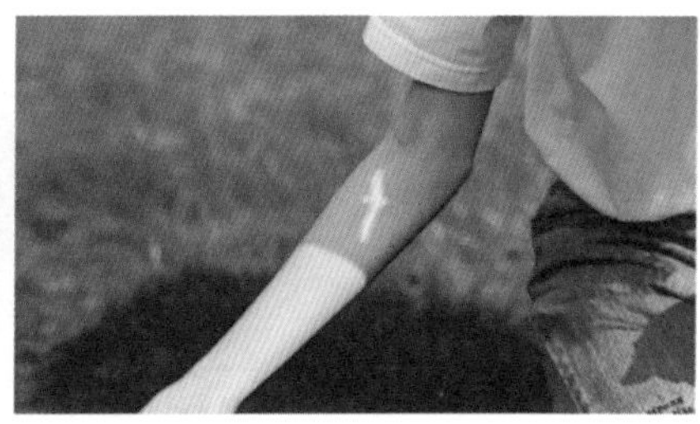

图 1-2-3　遮阳帽的帽檐设计

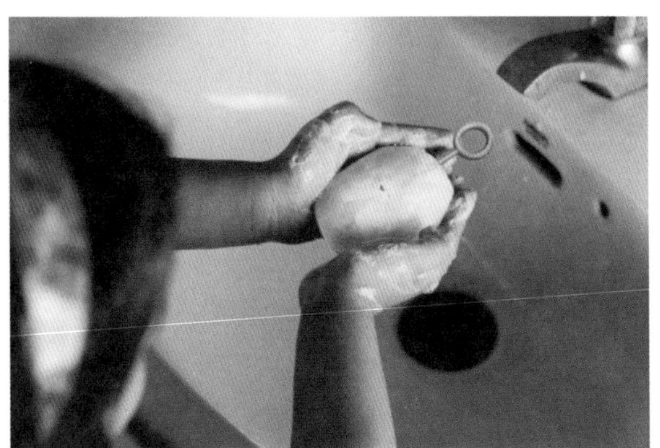

图 1-2-4　交互肥皂

三、模块化设计

（一）模块化设计的概念

模块化设计是指将整个系统或产品拆分成多个独立的模块，每个模块都可以独立设计、制造和维护。这些模块可以方便地组合在一起，构建出完整的系统或产品。模块化设计的核心理念是用户可以根据自身使用产品的习惯及喜好，自由选择组装模块，获得属于自己的个性化产品。除了满足用户个性化使用需求，模块化设计还能提高产品的可扩展性、可重用性和可维护性，同时能够减少开发和生产成本。

（二）模块化设计的特征

模块化设计具有独立性、通用性、标准化、功能性和组合性等特点。

独立性表现为模块化设计中的每个模块都是相对独立的，它们之间互不影响。通用性表现为每个模块都可以自由灵活地使用或替换。标准化是指模块和模块之间的接口是固定的标准，模块接口的设计具有规范要求，不是随意的。功能性是指每个模块都有自己的功能，与其他模块有所区别。模块化设计可以对模块进行不同的排列组合，从而拥有更多不同的功能。组合性是指每个独立模块可以组合成不同的单元，而单元的组合可以形成不同的产品。

图 1-2-5　模块化旅行套装（吹风机和熨斗）

（三）模块化设计的应用

图1-2-5所示是一套由吹风机和熨斗组成的模块化旅行套装，面向经常有出行需求的商旅用户。它由三部分组成，包括手柄、吹风机模块和熨斗模块，将吹风机与熨斗的结构相似性结合在一起，从而实现了两种功能。

此外，图1-2-6所示的玩具也运用了模块化设计理念。它利用最简单的模块，能够组合出几十种不同形态的拖车玩具，这些形态各具特色，功能也各不相同，大大节约了生产成本并提高了产品使用率。

四、无障碍设计

（一）无障碍设计的概念

无障碍设计是指在产品、服务和环境设计中充分考虑残疾人群体的需求，最大限度地减少和消除他们使用产品或服务时可能遇到的障碍。无障碍设计能够帮助残疾人群体更好地融入社会，并为所有人创造更加便利和舒适的生活环境。

（二）无障碍设计应关注的内容

建筑和环境设计：例如，在建筑物内部采用满足盲人和弱视人群需求的导向标识系统和触摸标志，在公共场所设置轮椅坡道等设施。

产品设计：例如，在电梯、自动门和自动取款机等产品上采用易于理解的图形标识和声音提示，以方便视力、听力和运动功能受限的用户使用。

服务设计：例如，在交通工具、银行、酒店等服务场所提供特殊服务和协助，以便于残疾人群体使用。

无障碍设计不仅能够帮助企业满足法律法规要求、提升品牌形象和扩大市场份额，还能够为消费者提供更加普惠和便利的服务。在当前社会对残疾人群体权益和福利日益关注的背景下，越来越多的企业开始积极采用无障碍设计理念，打造友好和包容的产品与服务。

（三）无障碍设计的应用

如图1-2-7所示的水槽设计，在底部加入了一个简单的斜切面，只需轻微用力就可以让水槽向外侧倾斜，从而降低高度，大大方便了儿童和身残人士的使用，同时适合正常成年人使用。这种简单的结构巧妙地解决了设计、成本、空间的问题。

图1-2-8所示是一款纽扣设计，设计师通过改变纽扣的形状，使其更符合人体工程学原理。纽扣的一端变得更薄且轻微向上翘起，使纽扣更容易被抓握和推动。这样的设计不仅能够帮助老年人和特定残疾人士使用，还非常适合正在学习自己穿衣的幼童。

图1-2-6　模块化玩具

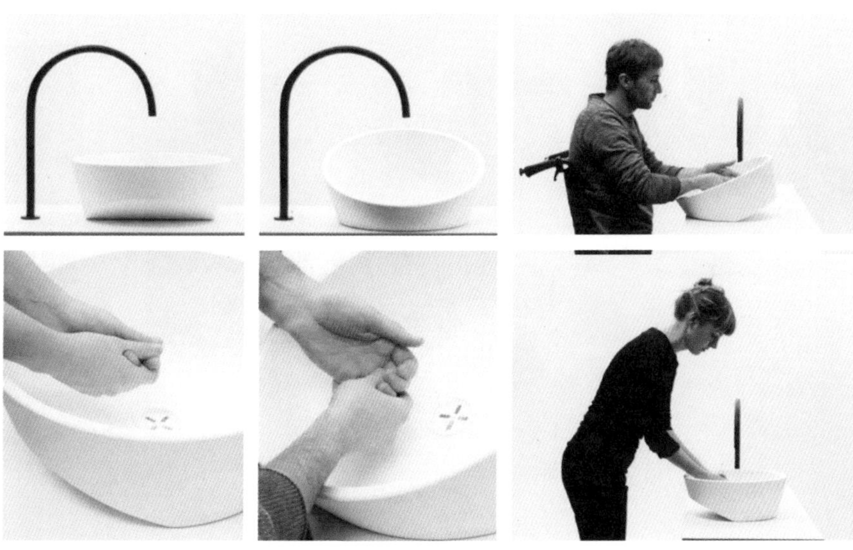

图1-2-7　水槽设计

图 1-2-8　纽扣设计

五、可持续设计

（一）可持续设计的概念

可持续设计是指在产品设计、生产和使用过程中，考虑到环境、社会和经济等方面的因素，以创造出对环境和社会影响最小的产品。通过采用可再生材料、节能和减少污染等方法，延长产品使用寿命，提升资源利用效率，最大限度地减少对自然环境的负面影响。

（二）可持续设计应关注的内容

环境方面：通过选择绿色材料和设计易于回收或再利用的产品，减少产品对环境的负面影响。例如，使用可降解材料制作塑料袋，并设计智能家居系统来控制能源消耗。

社会方面：尊重人权，确保产品不含有害物质，并在生产和使用过程中保障劳工权益。

经济方面：通过产品设计、生产和运营过程增加企业和用户的经济效益，实现资源最大化利用。例如，为用户设计更长使用寿命的产品，减少零部件更换频率，从而减轻用户的经济负担。

可持续设计不仅有助于企业实现可持续发展和社会责任，还能提供更好的用户体验和经济效益。在当前环境保护意识日益增强的背景下，越来越多的企业开始采用可持续设计理念来设计产品，以满足市场需求并承担社会责任。

（三）可持续设计的应用

如图 1-2-9 所示，这款玩具旨在将农业废弃物转化为有意义的产品，最终堆肥回地下。稻壳由于具有高度抗自然降解的粗糙表面而难以处理，每年全球约有 1.2 亿吨稻壳被丢弃。同时，这款玩具作为儿童玩具，使用稻壳作为原材料非常安全，不用担心孩子误食。当不再需要这款玩具时，用户可以将其用于堆肥，实现循环利用。

图 1-2-9　稻壳村儿童积木玩具

第三节　设计程序与方法的基本概念

一、设计程序概述

设计的概念和意义非常广泛，许多创新活动都可以称为设计。然而，对于专业设计师或企业的设计团队而言，设计关系到企业的发展战略和正常运营。设计项目的展开不能仅凭一时的兴趣或冲动，这种行为是非常盲目和危险的，一次失误可能导致企业遭受巨大的经济损失，甚至濒临倒闭。产品设计程序的合理与否关系到企业的命运，对企业的生存与发展至关重要。对于学习设计的学生来说，掌握设计的程序是设计的起点。

（一）设计程序的概念

程序是指“规范的顺序”，即处理事务的先后次序。程序是为了完成特定任务而制订的计划、规程和步骤，以及具体环节所采用的方法和途径。一般来说，设计程序是指设计实施过程和完成设计任务所采用的次序和途径。它强调具体执行措施的微观层面。

设计的目的之一是创造性地解决问题，因此设计程序是解决问题的过程。与其他科学程序不同，设计程序不仅包含理性分析过程，还包括情感直觉过程。在实际应用中，设计程序没有“唯一的标准”和“公认的权威”。

（二）设计程序的意义

设计是一个从“无”到“有”、从“差”到“好”的创造过程或革新过程。在这个过程中，抽象的、不确定的概念或设想逐步发展为具体的、可实施的结构或制品。解决问题的思维过程需要将抽象的事物以具象的形式表现出来，这个过程不仅依靠灵感的启示和直觉的构思，还必须运用逻辑推理或理性思辨，形成合理的设计规范或严谨的设计程序，以确保设计中各环节和各因素达到最佳平衡和协调。妥善地规划设计程序，才能将新产品设计的风险和不确定性降至最低，从而达到预期的目标。

（三）设计程序的类别

按照产品设计类型可分为产品改良设计程序、产品开发设计程序和复杂系统的产品设计程序。

产品改良设计程序是指针对市场上现有产品进行改良设计时所采用的程序。其重点内容是市场分析和产品评价，旨在改进产品中存在的问题和缺陷，改良型号、CMF设计和细节等，满足市场对产品多样化的需求。

产品开发设计程序是指以开发新产品市场和新技术为主的产品设计程序。通常在前期的调研、分析和决策阶段投入大量的精力，而对后期的产品提案和商品化阶段投入相对较少的资源。

复杂系统的产品设计程序主要适用于综合性强、复杂程度高、技术要求严的产品设计。这类设计项目通常针对大型机械设备、电子仪器和交通工具设施等，需要多个设计小组或设计团队协同合作才能完成。

当然，许多公司也有自己的设计程序。例如，德国青蛙设计公司及日本日立中央研究所的设计程序，以及由维杰·库玛提出的设计程序。在国内，一些知名设计公司也拥有自己成熟的设计程序，如图1-3-1所示，展示了广东东方麦田工业设计股份有限公司作为国家工业设计中心自主研发的产品全

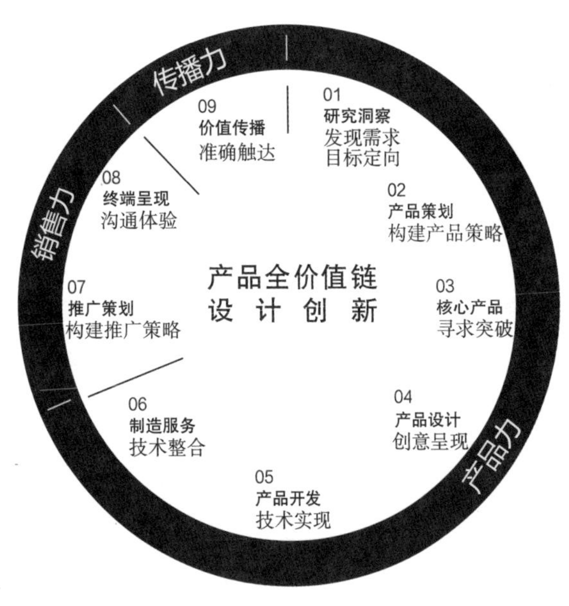

图 1-3-1　东方麦田的产品全价值链设计创新程序

价值链设计创新程序。需要注意的是，在实际应用过程中，通常需要结合具体的设计项目进行整合和适当调整设计程序。

二、设计方法概述

（一）设计方法的概念

方法是指为了达到某个目的而采取的途径、步骤、手段等。而设计方法是在设计过程中使用的方法，是在实践的过程中总结出来的一系列有效、可行的策略和方式。这些方法的应用旨在帮助设计师进行思考、创意、构思、分析和表达。

人们总结出了300多种设计方法，这些方法可以在设计流程的各个环节中应用，并且同一方法也可以应用在设计程序的不同环节上。随着设计研究的深入，设计方法被广泛引入设计过程中，逐渐建立起行之有效的创新设计理论。尤其是在产品设计领域，现代高科技手段被广泛应用于设计过程的各个环节，并逐渐改造或替代传统的产品设计方法，建立起适用于现代企业进行产品设计和创新研发的方法体系。

现代设计的技术方法主要朝着数字化、并行化、智能化和集成化的方向发展。技术手段在设计思考和方案呈现等方面的参与度和助益性明显增强，产品设计研发与产品生产制造等环节的结合也将更为紧密。现代设计方法论中的设计方法种类繁多，产品设计是综合性、交叉性的学科，设计过程中需要综合考虑和研究上述方法，并灵活运用适当的方法来促进设计行为的展开，避免教条式的照抄照搬。

（二）设计方法在设计程序中的应用

设计方法与设计程序是一个紧密联系的系统。设计程序决定了设计的过程和步骤，而设计方法则决定了设计的具体措施和效果。

设计程序本身需要有具体的方法和整体的战略进行指导和支持，而设计方法也必须根据具体的设计程序进行调整和变化。换句话说，设计过程实际上也是设计方法的运用过程。设计方法是指在整个设计过程中所使用的方法和策略。设计程序已经从传统的线性过程转变为时间、逻辑和方法三维合一的过程，这使得设计方法朝着综合性和系统化的方向发展。

不同的国家、不同的时期，在面对不同的设计对象时，设计方法的选择和运用也各不相同。每个企业或组织都会根据自身的战略规划、产品属性等客观条件来制定相应的设计程序，并根据具体的产品设计开发任务进行相应的调整。

三、设计程序与方法的实用模型

虽然不同国家和公司有各自独特的设计程序和方法，但是设计活动大体上都是围绕问题展开的。本书在满足国内产品艺术设计专业（工业设计专业）人才培养需求、数字创意行业的岗位需求及参考行业内常用方法的基础上，结合实际教学经验，摸索研究出适合产品艺术设计专业（工业设计专业）教学的设计程序实用模型、设计程序与方法实用模型。

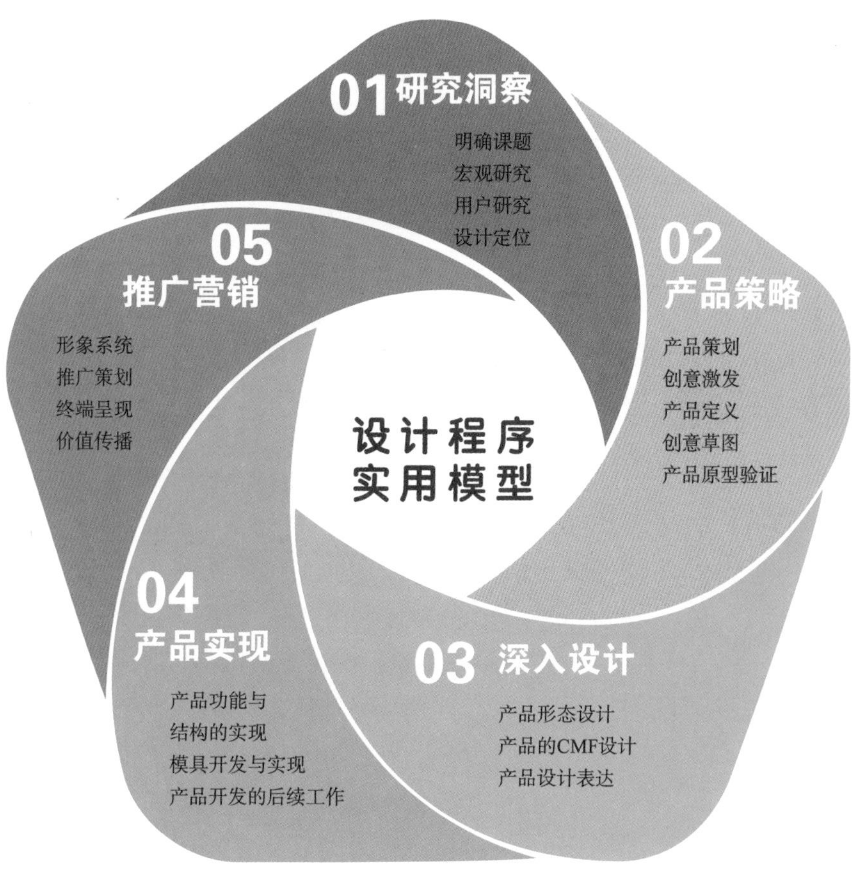

图 1-3-2　设计程序实用模型

图1-3-2所示为设计程序实用模型，本书围绕设计程序与方法，将设计过程分为研究洞察、产品策略、深入设计、产品实现和推广营销五个实施步骤。同时，在每个步骤中融入相应的设计方法，形成如图1-3-3所示的产品艺术设计专业典型设计程序与方法实用模型。下面将具体分析每个实施步骤中所使用的设计方法。

（一）研究洞察

研究洞察是指在明确项目需求后进行一系列前期调研工作，包括市场调研、用户研究、数据清洗和筛选等过程。研究洞察阶段包括明确课题、宏观研究、用户研究和设计定位四个具体步骤。

在项目启动前，需要根据设计项目的具体目标明确设计方向，确定是开发性设计还是改良性设计。同时要了解企业或委托方的核心需求、市场现状、技术特征和企业优势等。有时委托方的目标非常明确，这对设计工作是一个有效的前提；然而，有些委托方可能意图开拓新市场，开发全新产品，目标可能不太清晰，这时设计师或设计机构需要与委托方共同探讨和分析策划。充分的前期沟通有助于准确定位目标，实现精准设计，这是设计开始的前提条件。

明确课题后，关键是找到设计的切入点。产品设计与人的需求、技术发展以及市场、社会环境密切相关。通过了解这一系列内容并发现问题，有针对性地解决，才能开发出市场和用户接受的产品。因此，首先需要进行项目的宏观研究工作。宏观研究在整个设计过程中占据重要地位，通过信息联结消费者、顾客和大众，运用科学方法收集、整理和分析相关资料，通过逻辑顺序掌握产品的发展趋势和市场需求，为设计决策提供关键信息。宏观研究包括PEST（政治要素、经济要素、社会要素、技术要素）

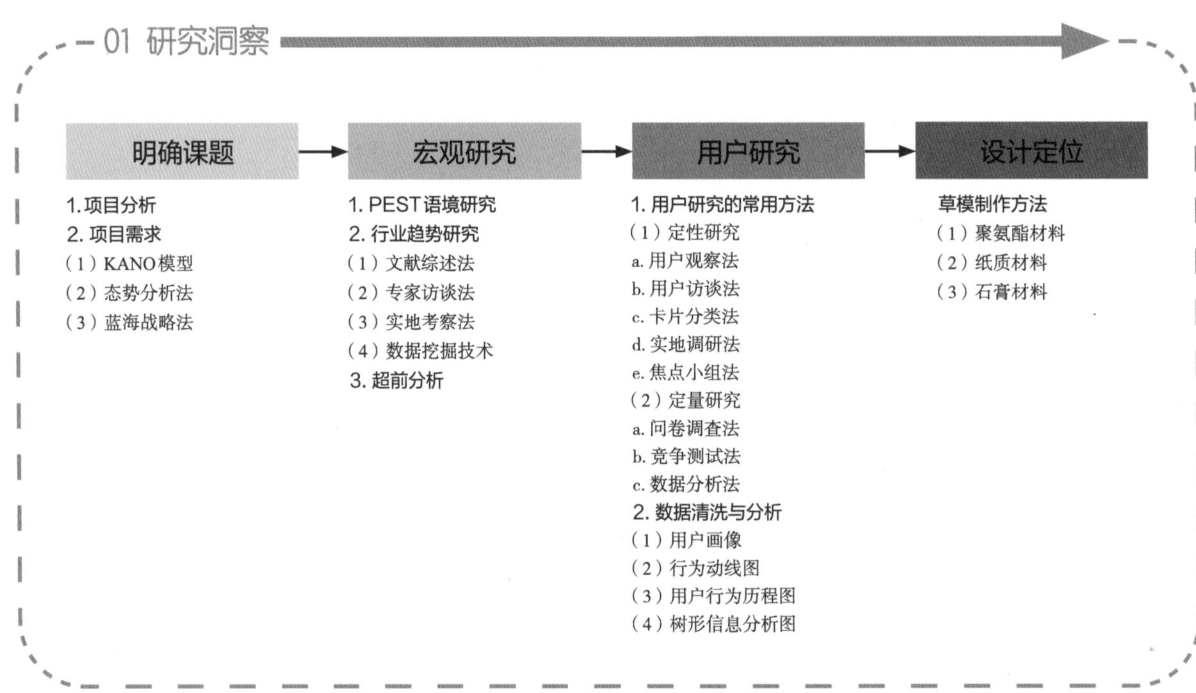

01 研究洞察
明确课题
1.项目分析
2. 项目需求
（1）KANO模型
（2）态势分析法
（3）蓝海战略法
宏观研究
1. PEST语境研究
2. 行业趋势研究
（1）文献综述法
（2）专家访谈法
（3）实地考察法
（4）数据挖掘技术
3. 超前分析
用户研究
1. 用户研究的常用方法
（1）定性研究
a. 用户观察法
b. 用户访谈法
c. 卡片分类法
d. 实地调研法
e. 焦点小组法
（2）定量研究
a. 问卷调查法
b. 竞争测试法
c. 数据分析法
2. 数据清洗与分析
（1）用户画像
（2）行为动线图
（3）用户行为历程图
（4）树形信息分析图
设计定位
草模制作方法
（1）聚氨酯材料
（2）纸质材料
（3）石膏材料

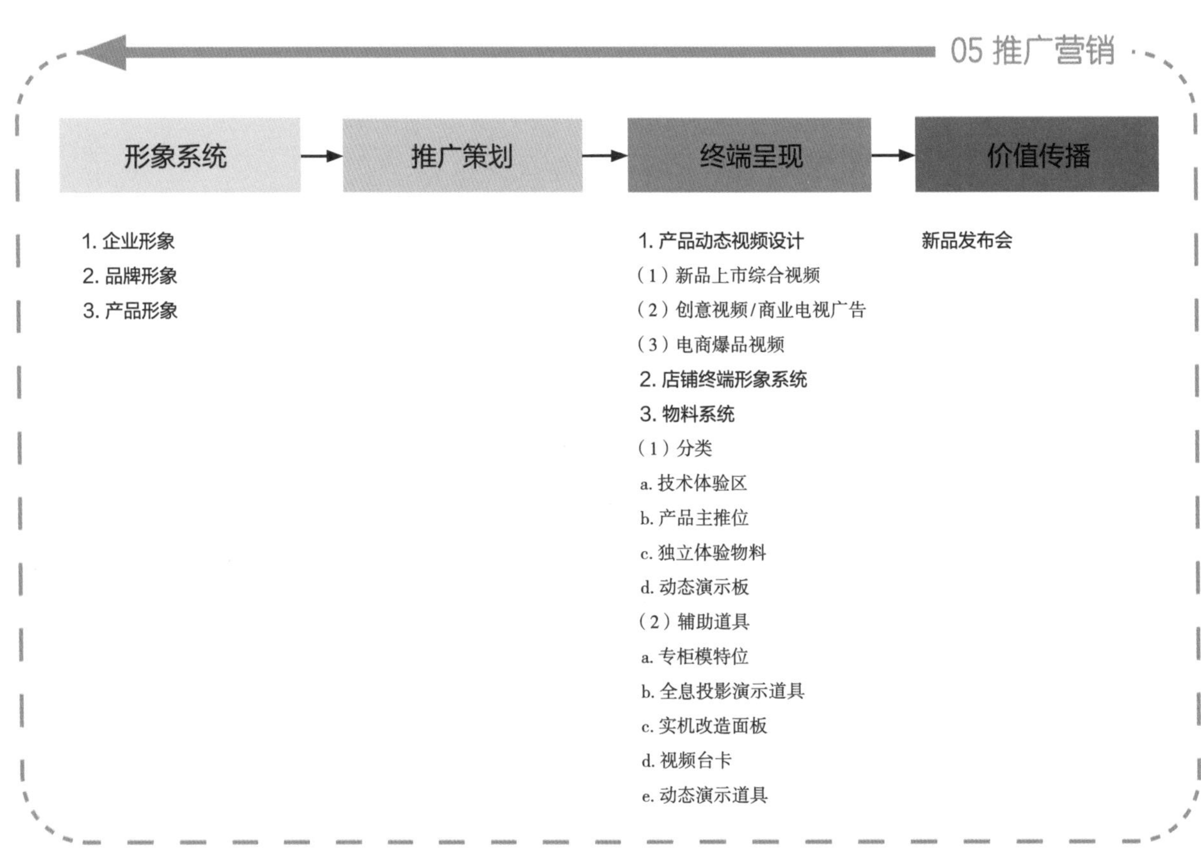

图 1-3-3　设计程序与方法实用模型

02 产品策略

产品策划 → 创意激发 → 产品定义 → 创意草图 → 产品原型验证

产品策划

产品策划的常用方法
（1）KANO模型
（2）态势分析法
（3）蓝海战略法

创意激发

创意激发的常用方法
（1）头脑风暴法
（2）思维导图法
（3）5W2H分析法
（4）人物角色法

产品定义

1. 产品定义的层级
2. “长板理论”

创意草图

创意草图的常用方法
（1）联想法
（2）组合法
（3）移植法

产品原型验证

草模制作方法
（1）聚氨酯材料模型制作
（2）纸质材料模型制作
（3）石膏材料模型制作

03 深入设计

产品形态设计 → 产品CMF设计 → 产品设计表达

产品形态设计

产品形态设计的常用方法
（1）1次造型
a. 拉伸成型
b. 放样成型
c. 旋转成型
d. 多曲面闭合成型
（2）2次造型
a. 分割
b. 切削、堆积
c. 弯曲、扭曲
d. 凹凸
e. 断与连
f. 折

产品CMF设计

1. 色彩的情感属性
2. 常用的材料
（1）塑料
（2）金属
（3）陶瓷
（4）玻璃
（5）新型材料
3. 加工工艺
（1）注塑成型
（2）铸造
（3）挤出
（4）冲压
（5）CNC机加工
（6）焊接
（7）热弯
（8）喷漆
（9）丝印
（10）水转印
（11）金属电镀
（12）蚀刻

产品设计表达

1. 制作二维效果图
（1）常用的二维效果图
a. 不同角度效果图
b. 细节图
c. 使用状态图
d. 应用场景图
（2）创意展示图
a. 海报展示图
b. 配色图
c. 功能示意图
d. 爆炸图
（3）工程技术图
a. 三视图
b. 内部结构分析图
c. 技术原理示意图
2. 制作三维动画
3. 制作产品展示模型
4. 设计方案版面展示
（1）广告版
（2）细节版

04 产品实现

产品功能与结构的实现 → 模具开发与实现 → 产品开发的后续工作

产品功能与结构的实现

1. 产品的基本构成
（1）动力源
（2）执行元件
（3）传动系统
（4）控制系统
（5）支撑系统
2. 产品结构设计的分类
（1）壳体、箱体结构
（2）连接与固定结构
（3）连续运动结构
（4）密封结构
（5）安全结构

模具开发与实现

1. 结构手板设计
2. 模具设计流程
（1）接收塑胶产品结构图并检查
（2）模具装配图设计
（3）模具零件加工图设计
（4）模具制作与加工
（5）T1阶段
（6）注塑生产
3. 手板样机制作

产品开发的后续工作

1. 相关标准与认证
2. 产品生产成本核算
3. 生产签样
4. 生产跟进与生产技术支持

语境研究、行业趋势研究和专利分析三个模块。

如果说宏观研究是帮助我们获取用户的显性需求，那么用户研究则是帮助我们挖掘用户的隐性需求，打造产品差异化卖点的关键。在用户研究过程中，通过定性研究和定量研究，涉及用户观察法、用户访谈法、焦点小组法和问卷调查法等大量的研究方法，将所有信息进行整理、过滤和筛选，利用用户行为历程图、树形信息分析图、用户画像等实用工具或模型来划分需求等级，根据项目实际情况提出方向。

在调研完成后的设计定位阶段，需要确定基本的产品开发方向和策略，有效地确定产品的定位，并提出方向建议，以更好地满足消费者的需求，从而实现企业的经济效益最大化。

（二）产品策略

产品策略是指根据前期调研，通过策划、概念提炼、定义与测试等环节明确具体的产品开发设计方向。产品策略阶段包括产品策划、创意激发、产品定义、创意草图和产品原型验证五个步骤。

在产品策划阶段，基于前期的研究洞察，运用KANO模型（卡诺模型）、态势分析法（SWOT）、蓝海战略法等方法工具，发现产品设计中存在的问题，并以此为基础，探讨市场定位和产品方向，输出相关的产品策划文件。

针对发现的问题，可以运用头脑风暴法、思维导图法、5W2H（What、Why、When、Where、Who、How、How much）分析法、人物角色法等来激发创意，寻求设计的解决方案。

在产品定义阶段，通过对创意激发阶段的概念提炼，获得产品最优解决方案的详细信息，包括产品的功能、特性、性能、价值和市场定位，以确保产品的可行性、可持续性和可衡量性。

从调研到产品定义，基本上形成清晰明确的设计目标定位，从而针对需求点进行突破式创新设计，提炼出有价值的核心创意概念，形成创意草图。创意草图的目的是收集、记录、探索和扩展创意想法，可以通过联想法、组合法、移植法等进行深入分析并解决设计的实际问题。

最后，选择合适的草图方案进行产品原型制作和验证。原型也称为草模，在方案设计阶段出现，可以理解为早期的模型，是测试想法、验证概念、凸显问题和改进方案的设计手段。原型可以解决许多无法通过图纸解决的问题。原型制作也是设计方案迭代的过程，通过选定的创意草图制作原型，测试想法的可行性，将其交给最终用户使用并获得反馈，可以根据具体的设计项目选择典型用户进行测试，然后确定改进方案。

（三）深入设计

深入设计是指在得到委托方的肯定与建议后，通过具体的产品功能设计、产品形态设计、产品材料工艺设计等设计思考、创新过程，进行深入的产品设计。它是设计师不断推理、演绎、创造的过程，也是设计环节中非常重要的过程。深入设计阶段的具体步骤分为产品形态设计、产品CMF设计和产品设计表达三步。

前面的阶段主要对产品概念在形态上初步形成了较明确的具象图形方案，接下来要对造型、色彩、材料、工艺等细节做进一步的设计，并对产品的功能结构、使用方式、与环境的适配程度、采用什么样的工艺和结构都要有明确的表达。最后，设计师需要通过制作二维效果图、三维动画、版面制作和外观模型等表达方式，将设计效果呈现给委托方，这有利于设计师与委托方进行沟通与探讨。将设计的概念视觉化是产品设计环节中不可或缺的重要环节，设计制作的好坏直接影响着委托方的判断与取舍。

（四）产品实现

产品实现是指将产品落实到实际成品，即将设计师的图纸、模型等制造生产出来。产品实现阶段的具体步骤包括产品功能与结构的实现、模具开发与实现及产品开发的后续工作。

一直以来，在产品的设计和制造之间存在很多矛盾，很多时候设计师提交的设计令制造部门抱怨组装困难、成本增加，甚至技术上无法完成等，而最后产品制造完成后也经常听到设计师抱怨由于工艺粗糙、细节改动、降低成本而改换材料等，产品已经完全改变了设计初衷。因此，作为一个产品设计师，应该了解并掌握工程、制造和工艺等相关知识，以便在设计前期就考虑到实际问题。通常，设计师必须了解的知识大概有功能架构设计、产品结构设计、结构手板设计、模具设计相关生产技术等。最终，产品将面向市场，并接受消费者的检验。根据消费者和市场的反馈，产品也会进行进一步的修改与改良。

（五）推广营销

推广营销的过程包括：产品发布前制定产品发布战略和打造品牌形象、产品发布时通过线上线下渠道打造品牌卖点、产品发布后进行一系列评估及后续传播活动。在推广营销阶段，具体步骤分为形象系统、推广策划、终端呈现和价值传播四步。

在产品的推广与营销过程中，可基于品牌策划、形象系统等专业知识，根据品牌形象和项目需求制作合适的产品动态视频、SI系统、物料系统等，完成多渠道及媒体的推广传播。这有助于产品和品牌的价值传播，提升品牌影响力和市场竞争力。

在整个设计过程中，应始终围绕问题，运用系统的设计程序和方法来解决问题，完成产品创新设计过程。

通过以上五个步骤，再结合各种详细的设计步骤和设计方法，就能完成典型的产品设计项目。对于初学设计的学生来说，掌握典型的设计程序与方法，能够应对大部分的产品设计项目，当然，针对具体的设计项目，需要调整设计的程序和重点，并不断学习新的设计方法，以发展的态度不断完善自己的知识与技能，更好地开展产品设计工作。

第二章　设计与实训

第一节　实战程序1：研究洞察

第二节　实战程序2：产品策略

第三节　实战程序3：深入设计

第四节　实战程序4：产品实现

第五节　实战程序5：推广营销

第二章　设计与实训

本章概述

本章依据教学经验和企业常用设计流程，将设计程序划分为研究洞察、产品策略、深入设计、产品实现和推广营销五节，每节将以“讲、学、做”相结合的思路让学生更好地掌握设计程序与方法。首先，“知识点”部分旨在细化每个设计流程中常用的重点方法和工具，并通过案例进行总结归纳；其次，通过“实战案例”中的企业真实案例，针对性地让学生在各类项目中去理解方法的合理选择和综合应用；最后，学生完成“实训任务”的作业布置，巩固重点难点，培养创新意识、工匠精神、职业道德和社会责任感。

第一节　实战程序1：研究洞察

研究洞察是设计程序的第一个阶段，即通过对宏观环境、市场、用户等方面的分析，挖掘产品需求、用户行为、潜在问题等有效信息的阶段。各公司、高校、第三方机构在调研时有不同的方法和技术，本节选取常用且有效的方法，进行知识点详解和案例分析，让学习者更好地理解在实际项目中如何运用方法，并通过实训任务的练习帮助学习者学会获取科学可行的调研数据，以便更好地开展创新设计。

一、知识点

（一）明确课题

产品的设计开发是一个多部门协作、综合的、复杂的过程，若方向错误将导致严重的经济损失与时间浪费。因此，在启动一个设计项目之前，必须与设计委托方进行充分沟通，仔细了解设计内容、委托方的需求、项目的背景情况及宏观环境等信息。

明确课题，是开展设计的前提。该阶段首先需要了解项目的背景情况，确定设计目标，并按照目标制订相应的计划。明确课题的目的是确保产品能够满足用户的需求，并且能够达到商业目标。项目分析和项目需求是实现这个目的的重要步骤，下文将从这两点进行详细分析。

1. 项目分析

项目分析旨在评估项目的可行性并确定它是否值得投入时间、资源和资金。它涉及对市场、竞争环境和用户需求的深入研究，以便对产品的概念和功能进行合理的规划和设计。通过项目分析，团队可以更好地了解市场和用户需求，减少不必要的开发过程和成本风险。

项目分析主要包括以下内容：第一，了解行业的发展情况，如市场销售份额、同类产品的销售情况、市场较受欢迎的产品审美风格和技术特征等。第二，了解设计委托方的情况，如产品线、销售与市场状况、投资、生产情况、成本、利润、企业文化、企业形象及公共关系等；第三，技术分析，如针对产品开发过程中涉及的生产技术、结构、材料与工艺等问题进行的相关调查等；第四，专利情况和法律法规，针对与产品开发相关的法律条令和政策规定进行调查，避免重大错误；第五，在面对了解程度不同的委托方时，需要做的工作也会有所不同。对产品设计及其程序不甚了解的委托方，需要进行引导，增进了解，使其配合设计工作；对产品设计及其程序了解较多的委托方，则可以将更多的精力放在对设计项目诉求的理解和沟通上。

2. 项目需求

明确课题核心的内容就是明确项目需求，即设计目标。通过与设计项目委托方的沟通，明确新产品设计开发的方向，就外观、功能与结构等方面进行设计改良创新，依据品牌形象与技术优势，设计具有市场突破性的创新产品，比如某些大企业为企业发展战略进行探索的概念设计或服务设计。一般情况下，多数接触的是改良设计，如图2-1-1所示，需了解人群、环境、产品线定位及竞争定位等相关内容。

明确项目需求，有助于设计师与设计团队准确地开展设计工作，保证设计工作的进度、要求与结果能达到预期。明确需求后，要与设计委托方进行需求的探讨和确认，产品设计需求沟通的常见文件有设计立项书、意向图及设计任务书等。

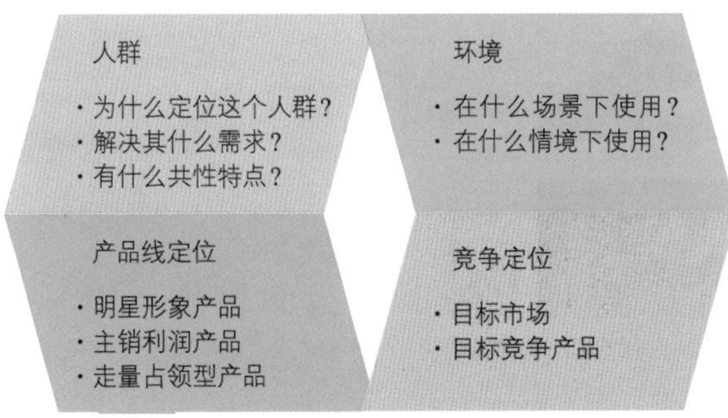

图 2-1-1　改良设计项目的相关需求

（1）设计立项书

如表2-1-1所示，设计立项书是指在进行设计项目之前，为明确项目目标、任务、资源和实施计划而制定的一份书面文件。其主要内容为产品信息、设计要求和市场定位等各方面的内容，旨在为设计项目提供指导和规范，确保设计项目按照要求和计划完成。

设计立项书的主要目的包括以下几点：第一，明确项目目标和任务，为设计项目提供明确的指导，确保项目方向和目标的一致性；第二，确定项目范围和时间，确保设计项目的实施计划合理可行；第三，分配项目资源和工作职责，包括人员、资源和设备等方面的分配，提高项目的执行力和效率；第四，预估项目成本和风险，为项目决策提供依据，降低项目风险和成本；第五，规范项目实施

表2-1-1　设计立项书示例

产品信息	
项目名称	×××产品工业设计
产品尺寸	框架尺寸320厘米 ×400厘米 ×730厘米
功能配置	（1）高效节能 （2）超低噪声 （3）零冷水功能 （4）云控功能
显控面板	（1）电脑版触摸屏 （2）LED 彩屏显示
工艺要求	（1）做工精细 （2）选材质量过硬
设计要求	
设计要求	（1）简单、大方、时尚、科技 （2）结合德国硬朗简洁的设计风格设计出符合中国审美的产品 （3）希望通过外观凸显科技质感
时间要求	6 月30日确认方案，7月结构设计，8月开样品模具，9月6日新品发布会
市场定位	
市场区域	√内销　□外销
市场级别	√一级（京广沪）　√二级（省会及大城市）　□三级（地级市及县级市）　□四级（乡镇农村）
渠道级别	√A卖场　√代理店　□批发店 □商超　□电商　□工程渠道
目的与目标	√形象机　□利润机走量　□特价机
人群定位	城市居住中高端消费人群
主要竞争对手	威能、博士、菲斯曼、万和、小松鼠、万家乐
主要竞争机型	万家乐 BX7 零冷水产品、小松鼠低噪声产品

过程，包括设计流程、设计标准、设计质量及验收标准等方面的要求，确保设计项目的质量和效果。

（2）意向图

如图2-1-2所示，意向图是指在设计过程中，为了表达设计方案、设计思路和设计意向而制作的一种图形化表现形式。意向图通常包括产品的外观、形态、色彩、材质及纹理等方面的要素，以便让客户或设计团队更好地理解和接受设计方案。

意向图的主要目的包括以下几点：第一，展示设计方案和创意，让客户或团队成员更好地理解设计方案；第二，提高设计可行性和可接受性；第三，加强沟通和协作，与客户或团队成员共同制订出更好的设计方案和创意；第四，提高设计效率和质量，减少沟通和修改的时间；第五，提高产品的市场竞争力。设计师通过意向图向客户或团队成员展示产品设计的特点，从而提高产品的市场竞争力。

（3）设计任务书

设计任务书是指一份用于概括和明确产品设计的任务、目标、需求、指导方针、工作流程和时间安排等内容的书面文档。设计任务书旨在为产品设计团队提供详细的设计指导和任务要求，确保设计团队按照客户或市场的要求，按时、高质量地完成产品设计的工作。设计任务书的主要内容包括项目背景和目标、项目需求和限制、项目范围和时间、设计流程和指导方针、团队组成和职责、工作成果和验收标准等。

设计任务书的主要目的有以下几点：第一，明确产品设计的目标、定位和要求；第二，指导设计过程和设计思路，保证设计的合理性和创新性；第三，规划项目进度和资源；第四，保证设计质量和效果。设计任务书通过规范设计过程中的各个环节和要素以保证产品设计的质量和效果；第五，避免风险和误解，并规定相应的解决措施。

除此之外，还应制订一份科学合理的项目计划。明确需要进行的工作内容、每项工作内容的负责人及每项工作完成的最后时限。之后制成设计计划表，分发给设计单位及设计委托方，双方共同执行该计划，在发现问题时，及时对计划进行讨论与改进，以保证设计项目的顺利实施。

（二）宏观研究

在产品设计流程中，寻找到设计的切入点很关键。产品设计是与人的需求、技术的发展、市场和社会的环境密切相关的。了解这一系列内容，并从中发现问题，有针对性地解决，才能够设计出被市场及用户接纳的产品。

因此，要首先开展项目的宏观研究工作。宏观研究作为通过信息联结消费者、顾客、大众的一种手段，在整个设计过程中具有很重要的作用。宏观研究是运用科学的方法收集、整理和分析相关资料，通过层层递进的逻辑顺序，从而掌握产品的发展趋势与市场需求，为设计决策提供信息依据的一种手段。

宏观研究的主要内容包括PEST语境研究、行业趋势研究和超前分析。PEST语境研究的目的是

WHILE ROBOT-POP

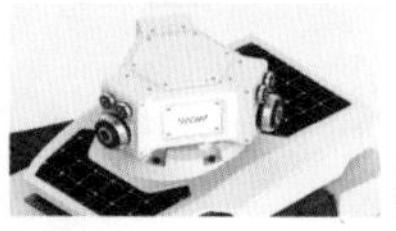

在交互上提高产品的互动性
交互
造型上以温暖的感觉突破现有的冰冷呆板原型
造型

图2-1-2　意向图示例

分析市场环境中的政治、经济、社会和技术因素，以便帮助企业分析当前外部的竞争环境，制定战略和决策；行业趋势研究帮助企业更好地理解市场环境，洞察市场的发展趋势，帮助企业制定有效的发展战略，发掘新的商机，提升企业的竞争优势；超前分析是根据当前的市场需求和技术发展趋势，采取有效的技术和分析方法，来预测未来的市场需求和技术发展趋势，以及产品的潜在发展方向，帮助企业把握机遇，提前布局未来，满足消费者的需求，发展具有竞争力的产品，增强企业的市场竞争力。

1.PEST语境研究

PEST语境研究是一种常用的策略分析工具，它可以帮助组织识别和分析影响其业务策略的政治、经济、社会和技术因素，了解行业格局并判断未来行业发展趋势和机会点。P——Policy，即政策法规；E——Economy，即经济格局；S——Society，即社会体系；T——Technology，即技术趋势。PEST语境研究在战略发展中发挥着重要的作用。它可以帮助企业了解外部环境的变化，以便根据当前的外部环境来制定合理的发展策略。它还可以帮助组织更好地预测未来发展趋势，以便采取及时有效的应对措施。

图2-1-3所示为广东东方麦田工业设计股份有限公司集成灶案例，通过PEST+CD模型帮助品牌分析三四线市场的宏观发展趋势，从而探索行业的发展趋势和机会点。

2. 行业趋势研究

（1）行业趋势研究的主要内容

行业趋势研究是指对某一行业发展趋势的研究，其目的是帮助企业更好地了解市场的变化，以便制订有效的战略计划。通常，产品行业趋势研究包括研究市场容量、行业格局、竞品 、产品详细信息等基本因素的当前状态及未来发展趋势，包括对涉及的技术、产品、市场和消费者等方面的分析。

①市场容量分析

市场容量分析是指对某一特定市场中特定产品的需求量进行分析，以确定其可能带来的收益。它主要关注产品的销售量、净利润率及市场份额。通过产品市场容量分析，企业可以准确地计算出产品

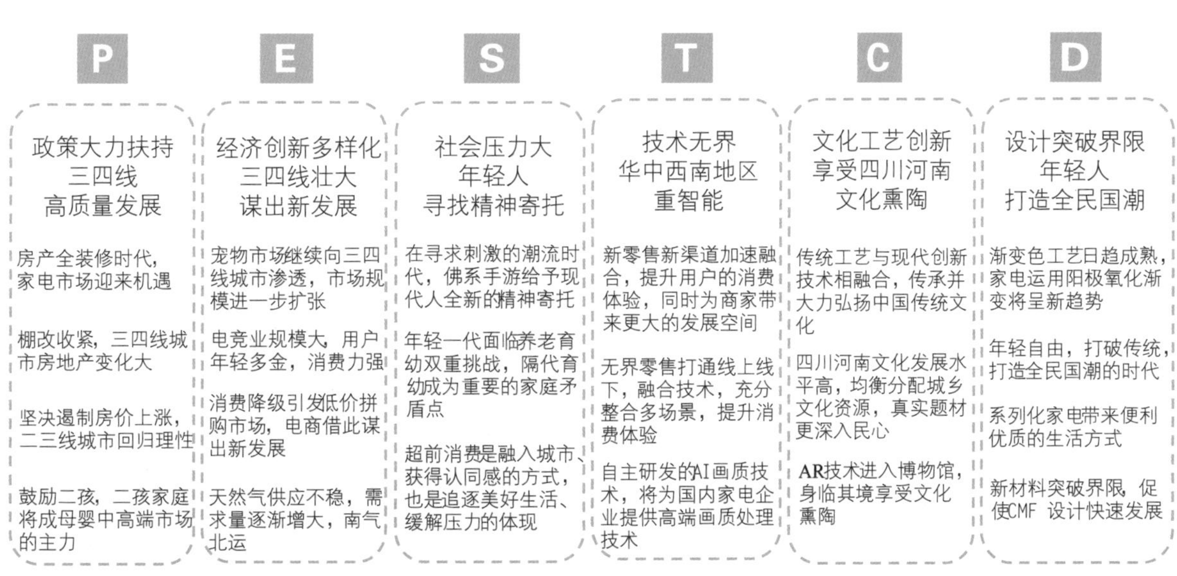

图2-1-3　东方麦田的集成灶 PEST+CD 模型

在某一市场的可能收益，并为企业制定更加合理的营销策略。

②行业格局分析

行业格局分析主要包括分析市场竞争格局、分析行业发展趋势、分析产品特征和用户需求、分析产品销售渠道等。这些分析结果可以帮助企业更好地把握市场趋势，有针对性地做好产品设计、营销策略和渠道管理。

③竞品分析

竞品分析是指调查分析主要竞争者或品牌的数量、规模、经营策略、市场份额、产品形象与特色、技术优势与价格等对产品在市场销售中具有关键影响力的因素。该分析可以帮助企业了解竞争对手的优势，发现竞争对手的不足之处，并为企业提供发展战略的参考。

④产品详细信息分析

产品详细信息分析包括材料、技术、设计、价格、销售表现及其他可能影响产品销售的因素。通过对这些因素的详细分析，可以帮助企业更好地了解产品，从而打造产品卖点，提高产品的核心竞争力。

如图2-1-4所示的电热水器行业趋势分析案例，通过对电热水器行业各大品牌近三年的行业需求、销售结构、销售份额等行业趋势的研究分析，帮助企业了解市场趋势和用户需求，明确产品开发方向。

（2）行业趋势研究的方法

行业趋势研究的方法主要包括定性研究和定量研究两种。定性研究主要依靠专家访谈和问卷调查等方法，以获取行业的发展趋势及其影响因素。定量研究则是基于市场调查的数据，使用数据挖掘技术对数据进行分析，以确定行业趋势和未来发展方向。

常见的行业趋势研究方法主要有文献综述法、专家访谈法、实地考察法及数据挖掘技术等方法。

①文献综述法

文献综述法常用于项目初期的探索阶段，是研究人员对现成的数据、报告、文章等信息资料进行收集、分析、研究和利用的一种市场调研方法。其具有速度快、费用相对较少、不受时空限制等优点，同时具有时效性不足、针对性差等局限性。文献综述法的研究步骤如图2-1-5所示。

通过文献综述法进行产品行业趋势研究的过程中，需要注意文献的质量和可信度，同时要注意对文献进行分类和整理，以便更好地进行分析和综合。此外，需要灵活运用各种搜索工具和技巧，如限定检索词、使用高级检索功能等，提高检索的准确性和全面性。

②专家访谈法

专家访谈法是一种常用的行业趋势研究方法，它通常用于了解专家对于当前和未来市场趋势的看法和预测。这种方法涉及与该行业中具有专业知

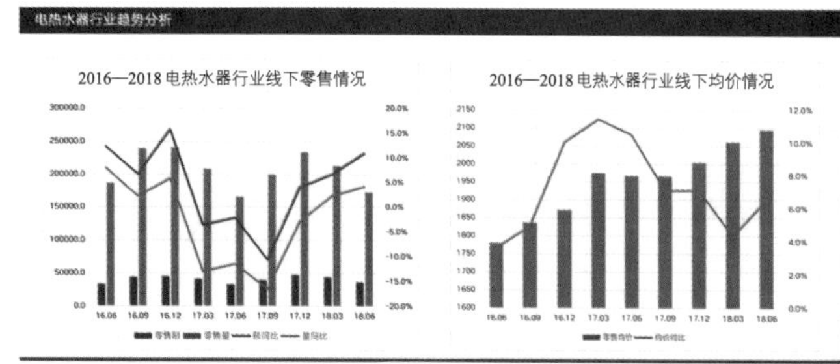

2018年电热水器，线下整体销售出现回暖，对比2016年而言，仍然略有不及。整体市场零售额增幅远高于零售量的增长，产品销售均价出现逐年大幅增长。产品销售结构优化与60L / 80L结构占比加大，是行业均价增长的主要因素。

趋势总结

奥维数据显示，2018年度，中怡康统计所得的一二级市场基本被海尔、美的、AO所瓜分，据统计三大品牌市场份额超75%。电热水器60L、80L扩容明显产品开发方案：大屏幕、大功率、大出水量、高性价比。

图2-1-4　电热水器行业趋势分析案例

识、经验和影响力的人进行深入访谈和交流。这些专家可能包括行业内的公司高管、分析师、顾问、学者及投资者等。

其目的是了解专家对于当前和未来市场趋势的看法、预测、意见和建议。通过这种方法，研究者可以更好地了解市场的现状和未来发展方向，并在产品设计和营销等方面做出更加准确的决策。在专家访谈过程中，研究者需要准备好问题清单，并确保问题的广泛性和开放性，使其能够充分表达自己的观点和看法。同时，研究者还需要注意专家的背景、经验和观点，以便更好地理解他们的回答。在整个访谈过程中，研究者需要保持客观、中立和专业的态度，避免引导专家回答或者过于主观的解读回答。专家访谈法的研究步骤如图2-1-6所示。

③实地考察法

实地考察法是指调查员前往实地进行观察、采访和记录，并以此为基础进行数据收集、分析和评估的方法。实地考察法的研究步骤如图2-1-7所示。

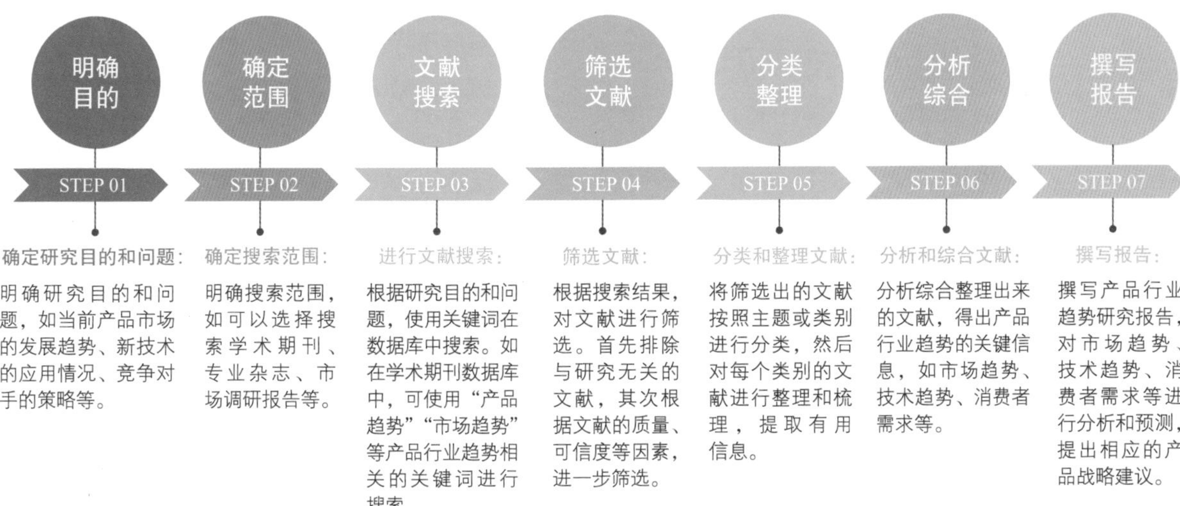

图2-1-5　文献综述法的研究步骤

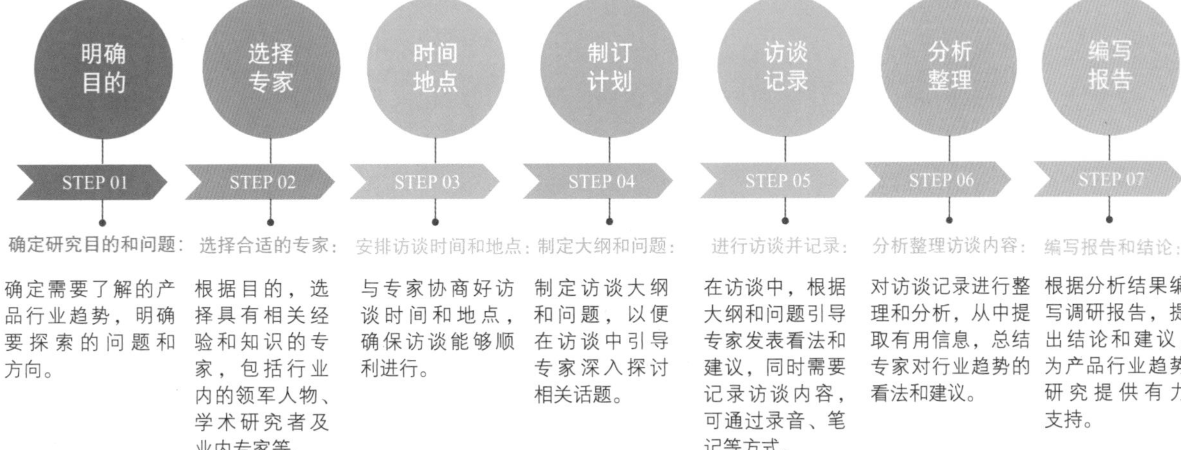

图2-1-6　专家访谈法的研究步骤

实地考察法可以帮助研究者深入了解目标市场和产品的实际情况，获取准确和可靠的数据和信息，并从现场观察和经验中获得有用的见解和想法。同时，它也可以帮助研究者识别行业趋势，了解竞争情况，并为企业提供有价值的市场战略建议。

④数据挖掘技术

产品行业趋势研究是一项重要的市场研究工作，它可以帮助企业了解市场上的趋势和竞争情况，以便更好地制定营销策略和产品计划。数据挖掘技术可以用来加速趋势研究的过程，帮助企业利用好市场数据。图2-1-8所示为常见的数据挖掘技术，包括聚类分析、关联规则挖掘、预测建模和可视化分析等。

行业趋势研究得出的分析结果是否具有指导意义，是设计能否成功的前提和基础，是企业制定战略决策的重要参考。有价值的调研能够帮助我们的设计成为更受欢迎的商品，企业可以根据研究结果，了解市场趋势和满足市场需求，改善其产品和服务，建立有效的市场推广渠道，制订更有效的战

确定调查地点：
选择目标市场、企业、产品或服务的实际运作地点，如工厂、店面及展览会等。
数据分析：
对收集的数据进行整理、分类、统计和分析，以获得对产品行业趋势的深入了解。
1
2
3
4
5
研究设计：
确定研究问题和目标，并制订研究计划。
数据收集：
使用不同的数据收集工具，如观察、访谈、问卷调查和测量等，对目标对象进行细致观察、记录和分析。
结论和建议：
根据数据分析结果，提出结论和建议，为决策者提供决策支持。

图2-1-7　实地考察法的研究步骤

聚类分析

聚类分析是将数据分成不同的组的技术。在产品行业趋势研究中，可以使用其来识别不同的市场细分和产品类别，以及发现一些产品之间的相关性和差异性。

关联规则挖掘

关联规则挖掘是发现数据集中项之间的关联性和相关性的技术。在行业趋势研究中，可以利用它来发现产品之间的相关性及消费者在购买某种产品时可能会购买的相关产品。

聚类分析　关联规则挖掘

数据挖掘技术

预测建模　可视化分析

预测建模

预测建模是通过对历史数据进行分析来预测未来趋势的技术。在产品行业趋势研究中，可以利用它来预测市场需求和未来产品趋势，以便企业在产品规划和市场营销方面做出更明智的决策。

可视化分析

可视化分析是通过图表、图形和其他可视化工具来展示数据的技术。在行业趋势研究中，可以利用它来直观地理解数据，把握关系。

图2-1-8　常见的数据挖掘技术

略计划，提高企业的竞争力。

3. 超前分析

超前分析也称为专利分析。可以查阅相关的发明专利，确认是否可以应用于设计，以达到设计创新，同时应该避免侵权行为发生，否则将会给企业带来经济利益损失。对产品所处社会的环境、法规、相关标准的研究，可以保证产品生产后顺利地投入市场使用，因此，必须给予重视。专利分析的实施步骤如图2-1-9所示。

通过专利分析，设计师可以了解现有技术和市场趋势，并确定如何设计具有独特性和竞争力的产品。

（三）用户研究

1. 用户研究的基本概念

用户研究是指以用户为中心的研究，它是一种行为科学，用于收集、理解和应用用户需求和期望的方法，以便开发出更好的产品和服务。它涵盖了从访谈、调查和观察等调研方法，到A/B测试（拆分运行测试）和用户测试等系统技术。用户研究的目标是明确、细化产品的设计概念，建立用户模型、定义目标用户群，使用户的实际需求成为产品设计的向导，使产品符合用户的习惯、经验和期待，甚至给用户带来惊喜。

（1）用户的基本概念

用户是指可能会使用某一产品或服务的人群。用户可能有不同的背景、需求、行为和态度。通过进行用户研究，可以深入了解不同类型的用户，包括他们的特点、习惯、需求和期望等，以便设计出更符合用户需求的产品。设计师需要将用户放在设计的核心位置，确保产品的功能和界面能够满足用户的需求和期望。同时，需要考虑不同用户间的差异性，因此在进行用户研究时需要关注不同用户的群体特征和习惯，更好地针对不同用户开展设计。

①细化用户分类

细化用户分类是指通过对用户进行细致、深入的分类和研究，可以更好地了解用户需求和行为习惯。

在产品设计的用户研究中，通常可以将用户按照以下几个方面进行分类。

A. 使用频率和活跃度

这种分类方法针对的是不同层级的用户，主要

收集相关专利文献：
需搜索和收集与所设计产品相关的专利文献，包括已授权的专利、专利申请和未公开的专利。
STEP 01
STEP 02
分析专利文献：
需对专利文献进行分析，以确定它们是否与所设计的产品有关。分析包括确定专利的主题、范围和法律状态等。
评估专利：
需评估每个专利的重要性和可能对产品设计造成的影响。评估可能涉及专利侵权的风险、专利持有人的权利、专利的有效期和专利的地理覆盖范围等。
STEP 03
STEP 04
制定策略：
需制定一系列策略来避免侵犯他人的专利权。这些策略可能包括修改产品设计、寻求许可证或进行专利交叉许可等。

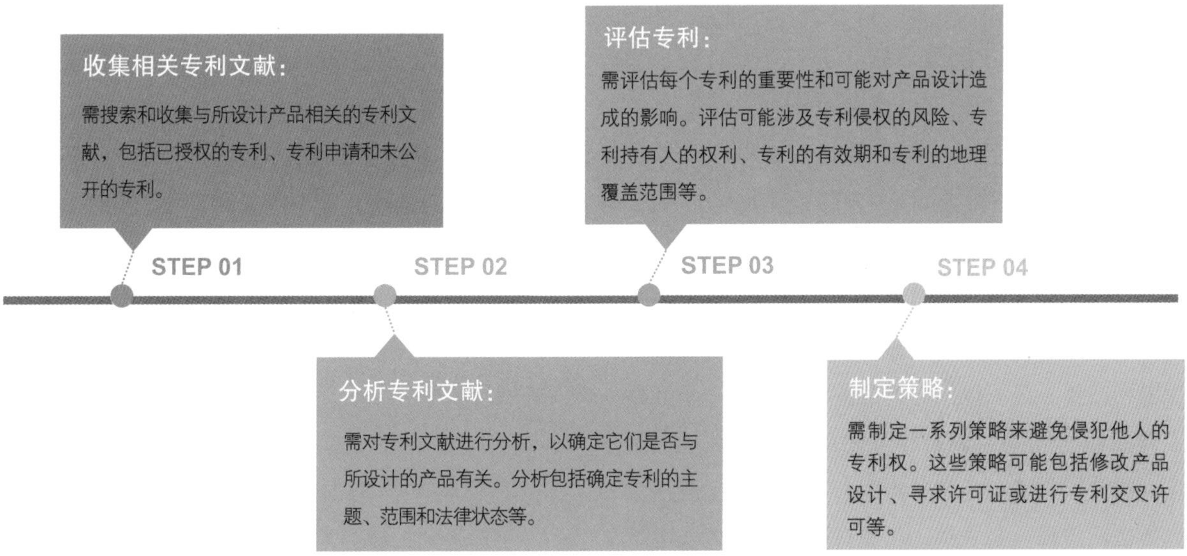

图2-1-9 专利分析的实施步骤

包括核心用户、普通用户、偶尔使用者和新用户。核心用户和普通用户是最常用该产品或服务的人群，他们使用产品的时间和次数较多，并且对产品的使用方式和体验比较熟悉。偶尔使用者是那些只在特定场景下使用产品的用户，如节假日购物或旅行时使用某个App（通常指智能手机的第三方应用程序）。新用户则是最新接触该产品或服务的用户，需要花费一定的时间和学习成本来适应和使用该产品。

B. 年龄段

这种分类方法通常以用户的年龄、职业、教育程度等指标进行划分，如青少年、大学生、白领或中老年人等。这种分类方法能够帮助产品团队更好地理解不同年龄段用户的需求和行为习惯，以便制定更具针对性的产品策略和设计方案。

C. 人口统计学特征

这种分类方法通常涉及诸如性别、地区、语言、文化背景等因素，可以帮助产品团队更好地了解用户群体的文化背景和价值观念。例如，不同国家或地区的用户可能对某些功能或服务有着不同的期望和反馈，需要根据当地文化和市场环境进行相应调整。

D. 消费能力

这种分类方法可以将用户分为低消费、中等消费和高消费三个层级，从而了解不同消费者群体的购买力和消费偏好。通过对用户消费行为的数据分析，产品团队可以更好地预测市场需求和趋势，适时推出符合用户期望和购买力的产品和服务。

综上所述，用户分类在产品设计中具有重要的作用，它不仅可以帮助产品团队更好地了解用户的需求和行为，还可以指导产品的开发和推广。产品或产品线必须同时满足相互矛盾的不同角色的需求。因此，在进行用户分类时，产品团队需要结合具体情况选择分类方法，并充分利用各种分析工具和数据，进行深入研究和分析，为产品设计提供重要参考。

②特殊人群

设计师必须考虑各种不同类型的用户需求，其中包括特殊人群。这些特殊人群可能由于年龄、残障、语言障碍或文化差异等，与其他用户存在明显差异。因此，设计师需要进行专门的用户研究，并根据其特定需求来设计产品。

特殊人群的分类主要有以下几类：一是老年人，其认知和身体能力与其他年龄段的人可能存在很大差异，需要考虑他们的视力、听力、手部灵活度等问题；二是残障人士，其需求和使用习惯与其他人群也有很大不同，需要特别关注其交互方式、辅助技术等问题；三是语言障碍者，包括听觉障碍和语言障碍者等，设计师需要考虑如何让这部分人群能够顺畅地使用产品；四是文化差异人群，不同文化背景下的人群有着不同的价值观和使用习惯，需要考虑如何适应他们的独特需求。

针对特殊人群，开展研究时有以下几点注意事项：一是尊重用户，特殊人群需要更多的关爱和理解，产品设计师需要尊重他们的权利和尊严，并避免歧视或排斥；二是了解用户需求，需要深入了解特殊人群的需求和使用习惯，以便为他们量身定制产品和服务；三是考虑可访问性，提供易于访问和使用的产品设计和界面，以满足特殊人群的需求；四是与机构合作，可以与专业机构或非营利性组织等合作，获取更多有关特殊人群的数据和信息。

在用户研究中，特殊人群是不可忽视的一部分。通过了解这些人群的需求和使用习惯，对其独特需求进行设计，在提高产品的可用性和用户体验的同时，实现商业价值。为了保证用户体验和可用性，需要尊重特殊人群的权利和尊严，并采取相应措施满足其需求。

（2）用户研究的内容

①需求

用户研究的首要内容是需求的研究。美国心理学家马斯洛把人的需求从低级到高级归纳为五个层次，分别是生理需求、安全需求、爱和归属感、尊重和自我实现。随着我国经济转型、生活品质的提高，自我实现的需求、情感需求和审美需求等需求层次中，更高层次的需求越来越被重视。

所谓潜在需求就是满足内在生命动力的需求，如情感需求，自我实现需求，对事物价值与意义的思考、对世界环境保护的需求等。这些需求有时是难以被用户自己发觉或能够明确提出的。潜在需求有待设计师去发掘、分析和提炼。

②操作特性

产品设计应该符合人体工程学的一些基本要求，能够让人在操作的过程中更方便。在一些特殊的环境、场景下，产品设计应符合某一特殊情境的需求。

③认知心理

认知心理是以一种心智的处理来思考与推理的过程，往往和我们人脑中已有的知识结构、经验、文化相关，能够对人的行为和当前的认识产生决定性的作用。

④用户行为习惯

习惯往往是一种自动化的行为方式，是在一定时间内逐渐养成的，它与人们后天的条件反射系统的建立有密切的关系。习惯不仅包括自动化的动作或行为，也包括思维、情感的内容。习惯往往会满足人的某种需要。人的习惯有可能会起到积极的作用，也有可能起到消极的作用。在观察用户行为习惯的过程中，可以通过我们的产品设计来指引用户的行为和习惯，甚至改变他们的习惯，这对人的影响是非常大的。好的产品设计能够对人的行为起到积极的作用。

（3）用户研究的目标和意义

有价值的用户研究可以直接指引产品设计的方向。对潜在需求的研究，会影响产品的功能设定、情感需求的满足；研究产品的操作特性，需要对产品的颜色、材料、结构进行深入分析，使设计便于用户操作；对认知心理特征的研究，需要深入研究用户的文化背景和生活方式；而人的行为习惯与特定的文化、情感和生活方式密切相关。

通过用户研究，可以创造一个全新的产品来满足用户需求，也可以通过改良设计得到更加符合用户习惯和经验的产品。有价值的用户研究，能够帮助设计师发现问题，从而形成产品策略，通过帮助用户解决问题，从而开发新产品。最终，产品设计师通过设计，提升人们的生活质量，这是用户研究的意义所在。

2. 用户研究的常用方法

（1）定性研究

定性研究是指在一群小规模、精心挑选的样本个体上进行的研究，通过研究者的洞察力、专业知识及过往经验，挖掘研究对象行为背后的动机、需求和思维模式，主要解决的是“怎么想”的问题。像用户观察法、用户访谈法、焦点小组法、卡片分类法等都属于定性研究的范畴。

定性研究的优势在于，由于与调查者密切接触，研究人员能在细微之处发现被遗漏的问题；在调查中发挥重要作用，可提示参与者问题之间的关系、提出问题的原因及影响等；允许数据中存在歧义和矛盾，这正反映了真实的社会现象。同时，定性研究局限于涉及的时间和成本，通常不会大规模抽取样本；定性数据具有主观性且来源于单一语境，很难用明确的数据标准加以说明；研究人员在数据汇总时发挥着核心作用，不可能完全复制参与者在调查时的语境含义；数据收集、分析和解释所需的时间很长，分析难度大，研究人员必须具有这个领域的专业知识才能进一步解释定性数据。

①用户观察法

用户观察法是设计师观察记录用户在特定情境下的行为，深入挖掘用户真实生活中各种现象的一种常用研究方法。

用户观察法一般在隐蔽的情形下执行，观察过程中尽可能不去干预用户，或者也可以采用问答的形式来实现。更细致的研究则需观察者在真实场景中或实验室设定的场景中观察用户对某种情形的反应。搜寻用户行为过程中出现的问题，视频拍摄是最好的记录手段，也可使用其他方式，如拍照或笔记。配合使用其他研究方法，可积累更多的原始数据并转化为设计语言。用户观察和访谈可以结合使用，设计师能从中更好地理解用户思维。最后将所有数据整理成图片或笔记，进行统一的定性分析。

如图2-1-10所示，用户观察法一般通过七步展开。

②用户访谈法

用户访谈是用户研究中常用的一种方法，通过与用户进行面对面、电话或在线等交流形式来了解他们的需求、想法和体验。用户访谈可以帮助团队更深入地了解用户，掌握他们的真实动机、目标和期望。通过用户访谈，团队可以收集到有关用户体验的直接反馈，这些反馈可以让团队清楚哪些方面需要改进、优化和设想。

用户访谈通常由研究员或设计师向受访者提问，并记录下用户的回答和反应。在设计阶段，用户访谈可以采用不同的方式进行，如结构性访谈、非结构性访谈、个别访谈和群体讨论等。然而，无论使用哪种方式，用户访谈都旨在获取关于用户需求、体验和偏好的有用信息，帮助设计团队制订出最佳的产品设计方案。

用户访谈法也包含用户一般访谈和深度访谈。设计者与被访谈者面对面讨论，能帮助设计师更好地理解消费者对产品的真实意见、消费动机及行为方式，积累目标客户特征的背景知识。通过访谈，设计者能深入洞察特殊的现象、特定的情境、特定的问题、常见的习惯、极端情形和消费者偏好等。

访谈法可以运用在新产品开发的不同阶段，在起始阶段访谈能帮助设计师获得用户对现有产品的评价，获取产品使用情境的信息，甚至是某些特定事项的专业信息，访谈法也可以用于测试设计方案以得到详细的用户反馈，有助于设计师选择和改进设计方案。

如图2-1-11所示，用户访谈法一般通过五步展开。

③卡片分类法

卡片分类法也是一种进行用户研究的常见方法。它利用在显示器上显示出的一组卡片，让受访者先看清楚每张卡片的内容，然后给出一个或多个选项，罗列出他们认为最能描述该卡片的单词或短语。

卡片分类法的基本思想是将被调研的产品特性划分为一系列的类别，每个类别都有一系列的特征，可以帮助设计者对产品进行深入分析。然后，可以为每个类别列出一系列具体的特征，以便更好地了解产品的情况。最后，可以根据这些特征，对

明确标准：
明确观察的标准：时长、费用及主要设计规范。
准备观察：
准备开始观察。事先确认观察者是否允许进行视频或照片拍摄记录；制作观察表格；做一次模拟观察试验。
分析记录：
分析数据并转录视频（如记录视频中的对话）。
1
2
3
4
5
6
7
确定计划：
确定研究的内容、目标用户及地点。
筛选并邀请：
明确招募要点，筛选并邀请参与人员。
开始观察：
根据计划和要点，实施并执行观察。
分析结果：
与设计方、设计委托方及其他项目利益相关者分析讨论观察结果，寻找涉及机会点。

图2-1-10 用户观察法的一般步骤

产品的特性进行深入分析，以便了解产品的优劣势，并找出可行的改进方案。这种方法可以帮助产品研究人员更清楚地了解用户对产品的看法，并帮助他们设计出更完美的产品。此外，用户还可以使用卡片分类法有效组织用户访谈内容，识别被访者的共同特性。

如图2-1-12所示，卡片分类法一般通过五步展开。

④实地调研法

实地调研法是一种常用的用户研究方法，它可以使研究者了解用户的真实使用情况和用户的真实反馈。实地调研法可以帮助研究者了解用户的需求和习惯，从中发现有用的信息。实地调研法包括参与观察、深度访谈、在线调研等，以及对用户行为的观察。实地调研法还可以帮助产品开发者了解目标市场的需求，创建更加细致的用户体验。

如图2-1-13所示，实地调研法一般通过六步展开。

⑤焦点小组法

焦点小组法采取的是集体访谈的形式，用于讨论与某个产品或设计问题相关的话题。访谈参与者集中于被开发产品或服务的目标用户群。

焦点小组法在产品研发流程的多个阶段均可使用。在设计初始阶段，可运用此方法获取产品使用情境的相关信息及用户对现有产品的反馈意见；在创意产生阶段，则可用此方法测试产品或服务的设计概念。

使用焦点小组法通常至少需进行三次焦点小组讨论。每次讨论需6—8名参与者、一位主持人和一位数据员。主持人至关重要，应选择经验丰富者。在正式开始前，有必要进行一次模拟焦点小组讨论，测试并改进讨论话题的清单。例如，了解和

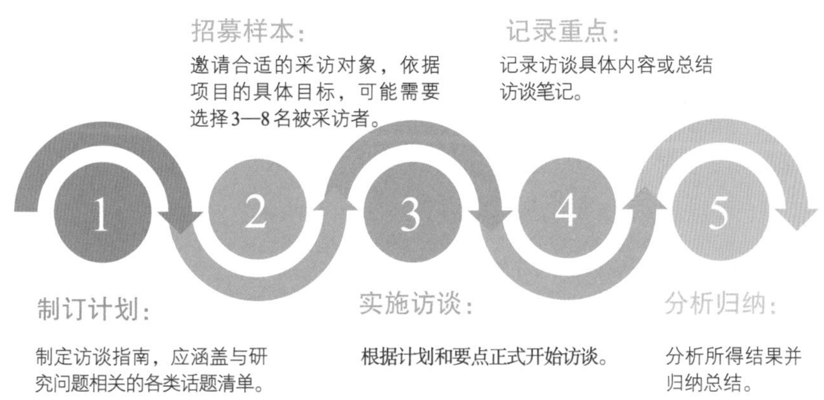

招募样本：
邀请合适的采访对象，依据项目的具体目标，可能需要选择3—8名被采访者。
记录重点：
记录访谈具体内容或总结访谈笔记。
1
2
3
4
5
制订计划：
制定访谈指南，应涵盖与研究问题相关的各类话题清单。
实施访谈：
根据计划和要点正式开始访谈。
分析归纳：
分析所得结果并归纳总结。

图2-1-11　用户访谈法的一般步骤

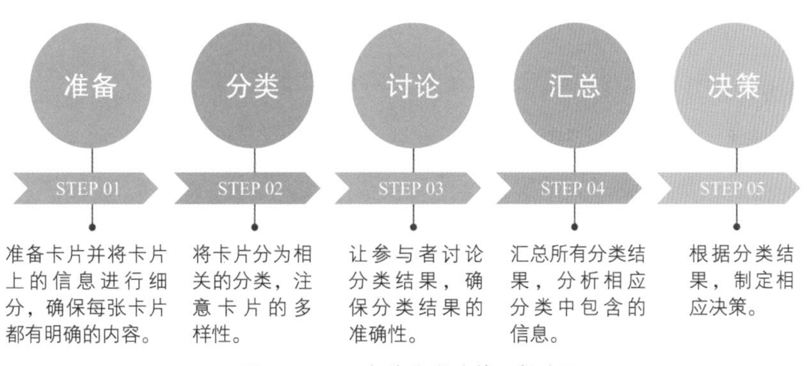

准备
分类
讨论
汇总
决策
STEP 01
STEP 02
STEP 03
STEP 04
STEP 05
准备卡片并将卡片上的信息进行细分，确保每张卡片都有明确的内容。
将卡片分为相关的分类，注意卡片的多样性。
让参与者讨论分类结果，确保分类结果的准确性。
汇总所有分类结果，分析相应分类中包含的信息。
根据分类结果，制定相应决策。

图2-1-12　卡片分类法的一般步骤

产品相关的消费者需求、新产品的创意点子、消费者对现有产品或服务的认可度等。通过焦点小组法，能快速找出消费者对产品某一问题的大致观点，以及这些观点背后的深层意义和目标消费群的真实需求。自由讨论的方式容易催生许多意料之外的新发现，这些信息弥足珍贵。如果想更深入地了解其中个别用户，可继续进行用户访谈。

如图2-1-14所示，焦点小组法一般通过五步展开。

（2）定量研究

定量研究是指对事物进行测量和分析，以检验研究者自己关于该事物的某些理论假设的研究方法，主要解决的是“怎么做”的问题。定量研究有问卷调查、竞争测试及数据分析等方法。

定量研究的优势在于可以通过统计分析来解释定量数据，因为统计基于数学原理，所以定量被视为科学客观的方法；对于测试和验证已经存在的理论很有用；涉及大量数据时可使用软件，无须进行长时间的数据分析；定量研究结果不具有开放性，不同人员对数据的解读不会存在太多歧义。

由于研究者不会与参与者直接接触，因此定量研究不允许参与者解释行为选择的原因。研究人员对统计分析的应用知识不足，可能会影响分析结果的准确性。定量研究需要大量的样本才能进行准确分析，小规模的定量研究结果可能不太可靠。

①问卷调查法

问卷调查法是运用一系列问题及从受访者处收集所需信息的方法，以此探索目标用户对产品的期

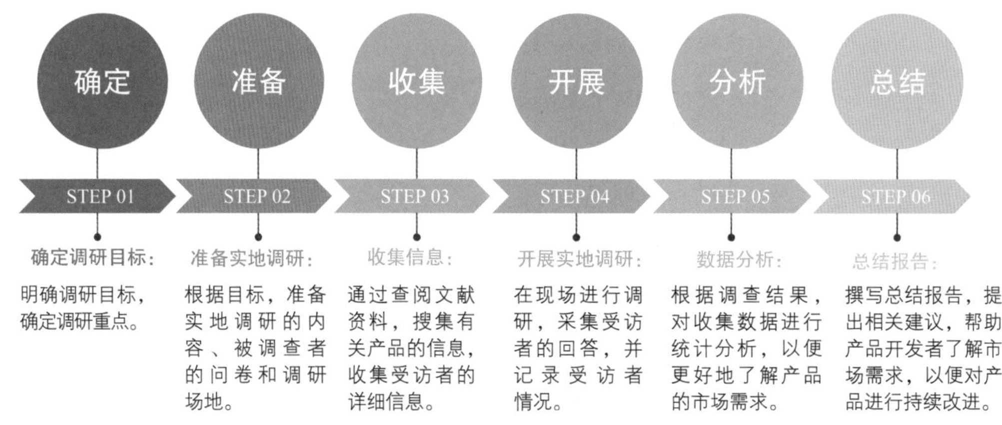

确定
准备
收集
开展
分析
总结
STEP 01
STEP 02
STEP 03
STEP 04
STEP 05
STEP 06
确定调研目标：
明确调研目标，确定调研重点。
准备实地调研：
根据目标，准备实地调研的内容、被调查者的问卷和调研场地。
收集信息：
通过查阅文献资料，搜集有关产品的信息，收集受访者的详细信息。
开展实地调研：
在现场进行调研，采集受访者的回答，并记录受访者情况。
数据分析：
根据调查结果，对收集数据进行统计分析，以便更好地了解产品的市场需求。
总结报告：
撰写总结报告，提出相关建议，帮助产品开发者了解市场需求，以便对产品进行持续改进。

图2-1-13　实地调研法的一般步骤

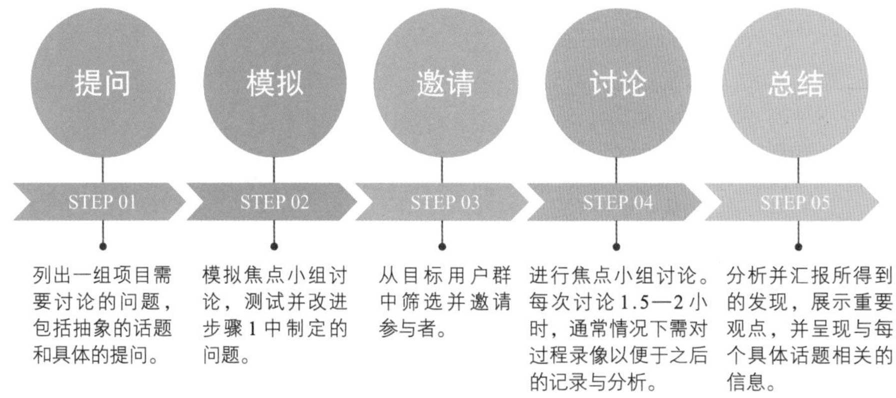

图2-1-14　焦点小组法的一般步骤

望值及对设计方案的意见。在产品研发流程的多个阶段均可使用问卷调查法，设计的初始阶段，问卷调查法用于收集目标用户对现有产品的使用行为和体验信息。

问卷调查法也可用于测试设计概念，帮助设计师选择和修改方案，同时评估消费者对概念的接受程度，问卷的形式有多种，设计师可以依据实际情况采用面对面提问、电话问卷、互联网问卷、纸质问卷等方式。

如图2-1-15所示，问卷调查法一般通过六步展开。

②竞争测试法

竞争测试法是一种定量的用户研究方法，旨在比较不同产品或设计方案在用户眼中的相对优劣。该方法通过将两个或多个竞争性的产品或设计方案呈现给用户，然后询问用户对这些产品或方案的偏好和体验。竞争测试法可以帮助设计团队了解用户对不同产品或设计方案的看法，以便做出更好的决策。

在竞争测试中，通常会对用户进行随机分组，每组用户只看到其中一组产品或设计方案，避免顺序偏差或其他偏见的影响。还可以使用问卷、访谈或用户行为分析等方法来收集数据和洞察用户的看法。竞争测试法的优点是可以提供相对准确的用户反馈，帮助设计团队做出决策；缺点是该方法往往需要更多的资源和时间，以及一定的技术知识和专业能力来设计和执行测试。

如图2-1-16所示，竞争测试法一般通过七步展开。

明确回答：
选择每个问题的回答方式，如封闭式、开放式和分类式。
清晰布局：
合理清晰布局问卷决定问题的先后顺序并归类。
结果呈现：
根据不同的话题邀请合适的调查对象，后期运用统计数据展示调查结果。
1
2
3
4
5
6
确定主题：
根据需要研究的问题确定问卷调查的话题。
制定问题：
根据前期准备，制定问卷中的问题。
测试改进：
测试并改进问卷。

图 2-1-15 问卷调查法的一般步骤

确定测试指标：
确定测试指标，评估关键因素。包括产品性能、易用性、价格和品牌认知度等。
分配任务：
将参与者分配到不同竞争产品组，让其完成一些任务，如使用产品或回答问卷。
分析数据：
对数据进行分析，将结果与竞争产品进行比较，从而了解哪些产品在哪些指标上表现更好。
1
2
3
4
5
6
7
选择竞争产品：
选择竞品，确定哪些竞品值得研究，进行市场调查和分析。
招募参与者：
从目标用户中选择一组参与者。这些参与者应是真实目标用户，并且符合市场需求。
收集数据：
收集参与者的反馈数据，可使用定量的方法，如问卷调查或用户行为分析。
得出结论并提出建议：
根据分析结果，得出结论并提出改进建议，改良产品并满足用户需求。

图 2-1-16 竞争测试法的一般步骤

需要注意的是，竞争测试法需要进行一些市场调研和分析，确定哪些竞争产品最适合研究及测试指标。在选择参与者时，需要选择真实目标用户，并且要确保测试过程能够模拟用户的真实使用场景。

③数据分析法

用户定量研究中的数据分析法是一种通过对收集到的大量数据进行分析和处理来揭示用户需求和行为等信息的方法。这种方法可以帮助产品设计师了解用户行为、需求和态度，从而确定产品功能和性能参数。例如，如果某个产品功能被使用的频率较低，那么产品设计师可以通过数据分析了解到这一点，调整该功能的设计以提高其可用性和吸引力。

数据分析实际是对用户反馈、行为及偏好等多种数据进行收集、整理、分析与解释的一系列过程。这些数据可以包括用户使用产品的时间、频率、流程、特定功能、操作和满意度等方面的信息。通过数据分析，产品设计团队能够了解用户需求和行为，并将其转化成具体的产品改进和优化建议，提高产品的用户体验和市场竞争力。如图2-1-17所示，数据分析主要包括数据筛选和分类、统计分析、相关性分析及预测建模等数据分析方法和手段。

（3）定性研究与定量研究的区别

在用户研究的领域中，研究者可以通过不同的研究方法了解用户的动机、行为和需求，从而验证假设并制作相应的方案。这些研究方法大致可分为两种：定量研究和定性研究。它们在目标、样本、结果、方法和研究者角色等方面存在本质上的区别。

①目标不同

定量研究主要回答业务决策方面的问题，以指标和实际数据来量化问题。目的是测试变量之间的因果关系，做出预测并将结果推广到更广泛的人群。通常需要预先确定研究方向。

定性研究主要回答产品设计决策的问题，目的是发现、探索和理解用户行为。通常需要在用户对产品没有偏见的情况下进行。

②样本不同

定量研究需要针对大量的、有代表性的样本进行研究。样本的大小将取决于几个因素：目标人群的大小、误差范围和被接受调查的可能性。想要得出较准确的结果，可能需要300—400个样本。

数据筛选和分类

首先需要将收集到的数据进行筛选和分类。例如，按照时间、地点或性别等方面进行分类，以便理解数据的特征和趋势。

相关性分析

通过统计学方法来测试变量之间是否存在相关性。例如，在产品设计中，我们可以通过该方法确定哪些因素会影响用户的购买行为或使用行为。

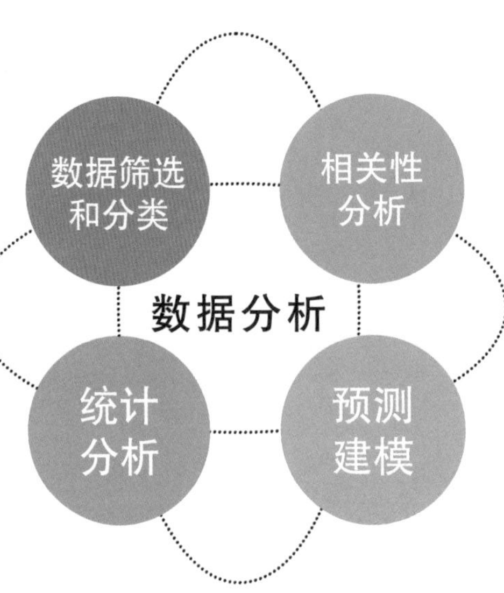

统计分析

统计分析通常用于对数据进行总体描述和概括，如平均值、标准差、中位数等。这种方法可以帮助我们了解某个产品特定功能被使用的频率、用户满意度的平均程度等。

预测建模

运用机器学习算法预测用户未来的行为或商品销售情况等。这种方法可以帮助设计团队提前预测和规划产品的发展方向及市场策略。

图2-1-17　数据分析的常用方法

定性研究因为是深度研究，所以集中在较小的样本上。根据研究的目的，需要5—15人。研究对象为产品的核心目标用户。

③结果不同

定量研究产生的结果始终为数值，可以使用数学或统计方法进行分析，从而得出可衡量的数据。研究者可以根据样本对比不同人群的结果，例如，男性的指标是否高于女性。根据划分的不同人群，可以深入理解研究结果。

定性研究的结果一般信息量大，便于深入了解用户行为。由于研究对象为少数个人，因此定性研究的数据在进行国际研究时可能会因文化见解的不同而有所出入，此时，语言翻译和文化解析对最终结果发挥关键作用。

④方法不同

定量研究高度结构化，大多为远程研究。最常见的数据来源是第三方分析工具（如Analytics、百度统计），根据分析工具可以查看产品访客量、转化率等信息。还可以根据问卷调查法产生定量信息，例如，根据调查表上的评分量表或封闭式问题生成定量数据。其他定量方法有竞争测试、眼动研究等。

定性研究结构松散，与用户接触更直接。方法包括用户观察法、用户访谈法、卡片分类法、实地调研法和焦点小组法等。非结构化访谈是其中一个很好的方法，它通过使用开放式问题来引导受访者进行更深入的交谈，有助于研究人员真正了解受访者对产品的理解。定性数据可能不仅限于文字，照片、视频、录音等可以视为定性数据。

⑤研究者角色不同

定量研究要求研究者保持客观、价值中立，他们常采用问卷研究、文献研究等方法，以旁观者的身份搜集整理数据和资料。在这种研究中，表格和统计分析方法起着重要作用，研究过程通常是冷静中立且没有情感的。研究者对于测量的结果不太会有人为或主观的影响。

研究者需要深入理解被研究者的内心世界，理解其行为及意义，因此对于内容的分析解读很大程度上都更依赖于研究人员的感知和解释。研究人员的主观意识可能在一定程度上影响研究的结果。

定量研究和定性研究的方法各有优缺点，但综合使用会更加有效。定量研究的强项是提供了事实数据，但其弱点在于没有数据解释。定性研究可以为定量研究的结果找到原因。定性研究是对行为的评估，它可以提供定量研究无法提供的有关用户行为、情感和性格特征的详细信息，但是定性研究的数据样本较少。因此，定量研究可以作为定性研究的验证工具，研究者可借助定量研究去验证定性研究结果的可行性。

3. 用户研究的常用流程

（1）细分用户

细分用户是指将整个用户群体按照不同的特征或需求进行划分，将具有相似特征或需求的用户聚集在一起，形成若干个小的用户群体。这样做的目的是了解不同用户群体的需求和偏好，向他们提供更加贴合和个性化的产品与服务。细分用户可以根据不同的标准，如年龄、性别、职业、兴趣爱好及地域等进行划分。

细分用户可以让产品设计师更加深入地了解不同用户群体的需求和行为，从而为他们提供更加个性化的产品和服务，提高产品的竞争力；细分用户还可以让产品设计师更加精准地了解市场需求，从而减少产品的开发成本和风险；通过细分用户，产品设计师为不同用户群体提供更加贴合其需求和偏好的产品及服务，提高用户的满意度，为产品营销提供更加有针对性的策略。

（2）确定目标用户

确定目标用户是用户研究的关键步骤之一，它是指确定研究的对象是哪些人，即目标用户。目标用户可以是某个产品、系统或某种服务的潜在用户及现有用户，也可以是某些特定人群，如某个地区、某个年龄段或某个职业群体等。确定目标用户的过程需要考虑多个因素，包括用户的人口统计特征、兴趣爱好、行为习惯、需求和偏好等。在确定目标用户时，需要综合考虑这些因素，并选择最具代表性和最具研究价值的用户群体作为研究对象。

确定目标用户，可从以下几方面开展：一是市场调研，通过问卷调查、访谈、小组讨论等方式，了解市场上不同人群对产品的看法和反馈，锁定用户；二是通过用户体验，了解用户对产品的使用体验和反馈，从而得出目标用户的特点和需求；三是通过刻画一个具有代表性的人物形象，来描述目标用户的特征和需求，确定人设定位。在确定目标用户时，需根据具体情况选择合适的方法。

（3）招募并确定用户样本

确定目标用户后，招募并确定用户样本也是用户研究的重要步骤。目的是得到一组能够代表目标用户的人群，以此开展用户研究。通过对这组人群进行调查和研究，就可以获得目标用户相关的数据信息。这些数据可用于确定产品或服务的市场需求，调整产品或服务的设计或推广策略，以便做出更明智的商业决策。同时，能减少市场研究的成本和时间，并提高市场研究的准确性和可靠性。避免对整个用户群体进行大范围调查而产生的昂贵成本。此外，招募样本还可以帮助研究人员控制和管理研究变量，确保得到的结果既可靠又能用于比较。

（4）选择合适的用户研究方法

在正式开展用户研究前，需要对研究目标进行分析，明确产品目前所处的阶段、调研希望解决的问题及具体内容，同时初步确定用户研究将会采用的方法。

上文介绍了许多用户研究方法，通常将它们划入如图2–1–18所示的四个象限，横轴用于区分该方法得到的数据是客观的（人们的行为）还是主观的（人们的目标和观点）；纵轴用于区分该方法的类型是定性的还是定量的。定性和定量是两个相对的概念，定性的用户研究方法主要用于发掘问题、理解事件现象，分析人类的行为与观点，主要解决的是“为什么”的问题。而定量的用户研究方法通常是对定性发现问题的验证，主要解决“是什么”的问题，常用于发现某种行为或某类事件的一般规律。在产品开发的不同阶段，需要解决不同的问题，要根据具体问题选择合适的方法开展研究。

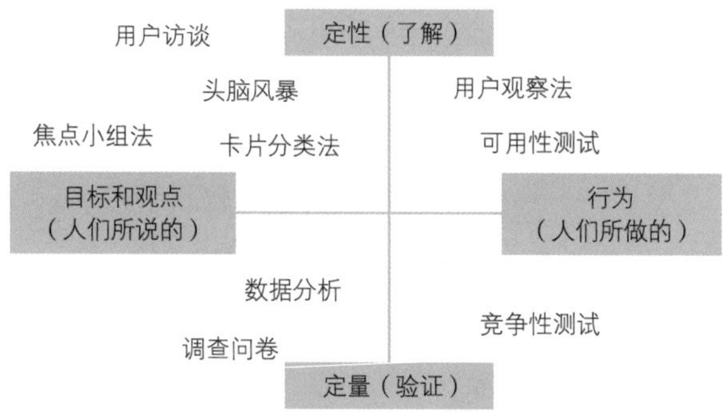

图2–1–18　用户研究象限图

（5）开展用户研究

明确研究目的、研究对象及合适的研究方法后，就可以正式开展用户研究活动了。一般情况下，一次科学严谨的用户研究活动会从搭建研究设施、邀请观察员、欢迎参与者、主持活动、录制和记笔记等环节开始进行。

①搭建研究设施

首先，确定研究目标和方法；其次，确定场地和设备；再次，确保设备正常运行，如测试录音设备；最后，配备所需的工具和材料，便于记录和整理研究数据。

在进行用户研究时，搭建研究设施是至关重要的一步。应根据研究目标和方法来选择场地和设备，并创建一个舒适和专业的环境，在研究完成后整理并记录数据。

②邀请观察员与用户样本

邀请观察员是指邀请与项目相关的专业人士、利益相关者或其他具有深入了解产品设计背景和目标的人群来观察用户行为和反馈。他们可以提供有价值的见解和建议，帮助设计团队了解用户需求和反应，并提出有效的改进建议。而用户样本则是指被邀请参与研究的用户群体。通常情况下，设计团队会选择代表性的用户样本，以确保研究结果能够反映整个受众群体的需求和反应。

该阶段应注意以下几点：一是确保研究过程公正、客观，不应有任何形式的强迫或诱导行为，避免影响研究结果的真实性和可信度；二是给予合适的激励和奖励，鼓励用户积极参与并提出宝贵建议；三是尊重用户隐私和个人信息，确保不会泄露用户敏感信息，避免对用户造成伤害。

③开展用户研究

正式开展用户调研时，可以从一些轻松的谈话开始，介绍整个调研活动的总体目标和基本规则，确保参与者理解并同意参与调研活动。

④主持活动

好的主持人员是用户研究活动成功的关键。在主持调研时，应积极沟通，适当提问，确保用户样本专注于当前话题，不偏离主题。不应插入个人观点，耐心听取用户的回答。

⑤录制和记笔记

在整个用户研究的过程中，需要有记录员随时记录研究过程中用户透露的关于产品的关键要点和自身感受。可通过记笔记、利用笔记本电脑，获得实时数据，这样有利于后续数据分析。也可使用视频或音频录制，捕捉讲话和情景中的细微差别，有助于观察参与者的身体语言。还可以随时将所需的录制材料带回，并直接对这些数据进行分析。在使用开发网站或是移动App时，可以使用屏幕录制，要注意在研究前试用屏幕录制软件，也可使用视频、音频、屏幕录像和笔记相结合的方法。通常，笔记中会记录大量的研究信息，如果需要验证，可以参考录制好的音频、视频信息。

（6）数据清洗与分析

数据清洗与分析是指将研究过程中所记录的相关文字、音频、视频资料经过去重、分类、筛选和脱敏等一系列整理与总结，再通过用户画像、用户行为历程图、行为动线图、树形信息分析图等工具方法，总结出一些可视化的具体结论，并将全部信息进行过滤筛选后划分出需求等级，结合宏观研究的相关结论，提出用户在使用产品或服务的过程会出现的重点现象及行为。

①用户画像

用户画像是用户研究中的一个常用术语，通常用来描述一组用户的个性特征，如年龄、收入水平、地理位置、社会文化及行为习惯等。

搭建一个有效的用户画像，必须要收集用户的相关信息，包括他们的基本信息（如年龄、性别、职业等），以及他们的行为数据（如使用习惯、喜好、偏好等）。此外，还要收集用户的反馈，包括他们对产品的评价、意见和建议。根据收集到的信息，分析用户的特征，将其分组，形成不同的用户画像。

用户画像的目的是帮助公司了解客户和用户群体，以便能够更好地定位、沟通和服务用户群体，从而提升客户体验，提高转化率和收益。用户画像为公司提供了一种客观和全面的用户分析，能够更好地了解用户需求，并以此为基础制定有效的营销策略，提升用户体验，实现更大的商业价值。如图2-1-19所示的关于热水器产品的用户画像案例，通过对用户特征、购买偏好、产品需求三个层面的信息收集和分析，输出具体的真实用户画像，了解目标群体的共性特征和个体的差异化特征，明确用户对热水器的需求点，有利于打造产品的核心卖点，提升产品竞争力。

②行为动线图

行为动线图的目的是通过可视化的方式帮助研究者更好地了解用户行为，包括用户的行为模式、行为变化及行为趋势。

搭建行为动线图的步骤主要有四步：一是确定动线图的目标；二是收集用户行为数据；三是绘制

行为动线图；四是分析行为动线图，总结出用户的行为模式，为产品开发提供有价值的依据。如图2-1-20所示的关于用户烹饪过程的行为动线图，通过分析“烹饪前—烹饪中—烹饪后”全过程的用户行为动线，可以更直观清晰地洞察用户烹饪过程中的行为特点和重点现象。

③用户行为历程图

用户行为历程图是将用户的行为过程通过图形化体现出来，以此了解用户的行为和情绪状态，对产品进行改进。

表2-1-2所示的是某用户使用厨房类产品的行为历程图，通过用户描述、情感曲线、行为分析三个模块，深度剖析用户在产品购买前、使用中及产品售后服务过程的一系列行为和体验，可以得到产品开发的机会点。

④树形信息分析图

树形信息分析图是一种使用树形结构来分析归纳数据的可视化图表，可以有效地展示数据结构，

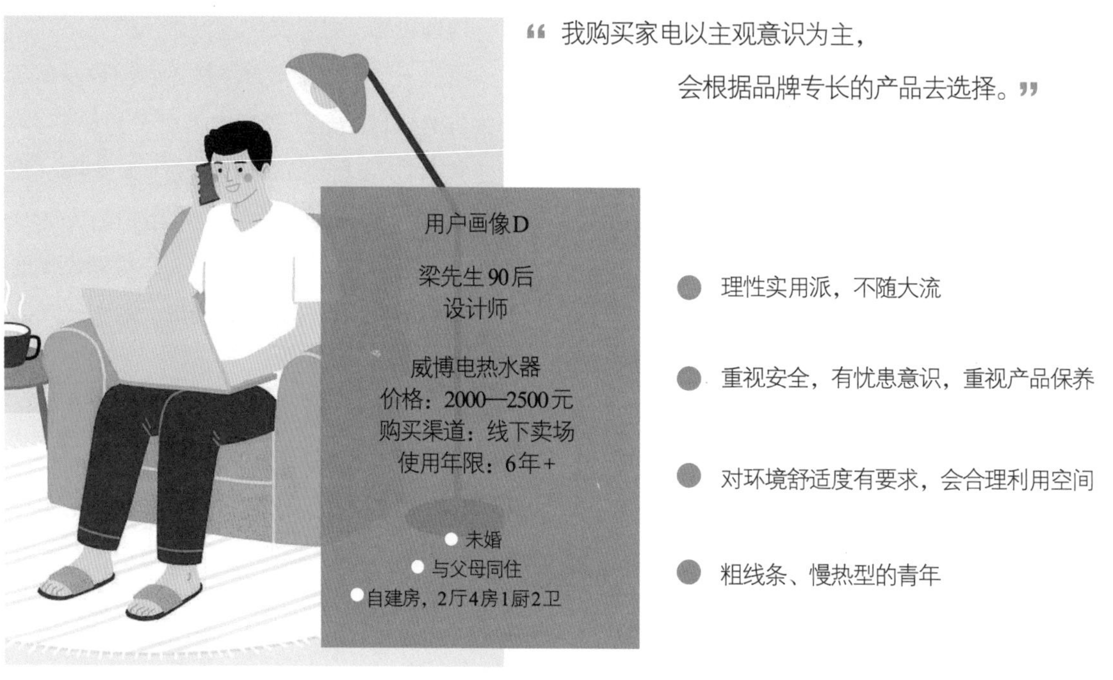

“我购买家电以主观意识为主，
会根据品牌专长的产品去选择。”
用户画像D
梁先生90后
设计师
威博电热水器
价格：2000—2500元
购买渠道：线下卖场
使用年限：6年+
未婚
与父母同住
自建房，2厅4房1厨2卫
理性实用派，不随大流
重视安全，有忧患意识，重视产品保养
对环境舒适度有要求，会合理利用空间
粗线条、慢热型的青年

图2-1-19　真实用户画像示例

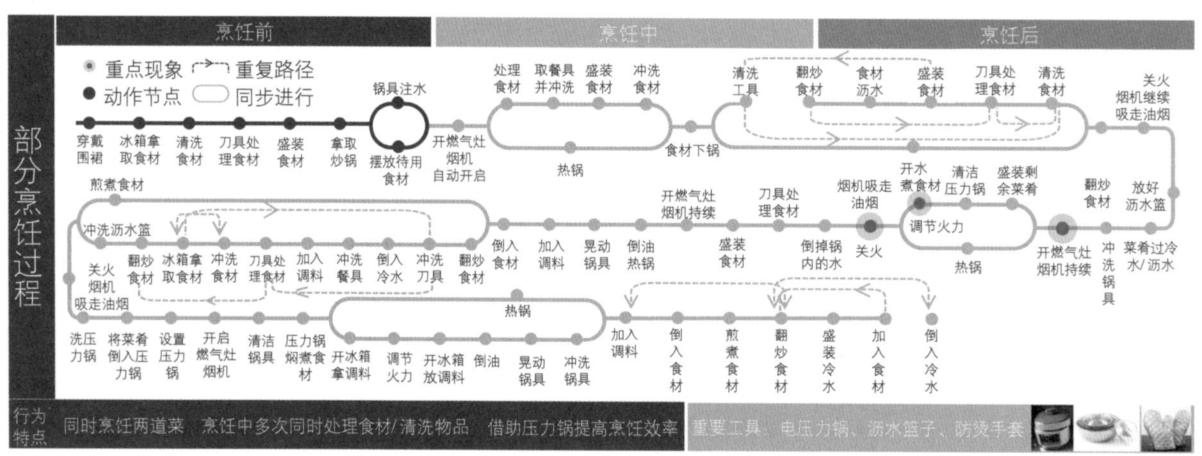

图2-1-20　行为动线图示例

表2-1-2 用户行为历程图示例

行为历程		产品购买前	产品使用过			产品售后
		了解与购买	烹饪前	烹饪中	烹饪后	维修、保养
用户描述	积极	更偏向于集成灶；具备洗碗功能的消毒柜更好			集成灶比欧式烟机好用，自己打扫卫生，清洁方便	线下购买集成灶售后方便；使用过程中，吊柜上面油少，清洁方便
	描述	厨房原位置在另一侧，与楼梯位置调换，厨房更大；集成灶每日都要使用，购买集成灶考虑价格、火力、清洁、售后	要有童锁功能；调料之前放在置物架上	烟机一般使用最大挡位；晚上炒菜会开照明；烟机风量越大越好，小风量没用；炒菜太快会煳，能自动关火；使用餐具前会冲洗一下	消毒柜平时多用消毒烘干；隔几天消一次毒；更多是储存功能；儿童餐具非塑料制品会放进柜中一起消毒；柜内餐具放置随意	安装时，师傅根据长度来设烟管；售后没清理集成灶，额外收费80元一次（过了保质期）；消毒柜内很少清洁；油盒定期清洁
	消极	原厨房位置空间太小；烟机排烟管连接较长	小孩会按动并把火打开，动作很快	电磁炉炒菜欠火候；煲汤时间久，易煲干	欧式烟机清理不方便；消毒柜里面最难清洁；置物台油渍多，特别脏	使用最大风量风机会损坏；油盒会积聚很多油污
情感曲线						
行为分析	产品	排烟管占据地柜大部分空间；距离公共烟道过远，烟管较长；集成灶遮挡了部分可使用的插座	消毒柜空间小；放置筷子、筛子的空间小；净水器出水慢	消毒柜餐具拿取不便；灶具打火延时；集成灶关火、熄火有提示音反馈；燃气灶开启后，烟机自动开启；部分油烟被挡住，少部分油烟往上扩散	旋钮、油网、烟腔、置物架积满油渍，清洁不便；油盒盛装油污较多，容易滋生细菌发霉；清洁过程中，烟机延时自动关闭；需用抹布垫着，拿开炉架清洁	烟管表面污垢严重；集成灶与台面接缝处藏污纳垢严重；炉架配件生锈，搪瓷脱落；集成灶把手位置掉漆掉色
	用户	灶具放在烹饪区内	需双手搬动锅具，锅具重	灶具需弯腰调节火力和观察火力大小；倒入食材时，油滴四溅，需快速躲开；一手翻炒食材，一手关火；炒菜时习惯左手握住锅柄，防止锅具滑动；从消毒柜拿出来的餐具需要再次冲洗	用擦拭的方式清洁集成灶表面	集成灶油网、油盒、置物台不清洁
	场景		水槽附近设置多个挂钩，方便晾晒工具	冲洗锅具时，余烟继续飘散；热锅油烟飘散严重；需蹲在垃圾桶边处理食材	垃圾桶附近柜面较脏；盛装菜肴时，油烟飘散	

方便了解数据特点。它可以帮助分析师快速整合大量的数据，归纳总结产品问题，发现数据中的模式和趋势，明确产品开发方向。

图2-1-21所示为树形信息图的模型及示例，从下至上层层递进，分别为问题细节、问题类型和最终的问题方向。示例为某厨房体验的树形图，也是从若干个问题细节归纳到最终的智能厨房方向。

⑤核心痛点

核心痛点是指用户在使用过程中所反馈的关键问题，可能涉及用户体验、功能不足和可用性等领域。经过调研和数据清洗分析，归纳总结出产品的核心痛点，其目的在于帮助企业了解用户的真实需求，为用户提供更好的产品或服务。如图2-1-22所示，展示了消毒柜相关的核心痛点，重点在于空间利用、消毒方式、清洁问题和拿取餐具上，根据这些核心痛点问题，可以更好地对产品进行改良设计。

（7）问卷定量验证

定性研究后所得出的一些痛点问题需要运用定量的方式进一步验证。定量验证的目的在于验证定性研究时发现的问题和用户需求，判定需求的真伪。同时确定用户需求的重要性和优先级，以及设计方向的准确性。

定量验证的目标主要是判断目标用户模型特征是否准确，目标人群与潜在人群的占比情况，了解潜在人群需求，如何转化潜在人群，用户需求场景进行分析所得出的具体需求点是否存在，是否为伪需求，目标人群心目中的好产品是什么，应该具备什么特点。

①制作问卷

制作问卷是定量验证的第一步，编写问卷问题非常关键。编写问题应简明易懂，避免复杂冗长的语句和歧义；问题设计不应引导回答，避免主观评价词汇；考虑到受访者的文化背景等因素，问题的内容和形式需要有所区别；封闭式问题提供明确的答案选择，开放式问题可以让受访者更自由地表达看法；问题排列顺序应符合逻辑；问卷结构应清晰明了，问题之间有良好的层次和关系。问卷设计是

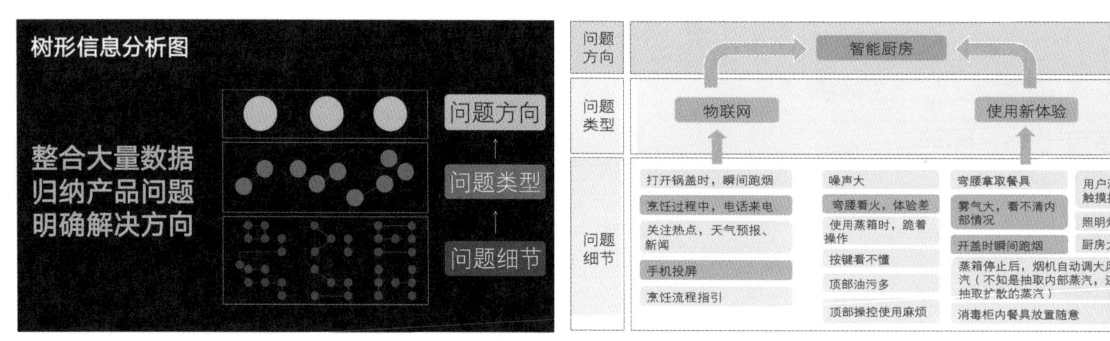

图 2-1-21　树形信息图模型及示例

核心痛点展示

截取部分代表性问题进行说明。

空间利用

- 餐具多，需添加独立消毒柜
- 堆叠放置，拉篮与餐具尺寸不符
- 小餐具多，不方便收纳

消毒方式

- 小孩餐具用其他消毒机消毒储存
- 消毒后有臭氧异味，很刺鼻
- 消毒后，用水冲洗过才使用

清洁问题

- 消毒柜餐具有蟑螂屎/虫卵
- 散气口藏污垢

拿取餐具

- 需寻找想要的餐具
- 弯腰拿取餐具

图 2-1-22　消毒柜核心痛点展示

一个需要认真思考和仔细规划的过程，只有合理严谨的问卷才能有效地帮助研究人员获取需要的信息。

②问卷发放

问卷发放是指将设计好的问卷发送给目标用户或受访者进行填写和反馈的过程。通过问卷发放，可以征集用户对产品的看法、意见和建议等信息，以便设计团队针对反馈进行必要的调整和优化。问卷发放通常采用线上方式进行，如通过电子邮件、短信、社交媒体等渠道向目标用户发送问卷链接或附件，也可以在线上平台发布问卷并邀请用户填写。同时，还有一些公司会选择将纸质问卷发送给用户，并在规定时间内回收。

③问卷分析

问卷分析是指对收集到的问卷数据进行统计和解释，以揭示其中的规律、趋势，为决策和行动提供支持和参考。通常问卷结果分析包括数据清洗、数据处理、数据可视化等环节，可以使用各种统计方法和软件工具来完成。通过问卷结果分析，可以进一步验证目标用户的需求和意见，帮助设计团队了解市场、用户，优化产品和策略，提高产品的竞争力和用户满意度。

需要注意的是，在问卷分析过程中可以针对定量问卷问题，点对点与定性需求进行验证，从而验证需求的真伪性。如图2-1-23所示的关于消毒柜的问卷分析示例，也是通过定性研究中所发现的问题进行的问卷验证。

④痛点验证

痛点验证旨在经过问卷定量验证后，对数据吻合情况的了解，确定用户可能遇到的痛点或障碍，明确重点解决的方向，以便设计团队改进产品或服务。用户研究是科学严谨的过程，如果不能有效验证，整个研究过程就要不断地推翻重做，直至得出可行的结论。定量验证结论与定性研究核心痛点相匹配后，便可进入设计定位环节。

（四）设计定位

设计定位是综合项目分析、宏观研究和用户研究等模块，分析结论、输出总结分析报告、归纳总结产品方向及产品策略问题与建议的阶段，起着承上启下的重要作用。对形成产品策略和明确产品定义有着重要的指导作用。

设计定位的主要内容包括五点：一是明确产品定位（确定产品在市场中的定位及核心竞争力）；二是定义产品的基本特性，将定位转化为产品可行性；三是制定相关策略（确定产品的市场营销策略、售后服务等）；四是确定目标用户（识别潜在用户群体，了解其需求和偏好）；五是分析竞争对手，辨析自身优势。

调研完成后进行设计定位的意义在于有效地确定产品定位，输出方向建议，使之更好地满足用户需求，从而实现企业经济效益的最大化。

（五）总结

在研究洞察阶段，对于市场和用户分析总结的准确与否，将对接下来制定产品策略具有重要的指导意义，也是学生需要掌握的重点内容。在研究洞察阶段需要注意根据目标用户特征选择合适的用户研究方法，以及定性定量研究方式的结合运用，从而确保调研数据和结论的科学严谨，帮助设计团队确定产品的用户需求和解决方案，并为接下来的设计过程提供坚实的理论依据。

二、实战案例：广东东方麦田工业设计股份有限公司——蓝炬星集成灶

本实战案例来自广东东方麦田工业设计股份有限公司的蓝炬星集成灶市场和用户调研全案。项目基于宏观研究明确方向，再通过深入的用户研究，挖掘出当前目标用户在厨房情境下的真实痛点，结合市场趋势及蓝炬星品牌发展战略，挖掘产品发展的机会点，推出系列化产品线，打造爆款产品，达

定性需求验证（消毒柜）

定性需求	关键因子	问卷验证
蹲下或弯腰拿碗不拥挤 操作更人性化 消毒效果需更直观	操作体验	30.6% 使用消毒柜（蒸烤箱）需要蹲下操作 20.5% 消毒技术不清楚，不完全信任消毒功能 22.7% 消毒柜只是储存，没有用过消毒功能
放碗无须沥干 消毒柜内部清洁更方便	清洁	52.3% 没有沥干的碗筷就放在消毒柜里 38.6% 消毒柜内部难清洁，缝隙较多
消毒柜储存合理 消毒柜储存空间需加大	功能结构	36.4% 消毒柜空间不够用 20.5% 消毒柜碗架设计不合理

图2-1-23　消毒柜问卷分析示例

到引流、保量、创收及结构优化的目的，进一步提升产品整体的竞争力。

（一）明确课题

组建项目团队，明确项目要点，分析蓝炬星现有产品和产品线。

（二）宏观研究

1.PEST语境研究

通过PEST语境研究（图2-1-24），掌握集成灶行业的大形势，判断现在和未来的发展趋势。

2.行业趋势研究

了解集成灶行业格局和态势，识别竞争路径(图2-1-25、图2-1-26)。

根据一系列关于集成灶行业的市场份额、市场规模、销售渠道等方面趋势研究，可以得出以下重要结论。

（1）集成灶市场整体发展趋势乐观，未来可期。

（2）绝大多数销售来源是三四级市场。

（3）传统厨电进入抢占市场，竞争激烈。

（4）除火星人、美大之外，其他品牌地位未牢固。

（5）超六成用户未来会考虑集成灶，价格在3000—8000元比较合适。

（6）行业跨界融合，服务或遇瓶颈。

（7）要重视线上的信息流作用及未来的线上销售。

3.专利分析

通过对火星人、帅丰、亿田、北斗星等业内知名品牌的专利情况分析，预测集成灶未来技术的发展方向，挖掘蓝炬星的产品机会点（表2-1-3）。

（三）用户研究

1.调研框架

首先从项目计划、市场、用户场景等方面确定本次研究活动的调研框架（表2-1-4）。

2.招募和筛选用户

针对目标人群的特征，细化选样条件，制订招募计划并初步筛选用户样本的问卷测试包。

3.入户调研

根据目标样本，开展入户调研，得出具体人物

政治

集成灶企业应及早做好三线城市的布局准备，提醒企业对未来做出长远的规划预期。

经济

集成灶市场在整个家电品类中整体发展趋势乐观，蓄力充足，未来可期。

社会

轻烹饪成为一种现代都市的饮食新时尚。

文化

三四线城市青年人群更易接受“粉丝”文化，明星代言是目前较流行的方式。持续发展，强实力是关键。

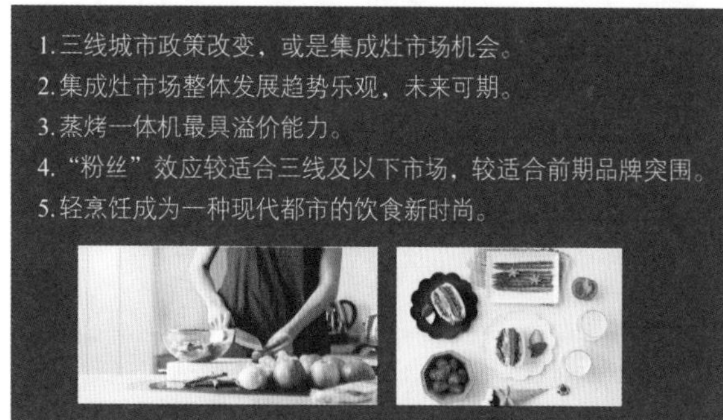

图2-1-24　PEST语境研究

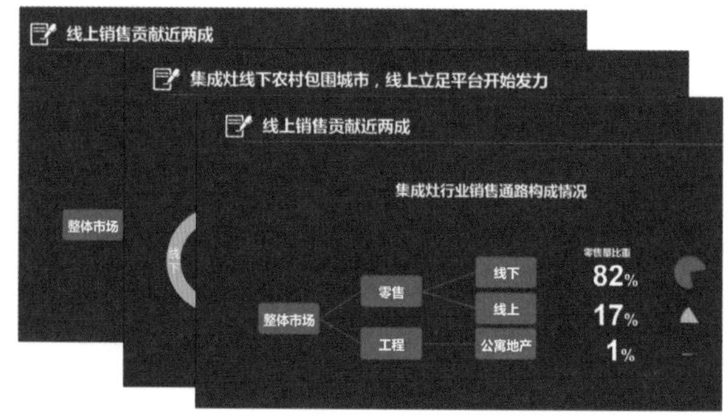

图2-1-25　行业趋势研究

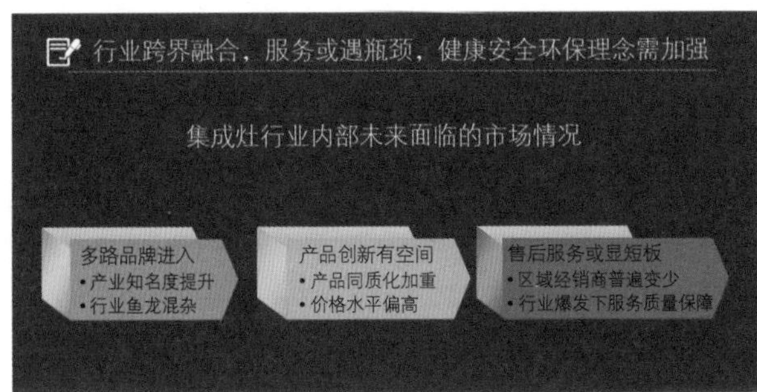

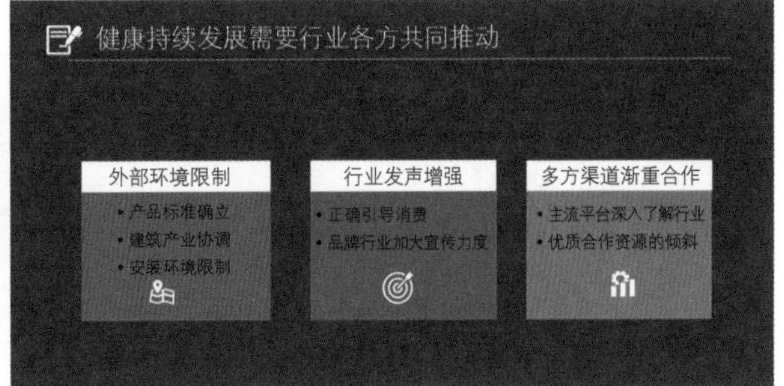

图 2-1-26 行业趋势研究发现

表2-1-3 专利分析

专利分析 —— 蓝炬星机会点

价格	竞品现状	竞品专利预测	蓝炬星机会点
12000元 10000元	• 主要功能为蒸烤一体机 • 智能化控制系统 • 细分目标市场（洗碗机）	• 厨房安全辅助 • 熄屏控制、健康提醒系统 • 锅具和锅内温度的感知 • 主动降噪技术	• 智能化控制系统 • 细分目标市场（洗碗机） • 健康提醒系统 • 主动降噪技术
80000元	• 主要功能为大容量蒸箱， • 创新吸烟方式	• 风网易拆卸，方便快速 • 升级语音控制 • 门板降噪 • 自带称重装置	• 风网易拆卸 • 升级语音控制 • 门板降噪 • 创新吸烟方式
6000元 4000元	• 三合一消毒功能为主，可拆洗结构，风道结构技术	• 可拆洗结构 • 三合一消毒功能 • 倾斜设置的集成灶触摸装置	• 消毒技术升级 • 语音控制升级 • 降噪 • 创新吸烟方式
0	• 小尺寸机型为主	• 小体积，不破坏整体	

表2-1-4 确定调研框架

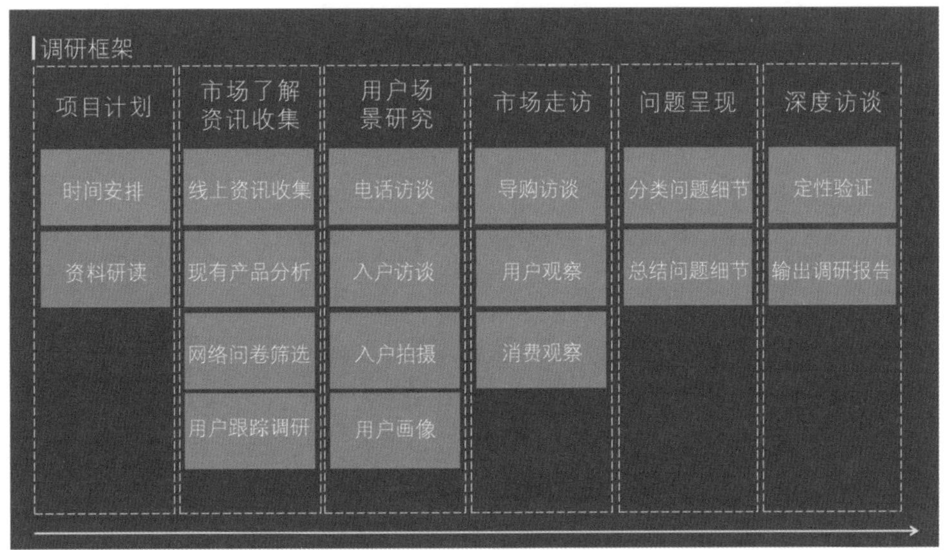

调研框架

项目计划	市场了解资讯收集	用户场景研究	市场走访	问题呈现	深度访谈
时间安排	线上资讯收集	电话访谈	导购访谈	分类问题细节	定性验证
资料研读	现有产品分析	入户访谈	用户观察	总结问题细节	输出调研报告
	网络问卷筛选	入户拍摄	消费观察		
	用户跟踪调研	用户画像			

画像、行为动线图和用户历程图等可视化结论。本次调研一共四个样板，由于篇幅问题，选择样板二进行分析。

样板二是“85后”的邵先生，其详细信息如图2-1-27至图2-1-29所示。

通过用户行为研究发现原始问题260个，通过关键因子将其进行分类及痛点与需求转化。并运用树形信息分析图得出外观风格、智能厨房、功能优化、健康、安全、清洁等问题方向（图2-1-30、图2-1-31）。

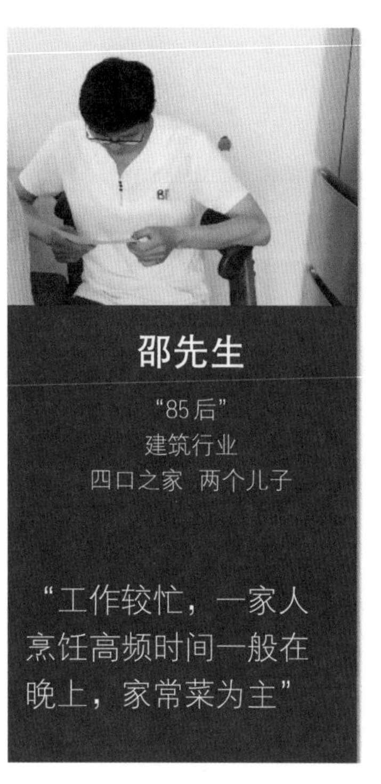

邵先生
“85后”
建筑行业
四口之家　两个儿子
“工作较忙，一家人烹饪高频时间一般在晚上，家常菜为主”

家居环境

套内面积107平方米
全屋按自己意愿设计，自行设计装修
偏向随从妻子意愿，考虑家电性价比
白色、简约的设计
厨房4平方米，厨房门的部分墙体拆除，加装橱柜，增加使用空间

生活状态

放假陪家人外出玩
对家居的电器方面还是趋向于智能化的，技术成熟，工艺精湛

消费特点

理性消费，先考虑工艺、功能效率
晚餐基本在家自制，家庭一周有一次在外用餐

烹饪特点

对厨艺的新认知少，口味正常，健康原味，操作简单
有时间的条件下每天都煮晚餐，简单家常便饭
上班较忙，夫妻两人一般谁早到家谁做饭
除日常烹饪之外，较少研究新菜式，妻子偶尔做面条、馒头等

图2-1-27　样板二用户画像

一字形厨房，操作区形成围合，烹饪动线集中，空间小，餐厅放置冰箱（结合烹饪行为过程）。

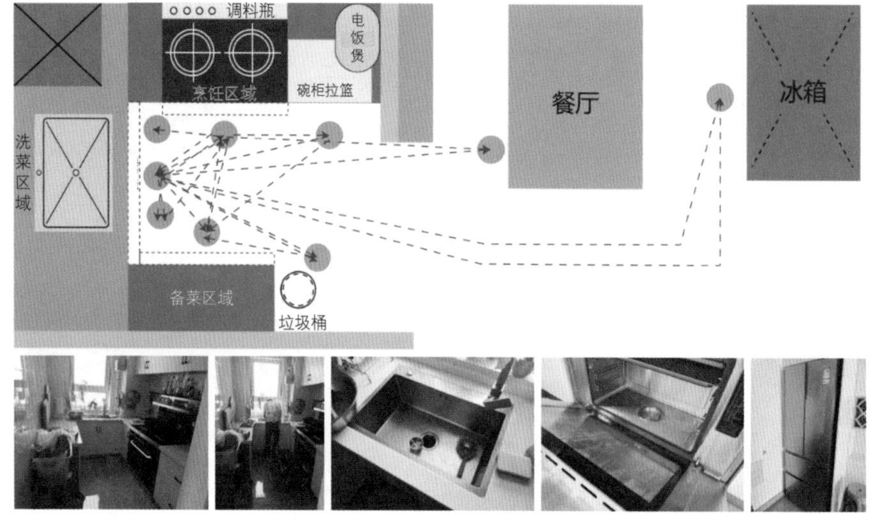

图2-1-28　样板二行为动线图

集成灶行为历程图分析——烹饪过程

用户习惯用灶具与蒸箱同时烹饪，存在操作困难与危险的情况，烹饪中没有应对不同烟雾量调控吸力的习惯，蒸箱烹饪后端，盘中配件设计不够完善。

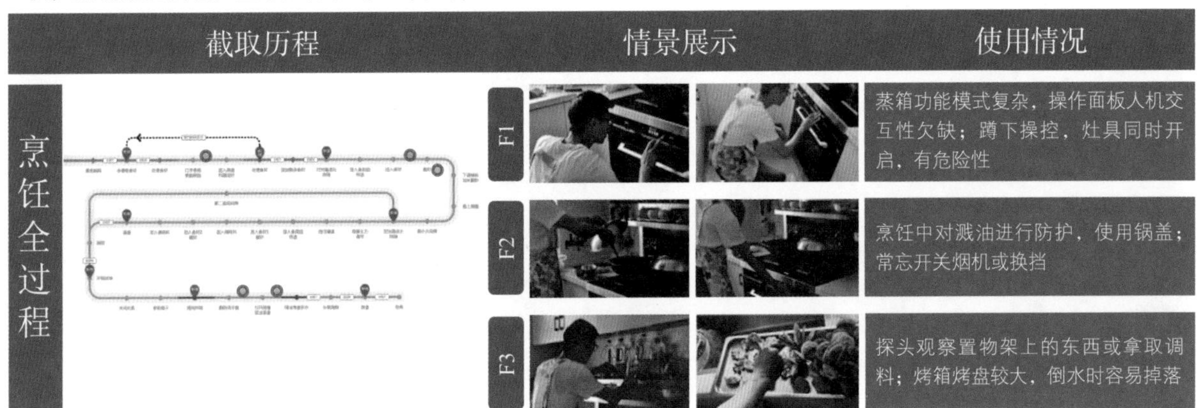

用户使用行为表达：

1. 操控交互不合理，具有危险性。
2. 蒸箱功能复杂，模糊，用户使用不便。
3. 烟机的使用可以更加智能，提升使用体验。
4. 配件可增加巧妙设计，增加实用性。

图 2-1-29　样板二用户行为历程图分析

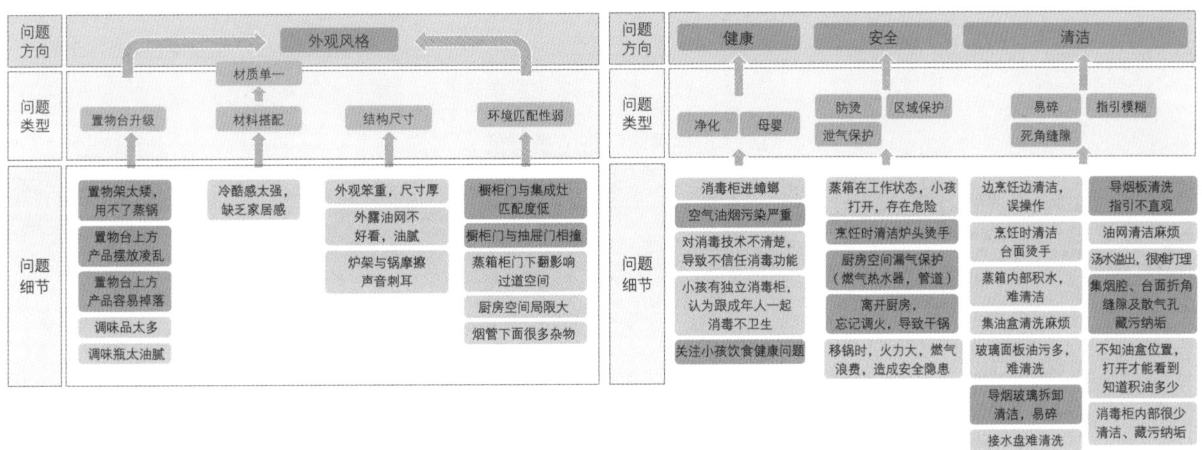

图 2-1-30　树形信息分析图示例

置物架太矮，用不了蒸锅	橱柜门与抽屉门相撞	开盖时瞬间跑烟	调节火力时有语音提示几挡	烹饪时清洁炉头烫手	导烟板清洗指引不直观
置物台产品摆放凌乱	手机投屏	消毒柜收纳作用大于消毒，不能没有消毒柜	翻炒时，炉架发生位移，体验不好	厨房空间漏气保护（燃气热水器，管道）	集烟腔、台面折角缝隙及散气孔藏污纳垢
置物台产品容易掉落	弯腰看火，体验差	蒸箱气味遗留	空气油烟污染严重	人离开厨房，忘记调火，导致干锅	不知油盒位置，打开才能看到知道积油多少
橱柜门与集成灶匹配度低	雾气大，看不清内部情况	自清洁功能没有反馈	关注小孩饮食健康问题	导烟玻璃拆卸清洁，易碎	移锅时，火力大，燃气浪费，造成安全隐患
通过问题分类提炼出24个重点问题					

图 2-1-31　提炼重点问题

从中剔除用户不是特别关注的问题和因为技术难度暂时很难解决的问题，最后通过关键词分类，确定15个问题需要定量验证。然后，针对定量问卷问题点对点提出设想及解决办法（图2-1-32、图2-1-33）。

针对热点问题点对点提出设想，以蒸箱为例，从其内部可视化和大屏显示两方面进行设想（图2-1-34）。

最后，将用户研究信息分析整理，评估重要程度（图2-1-35、图2-1-36）。

定性需求验证（灶具）

定性需求	关键因子	问卷验证
防漏气 防烫伤 防止干锅煮糊	安全	72.4% 担心厨房燃气（天然气/石油气）泄漏 56.1% 担心烫伤问题（炉架温度高、蒸箱温度高等） 53.1% 偶尔中途离开厨房，导致煮糊或干锅的现象
炒菜不碰板 调火不弯腰 炒菜炉架不移位	操作体验	37.8% 炒菜抛锅时容易碰到导烟板 32.7% 调节火力需要弯腰看火 27.6% 翻炒时，炉架发生位移，体验不好
清洁不烫手 接水盘好打理 炉头拆装方便 炉架、接水盘、旋钮底部、灶台与台面的缝隙易清洁	清洁	31.6% 烹饪完后马上清洁 41.8% 接水盘汤水难清理 41.8% 炉头分件太多，安装拆卸麻烦 44.9% 旋钮底部或缝隙藏污纳垢

图 2-1-32　灶具的定性需求验证

定性需求验证（蒸烤箱）

定性需求	关键因子	问卷验证
蒸箱不留味 开盖不冒烟 取餐盘的时候要倒水方便	操作体验	25% 蒸箱使用后，气味遗留严重 34.4% 每次开盖瞬间，雾气弥漫 21.9% 取蒸盘的时候要倒水麻烦
内部清洗更方便	清洁便捷	37.5% 每次烹饪后，内部清洁麻烦
食物实时观察	功能结构	25% 雾气太大，看不清里面的情况 18.8% 蒸箱柜门下翻影响过道空间

图 2-1-33　蒸烤箱的定性需求验证

蒸箱——内部可视化

25%　不清楚蒸箱内部食物状态

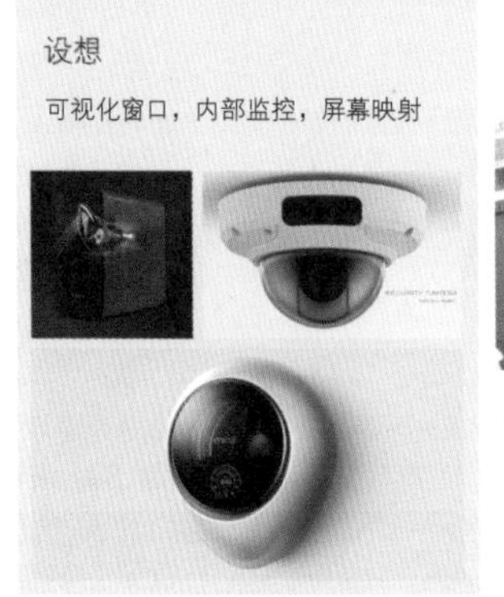

蒸箱——大屏显示

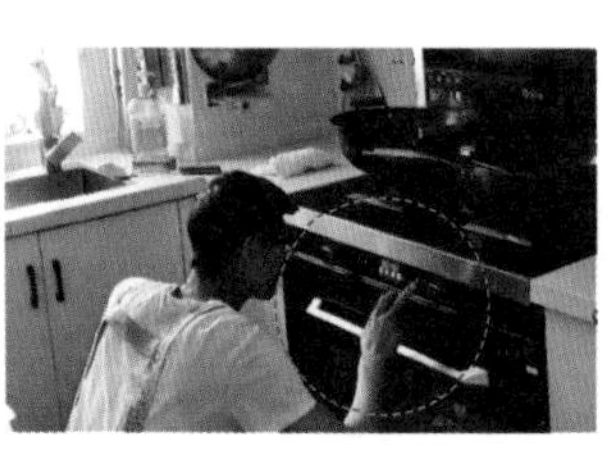

34.7%　屏幕内容显示不规范
16.3%　功能图标指示不清晰

设想
烟机状态，可来电，新闻，天气预报，菜谱，微信，安全检测

图 2-1-34　关于蒸箱的产品设想

高 ↑ 低

	安全	清洁便捷	智能化	性能	售后	操控便捷	静音	环境	空间匹配度
一级	离开厨房，忘记调火。烹饪过程中，电话来电。煮焖时间长，会去客厅玩手机	导烟板清洗指引不直观。自清洁功能没有反馈。置物台产品摆放凌乱，杂物多。置物台产品容易掉落	随时查看控制状态。娱乐功能、生活功能，家电互联	电加热清洗少用，不好用		弯腰看火，体验差。雾气大，看不清内部情况（蒸箱）。调节火力不方便，靠感觉		厨房空气烟污染严重	
二级	烹饪过程中，电话来电	蒸箱气味遗留。机械旋钮油腻，难清洁。置物架太矮，无法使用蒸锅	辅助烹饪功能，烹饪教学，方便观看	消毒柜内部有水需晾干，没有烘干功能。消毒柜没有沥水篮		使用蒸箱时，跪着操作。打开锅盖时，瞬间跑烟。小孩误操作。快速调控时间、温度	吸力大，噪声严重	厨房太热，加凉霸	橱柜门与集成灶匹配度低
三级	煮焖时间长，会去客厅玩手机	油网清洁麻烦。油盒清洗无提示。外露油网不好看，难清洁，油腻。导烟玻璃拆卸清洁，易碎		很少使用消毒功能。门自动关闭。不喜欢臭氧消毒，喜欢高温消毒	机器太重，楼梯房搬运要拆解 没有专业售后团队。售后政策不明确	按键看不懂。照明功能很少开。翻炒时，炉架发生位移，体验不好。按键位置在上方，容易油腻			烟管下面很多杂物。橱柜门与抽屉门相撞。蒸箱柜门下翻影响过道空间

图 2-1-35　问题划分等级分类

技术开发难度高　市场跟进及细节提升　差异性竞争体验点　研发及未来趋势 →

用户满意度高 ↑

	市场跟进及细节提升	差异性竞争体验点	研发及未来趋势
魅力需求	1.愉悦氛围（灯、声） 2.随时查看工作状态 3.布管管道规范，美观	1.置物方便收纳，环境整洁，食材不变质 2.油烟处理 3.辅助烹饪功能，烹饪教学，方便观看 4.娱乐功能、生活功能，家电互联 5.产品与厨房格局、橱柜匹配度高	1.智能洁净油烟，实时监测 2.夜景灯光氛围识别 3.辅助烹饪功能，烹饪教学，方便观看 4.产品占用厨房空间少 5.匹配不同的厨房格局
期望需求	1.产品表面少缝隙 2.隐藏油网、新材料 3.结构易拆洗（导油板、油网、油杯等） 4.材质易清洁 5.避免误操作 6.开盖排气保护 7.烟机内外状态安全检测 8.工作状态无噪声 9.调节反馈 10.方便观察食物情况 11.炉架加固设计 12.图标按键易懂	1.油网指引式拆卸设计 2.内部清洁可视化 3.减少清洁次数（油盒） 4.油盒监测并提醒清洁 5.烟管表面无藏污纳垢之地 6.拆洗件保护设计 7.人离保护，红外线识别。 无烹饪时自动关火 9.烹饪区域不烫手 10.图标按键通俗易懂	1.实现烟机免清洗（内部、油盒、机身） 2.干净无菌无味，蒸箱自动清洗 3.结构可升降 4.一氧化碳防护 5.蒸箱门防烫 6.火力感应功能，移锅小火 7.智能设置火力时间
基本需求	1.快速吸走油烟，吸力大 2.不跑烟 3.无油烟，无异味残留 4.保养提示，上门服务	1.无须手动调节，智能交互 2.照明灯能感应环境，适时开启 3.消毒柜沥水架合理设计 4.接水盘合理设计，好拿好放 5.消毒柜高温消毒烘干	1.通过蒸箱门观察，摄像头屏幕映射反馈 2.旋钮触感反馈 3.消毒效果反馈 4.智能净化功能 5.爆炒散烟，AI识别油烟风力风量
无差异需求	1.曲面置物平台、大面积保温置物 2.烟管表面无藏污纳垢之地	1.内置音响系统 2.蒸煮前预判效果	1.随时查看控制状态 2.无烹饪时自动关火

市场成熟度高 ←　主销走量机型　利润机型　形象机型

图 2-1-36　问题层级评估

（四）设计定位

通过用户行为研究和问卷验证，分析挖掘集成灶目前存在的隐性需求问题，结合行业趋势分析，得出厨房五大趋势，如表2-1-5和图2-1-37所示。

表2-1-5　厨房趋势

趋势一：新青年偏爱智能化功能	互联网及智能化产品的普及，让人习惯了科技带来的便利，自然而然地将智能化当成必备需求
趋势二：新青年选厨电就是选健康	工作繁忙无暇下厨，外出就餐选择多样，生活便利外卖盛行，但健康对新青年来说反而变得更加重要
趋势三：新青年饮食习惯趋向轻食	“轻食”源自欧洲，指操作简单、快速上桌，分量不大的果腹食物，“轻”的不只是餐品，更是食用者的负担和压力
趋势四：新青年烹饪行为西式化、轻简化	“懒宅人群”中青年人比例高，其中25—34岁群体占比超过40%，针对这类群体，各种购买类App应运而生
趋势五：新青年喜欢开放式厨房	做饭是为了享受专注做一件事的过程，享受做好后拍照发朋友圈的愉悦感，所以对于厨房的设计要求更倾向于一个大型的操作台，以便完成各种食物的制作，甚至边做饭边直播

图2-1-37　设计定位

三、实训任务：研究洞察

（一）实训目标

1.知识目标

（1）了解设计程序中研究洞察所需的各种方法。

（2）能够选择合适的方法开展设计研究洞察。

2.能力目标

（1）注重反复实践，确保收集数据过程中的方法有效、数据准确。

（2）合理运用分析方法，使分析结果具有参考性。

3.价值目标

通过开展调研任务，培养学生以人为本的工作态度、求真务实的科学精神、开拓进取的时代精神和团队协作精神，并在过程中潜移默化地提升学生的批判性思维和创新意识。

（二）重难点分析

1. 能够比较、分析研究洞察阶段各种常用方法的优缺点。

2. 能够根据具体项目情况选择合适的方法。

3. 应用时，应反复尝试各种方法以保证得到合理的研究洞察结果。

（三）实训步骤

1. 根据课程主题或项目主题选定一个产品类别，分析项目需求并制作设计任务书。

2. 根据项目情况选择适当的方法开展研究，制作宏观研究报告。

3. 根据项目情况选择适当的方法开展研究，制作用户研究报告。

4. 综合项目要求、分析报告，得出设计定位。

（四）任务清单

任务清单如表2-1-6所示。

表2-1-6　任务清单

序号	名称	内容	要求	数量
1	设计任务书	明确项目背景和目标、项目需求和限制、项目范围和时间、设计流程和指导方针、团队组成和职责、工作成果和验收标准等内容	内容精准、数据清晰	1份（Word、PPT、PDF等格式）
2	宏观研究报告	开展PEST语境研究；运用文献综述法、专家访谈法、实地考察法、数据挖掘技术开展行业趋势研究，分析产品市场容量、行业格局、竞品详细信息等。开展超前研究，形成研究报告	文字简练，精要概括核心要点；图片精美，具有说明性或代表性；图表中数据内容准确；报告书制作精美、易读	
3	用户研究报告	通过用户观察法、用户访谈法等方法细分用户，进行用户研究，并形成用户画像、用户行为动线图、用户行为历程图等，分析用户痛点并形成研究报告		
4	设计定位	综合前面三部分的分析结果，与企业人员展开讨论，明确产品设计方向及设计重点		

第二节　实战程序2：产品策略

产品策略阶段是全面分析和研究产品市场前景、用户需求的过程，旨在明确产品定位和制定策略。通过研究洞察，明确市场及用户的相关需求，经历产品策划、创意激发、产品定义、创意草图和产品原型验证等过程制定出明确的产品愿景和目标，可以为后续产品设计和开发提供指导意义。

产品策略阶段需要考虑多个因素，包括产品特点、用户需求、技术可行性、市场规模以及竞争情况等。同时，项目团队还需确定产品定位和差异化策略，以便在激烈的市场竞争中脱颖而出。本节选择常用且有效的方法，进行知识点详解和案例分析。

一、知识点

（一）产品策划

产品策划是一种商业计划，结合了市场营销、产品开发、需求分析和竞争研究，以创建有价值的产品。它可以帮助公司了解市场需求，确定核心价值和竞争优势。

经过宏观研究和用户研究的综合调研分析，进入项目的产品策划阶段，目的在于探讨市场定位和产品方向，输出相关的产品策划文件，包括技术/功能配置方案、产品架构等详细产品信息。

1. 产品与产品线

产品是指一种物品，它可以是实体的，如一台计算机，也可以是虚拟的，如一首歌曲。产品线是指一系列产品组成的集合，它们之间存在一定的关联性。如图2-2-1所示，农夫山泉瓶装饮用水产品线分为普通瓶装水、功能型瓶装水和婴幼儿配方水三类，满足不同用户的需求。每个系列产品有不同的规格供消费者选择。这些产品线可形成一个整体，构成农夫山泉品牌的全面性，也可单独作为一个产品在市场中存在。同时，这些产品也有共性，例如都是饮用水，都以“健康、天然”为品牌定位等，这有助于强化农夫山泉品牌的统一性和识别度。因此，产品与产品线之间是相互关联的，构建

普通型

功能型

婴幼儿

图2-2-1　农夫山泉饮用水产品线

了品牌的整体形象和市场地位，也满足了消费者多样化的需求。产品线是构成市场结构和定义产品范围的重要因素，完整的产品线策略能为企业占据更多的市场份额，提升品牌竞争力。

2. 产品策划的常用方法

产品策划的常用方法有KANO模型、SWOT分析法、蓝海战略法等。

（1）KANO模型

KANO模型是一种帮助企业识别和优化产品特性的模型。在产品策划中，可运用KANO模型将产品需求分解为必需特性、基本特性和改善特性，充分发挥产品设计优势，最大限度满足客户需求，提升客户体验，帮助产品策划者确定和改善产品的关键特性。

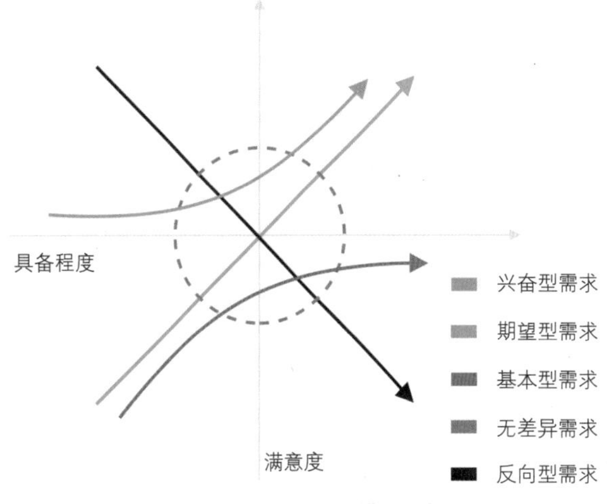

图 2-2-2　KANO 模型示例

如图2-2-2所示的KANO模型，根据不同类型的需求与用户满意度之间的关系，可将影响用户满意度的因素分为五类：基本型需求、期望型需求、兴奋型需求、无差异需求、反向型需求。基本型需求指产品“必须有”的功能，也是MVP产品要求具有的功能；期望型需求指非必需功能需求，通常作为竞品之间比较的重点；兴奋型需求属于惊喜型产品功能，超出用户预期，往往能带来较高的忠诚度。根据KANO模型建立产品需求分析优先级，运用到产品设计中就是要抓住用户的核心需求，解决用户痛点（基本型需求），抓住用户痒点（期望型需求）。在确保这两者都解决的前提下，再给用户一些兴奋点（兴奋型需求）。

严格来说，KANO模型并不是一个测量用户满意度的模型，而是对用户需求进行分类，通常在满意度评价工作前期作为辅助研究的典型定性分析模型。KANO模型的目的是通过对用户的不同需求进行区分处理，了解不同层次的用户需求，帮助企业找出提高产品用户满意度的切入点，或者识别出使用户满意至关重要的因素。图2-2-3所示是构建KANO模型的一般步骤。

（2）态势分析法（SWOT法）

态势分析法又称为SWOT法，即基于内外部

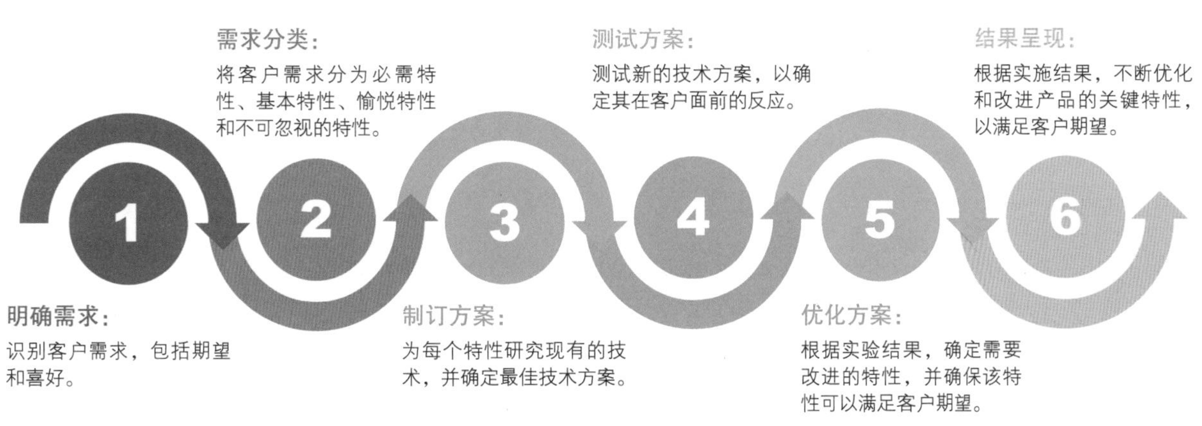

图 2-2-3　KANO 模型的一般步骤

竞争环境和竞争条件下的态势分析，如图2-2-4所示，将与研究对象密切相关的各种主要内部优势、劣势和外部的机会与威胁等，通过调查列举出来，并依照矩阵形式排列，然后用系统分析的思想，把各种因素相互匹配起来加以分析，从中得出一系列相应的结论，而结论通常带有一定的决策性。可以利用态势分析法将自己的产品或理念与市场上的同类产品进行比较，同时谨慎地罗列出以下关键因素。

优势（Strengths）：目前在哪些方面的表现比较出色。

劣势（Weaknesses）：在哪些方面需要进行改善。

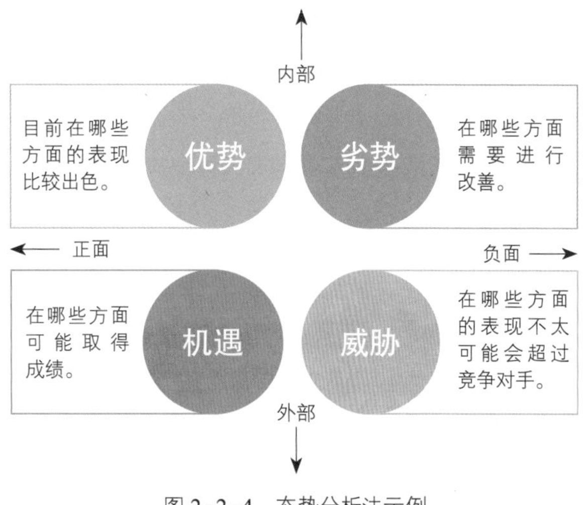

图2-2-4　态势分析法示例

机遇（Opportunities）：在哪些方面可能取得成绩。

威胁（Threats）：在哪些方面的表现不太可能会超过竞争对手。

将态势分析的结果转变为包含行动要点的战略方案，并在项目进展过程中对这些行动要点进行衡量、测试与细化。例如，发现某个劣势，可借助市场调研找到解决此劣势的最佳方式。

（3）蓝海战略法

蓝海战略法是一种商业策略，旨在为企业开发独特的产品或服务，在新的市场空间中取得成功。传统的商业策略通常是在一个已经饱和或过度竞争的市场中寻找市场份额或利润的增长点，这被称为"红海战略"。相反，蓝海战略则通过创造新领域或新市场空间，提供独特的产品或服务，以满足消费者未达成的需求并实现市场增长。

在产品策划过程中，运用蓝海战略法可以帮助企业发现新的市场机会，并为客户提供解决方案。通过识别消费者未被满足的需求并提供独特的产品或服务，企业可以打破现有市场的局限性。此外，蓝海战略也要求企业不断创新和扩大核心竞争力，从而增强在市场中的竞争优势。图2-2-5所示是产品策划中运用蓝海战略法的步骤。

确定市场
STEP 01
确定当前市场：
分析现有市场竞争对手、产品、服务、客户群体、客户需求及市场规模等基本情况，以便确定当前市场情况。
定义目标
STEP 02
定义目标市场：
确定新市场所针对的目标用户群体，包括需求、偏好、行为和购买力等细节，以便了解目标市场。
发掘机会
STEP 03
发掘新机会：
分析目标市场中未被满足的需求和痛点，寻找企业和产品还未涉足的领域，以便找到新机会。
创造差异
STEP 04
差异化产品或服务：
基于新机会，设计并提供具有差异化和创新性的产品或服务，以吸引并满足目标客户的需求。
建立优势
STEP 05
建立品牌优势：
根据差异化产品或服务的特点和价值，建立自己的品牌优势，以便在目标市场中获得更好的市场占有率。
实施策略
STEP 06
实施策略：
在实施计划时，需要考虑如何有效地推广差异化产品或服务，以吸引目标客户，同时评估产品成功度和市场反馈。

图2-2-5　蓝海战略法的步骤

综上所述，产品策划的要点包括了解市场需求、制定产品规划、确定产品特性、分析产品竞争环境、制定产品定位、确定产品定价、营销策划以及实施营销策略。

（二）创意激发

根据调研和分析，在产品策划的基础上进行深入挖掘，然后根据产品特点和定位，对创意深入研究，寻找创意思路，激发灵感，解决产品面临的主要问题。解决问题时主要是应用一些创意激发方法，产品设计作为一种创造性活动，设计师的创新思维能力和创新工作状态是决定作品质量的关键。恰当运用一些有效的创意激发方法，有利于创新思维的产生和聚集众人的智慧，形成高效解决问题的方案。

创意激发的常用方法有头脑风暴法、思维导图法、5W2H法、人物角色法等。

1. 头脑风暴法

头脑风暴法又称为智力激励法、畅谈会法、脑轰法，是一种激发群体智慧进而产生大量创意的方法，通过一群人围绕特定话题畅谈，产生大量想法，以数量成就质量。头脑风暴法能够用于设计过程的各个阶段，尤其是在确定了设计方向后的阶段最为适用。其目的是激发联想，产生更多创意。

头脑风暴法一般由4—15人组成，围绕某个设计规划进行畅想和讨论。参与者可以畅所欲言，不受任何限制。在进行头脑风暴时，需要对每个人的想法和建议进行记录，通常使用便利贴来快速记录。完成后，将便利贴进行排列和组合，从而产生更多的设计概念。头脑风暴法还包括联想法、亲和图法等多种方法，是一种非常有效的设计方法。此外，为了保证头脑风暴法有效进行，必须严格遵循四个原则：一是延迟评判，目的是不约束大家的思维，畅所欲言，最后产出大量新创意；二是鼓励随心所欲，任何能联想到的想法，都应该提出来，内容越广泛越好；三是“1+1=3”，可对他人提出的想法进行补充与改进，以及在他人想法的基础上进一步联想新的概念；四是追求数量，后期对所有想法进行排列组合，获得满意的创意或创意组合。如图2-2-6所示，头脑风暴法一般分六步展开。

2. 思维导图法

思维导图法又称为心智图法，是一种表达发散性思维的视觉思维工具。思维导图从一个中心问题出发，由此中心向外联想发散出节点，每个节点都代表着与中心主题的一个联结，而每个联结又可以成为另一个中心主题，再向外发散出节点，这些节点都有可能成为创意点。

设计师可通过思维导图，将围绕一个主题的所有相关因素和想法视觉化，可以加入一些视觉技巧，如使用文字、常见符号、手绘图形等来进行标

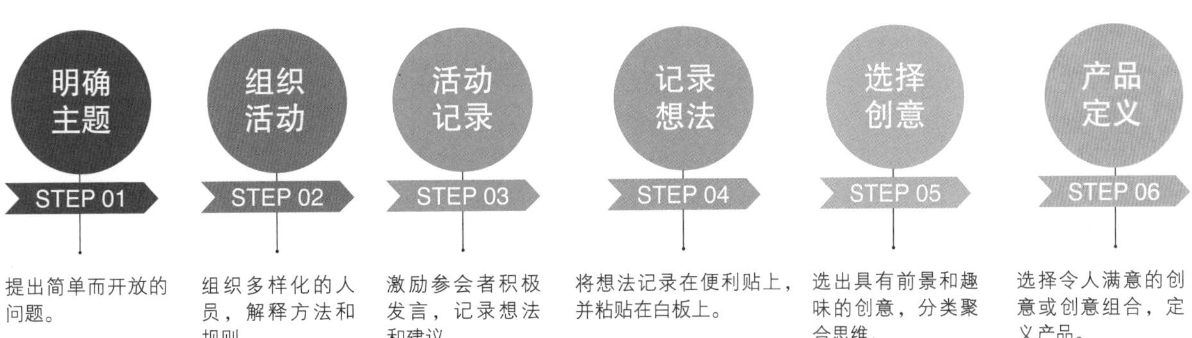

图2-2-6 头脑风暴法的一般步骤

记。直观且整体地呈现一个设计问题，能帮助设计师定义设计问题的主要因素和次要因素，还能帮助设计师找到设计问题的各种解决方案，还可以在思维导图中标示出每个解决方案的优势和劣势。通常设计师在设计的初始阶段会使用思维导图法来厘清头绪，分清产品策划的主次层级问题。这些方法也可运用于设计过程中。图2-2-7所示是思维导图法的实际运用。

3. 5W2H分析法

5W2H分析法，即“七问分析法”，5W分别指的是Who，什么人？谁是利益相关者；What，主要问题是什么？设计的目的是什么？有哪些已经完成了；Where，问题发生在哪里？使用的地点是哪里？我们在哪里去解决；When，什么时候发生的问题？什么时候需要解决；Why，为什么会出现这样的问题？为什么没有被解决。2H分别指的是How，问题是怎样产生的？我们要怎么去解决？以前是怎么解决的；How much，我们能解决到什么程度呢？需要花费的成本有多少？可能产出的收获又会有多少。

5W2H分析法是一种用思维发散的方式来分析问题的常用方法，可以提示讨论者从不同的层面思考和解决同一个问题。这里的七个问题是设计师经常被问及的关于产品最重要的几个问题，也是设计的核心。它可以运用在设计项目的产品定义阶段，帮助设计师在拿到设计任务后对设计问题进行定义，并做出充分且有条理的阐述。同时适用于设计流程中的其他阶段，如用户调研、方案展示、书面报告等准备阶段。图2-2-8所示是5W2H分析法的一般步骤。

5W2H分析法能让设计者厘清思维，抓住问题关键点及产品核心问题，对产品定义有清晰的认知。

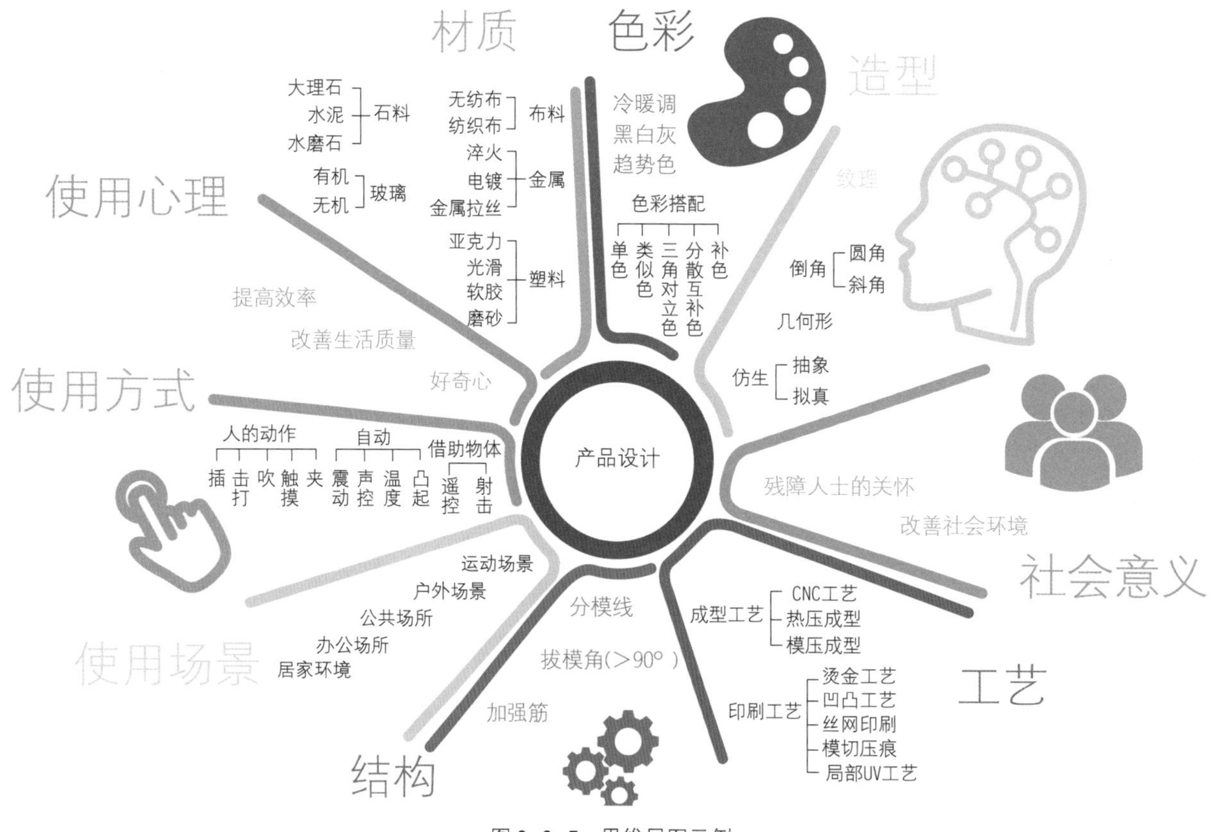

图2-2-7 思维导图示例

4. 人物角色法

人物角色法是一种创意激发方法，通过创造一个或多个人物，并试着以人物的角度来看待问题，寻求新的解决方案。例如，可以创造一个名叫“玩家”的人物，把他看作是一个游戏用户，并从他的角度来思考如何改进这款游戏，以提高用户体验。人物角色法可以帮助思考者发挥想象力，从而激发出更多的创意思路。图2-2-9所示是人物角色法的一般步骤。

（三）产品定义

产品定义的目的是根据产品策划总结报告，通过创意激发阶段对产品的概念提炼，得到具有最优解决方案的详细产品信息，包括产品的功能、特性、价值和市场定位，以确保产品的可行性、可持续性和可衡量性。

1. 产品定义的内容

（1）功能定义及实现分析

功能定义是指明确产品应具备哪些功能，这是产品设计的基础。在功能定义中，需要详细列出产品的各个功能模块及其作用和实现方式。这一步需要仔细分析产品的目标用户和市场需求，确保产品具备的功能可以满足用户需求。

实现分析是在功能定义的基础上，进一步探讨如何实现这些功能。在此阶段，需要考虑技术实现的可行性、难度、成本以及时间等因素。通过实现分析，可以确定哪些功能可以在产品中实现，哪些功能需要优化或改进等。

总体来说，功能定义及实现分析是产品设计过程中至关重要的环节，它们直接影响产品的用户体

图 2-2-8　5W2H 分析法的一般步骤

图 2-2-9　人物角色法的一般步骤

验、市场竞争力以及技术实现难度等方面。

（2）不同用户群的侧重点分析

在产品定义中，不同用户群的侧重点分析是指对不同用户群的需求和偏好进行分析，以便满足其需求。该分析可以帮助产品团队了解不同用户群的痛点和期望，例如，从消费水平来说，学生用户群会更加关注产品的价格和便捷性；商务人士用户群则更加关注产品的功能及高品质服务。从产品属性来说，一般消费者群体更关注产品的功能和价格，企业用户群则更关注服务和定制化能力；从产品技术来说，年轻一代偏向于使用最新技术，而中年或老年用户则更偏向于使用熟悉的技术。

具体来说，不同用户群的侧重点分析主要包括五个方面，一是用户群体特征分析，包括用户的年龄、性别、职业、地域等；二是用户需求分析，包括用户的主要需求、目标、使用场景等；三是用户体验分析，包括用户的感受、情感、行为等；四是用户偏好分析，包括用户的品牌偏好、购买习惯、支付方式等；五是竞争产品分析，包括竞争产品的特点、优势、缺点等。

2.产品定义的常用技巧

（1）产品定义的层级

通常情况下，产品定义的层级可以分为六个层级。一是战略层级，即产品的战略目标和愿景被定义和规划，如产品定位、目标市场、目标用户和产品核心竞争力等；二是产品层级，即产品的功能、特性和用户体验等方面被定义和规划，如产品的功能需求、用户需求、技术需求和设计需求等；三是组件层级，即实现产品功能的不同模块组件，如硬件组件、软件模块、用户界面等；四是详细设计层级，即产品的详细设计被定义和规划，如各个模块的详细设计、流程图、交互设计等；五是开发层级，即产品的开发被实施，如编码、测试、集成等方面；六是维护层级，即产品的维护和支持被规划和实施，如故障排除、性能优化、功能升级等方面。这些层级并不是固定的，可以根据具体情况和需求调整与修改。

（2）“长板理论”

“长板理论”是关于产品定义和市场战略的理论，它认为在一个市场中，产品的销售和使用呈现出一种长尾形态。这个理论的核心思想是，在市场中，一小部分产品的需求和使用非常高，而大部分产品的需求和使用则非常低。这些高需求的产品被称为“短板”，低需求的产品则被称为“长尾”。长板理论认为，为了在一个市场中取得成功，企业应该专注于开发和推广短板产品，因为这些产品的销售和使用量非常高，可以带来更多的收益。相反，对于长尾产品，企业应该采取更为灵活的策略，包括精准的市场定位和利用互联网等渠道进行推广和销售，以此满足市场上长尾消费者的需求。

（四）创意草图

创意草图是产品设计过程中的重要步骤，通常在完成产品定义后进行。创意草图是一个快速且粗略的手绘或数字绘图，用于探索和表达可能的设计方案。在创意草图阶段，设计师会尽可能多地生成不同的设计想法，从中挑选最佳的方案。这些创意草图可能包括产品的外观、功能和用户体验等方面的想法，并且通常会涉及多个概念和方向。目的是帮助设计团队快速尝试和迭代各种想法，并在早期阶段探索更广泛的设计空间，从而最大限度地发现潜在问题并将其修复。此外，创意草图还可以帮助团队成员共享想法，促进合作和沟通。

1.创意草图的基本概念

从前期调研到产品定义，基本已形成清晰明确的设计目标定位，从而能够针对需求点进行突破式创新设计，提炼有价值的核心创意概念，形成创意草图。创意草图的目的是收集、记录、探索和扩展创意想法，解决实际问题。

绘制草图是设计师必须具备的基本素质之一。草图是一种快速记录思维构想的方式，它是一个从无到有、从想象到具体将思维物化的过程。草图的作用是记录与沟通，可以记录稍纵即逝的构思及过程，这种记录方法快速、形象，在一个设计项目进行中，大量草图的绘制，能够活跃设计思维，使创造性思维得以延展。

在设计方案开展阶段，团队沟通通常以创意草图进行，一方面，草图便于直接在手稿上进行修改和概念延伸，成员往往可以从中受到很大启发，还可通过创意草图的形式快速记录灵感、推敲设计思路，探讨设计理念的可行性；另一方面，草图便于沟通与交流，相对于单纯的口头解释，创意草图更加直观，容易理解。

需要注意的是，创意草图在设计的不同阶段，侧重点有所不同，如图2-2-10至图2-2-13所示，在创意阶段，侧重于概念提炼；在深入设计阶段，侧重于体现产品装配结构和细节形态；在设计表达阶段，创意草图可添加文字、图形等视觉元素加以完善，用于提案汇报。

2. 创意草图的常用方法

创意草图阶段常用的方法有联想法、组合法、移植法。

（1）联想法

联想法是利用不同事物（或信息）的彼此关联，开创新构思的方法。联想是想象思维的一种形式。联想思维就是人们通过一件事情的触发而

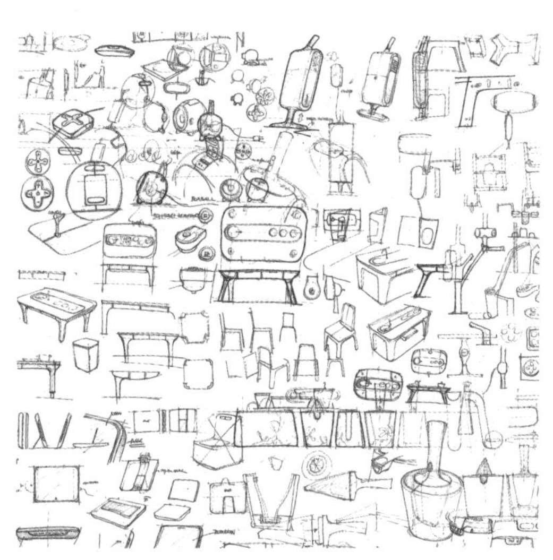

图 2-2-10　侧重于概念

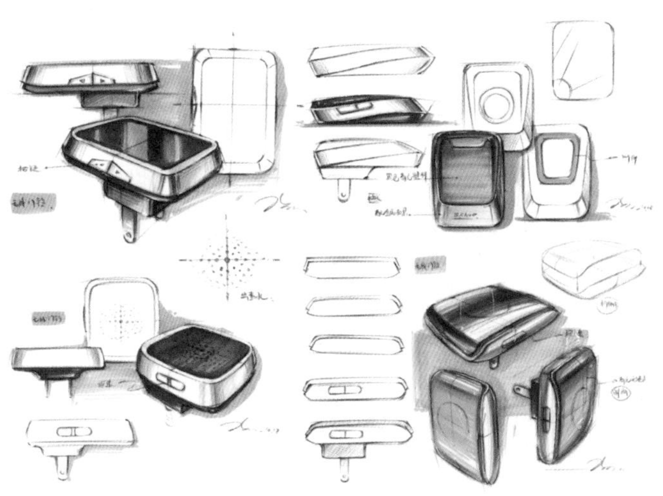

图 2-2-11　侧重于结构

图 2-2-12　侧重于形态

图 2-2-13　侧重于添加视觉元素

迁移到另一些事情上的思维。联想思维是创造性思维最重要的表现形式，可用于捕获设计构思，主要分为联想设计法、联系链法及替代法。

①联想设计法

联想设计法包含自由联想设计法、相似联想设计法及对比联想设计法。

自由联想设计法鼓励自由联想，让思维尽情发散，从而产生连锁反应，引申出新设想，发明型产品多半是由自由联想所产生的。如20世纪90年代，德国植物学家发现了荷叶的“自洁性”，如图2-2-14所示，水滴在荷叶表面滚动，随着叶子的摇动而滑落，同时洗掉叶片上的灰尘和污垢。这是由于荷叶表面具有粗糙的微观结构以及疏水的表皮蜡，这种特殊的结构有助于锁住空气，进而防止将表面润湿。水滴在荷叶上形成一个球形，而不是铺展开来，这就是“超疏水表面”。基于荷叶的疏水结构原理，发明了防水纳米布料，疏水性是荷叶的数倍。用这样的技术材料，便能设计出不沾水的雨伞，再也不用担心雨水弄湿地板。

相似联想设计法是由一种产品的原理、结构、功能、形态等联想到另一种产品，由此产生新的设想。一般来说，改进型产品开发多采用此种方法。如通过对手表的不断改进和开发，产生具有计算、录音、发报、存储数据、测量血压、预报气象等各种功能的新型手表等，这些设想都源于相似联想。如图2-2-15所示的蚂蚁凳，巧妙地选择形象并运用了象征或隐喻产生联想；如图2-2-16所示的“涟漪水壶”，设计师将涟漪静止凝固的形态作为设计元素进行联想，设计出流光溢彩、晶莹剔透的水壶形态。

对比联想设计法是由一件产品联想到其对立面的东西，就此产生新的设想的方法。这种方法多用于换代型产品的构思。如无彩的对立面是有彩，从此，黑白电视机迈向了彩色电视机的时代。

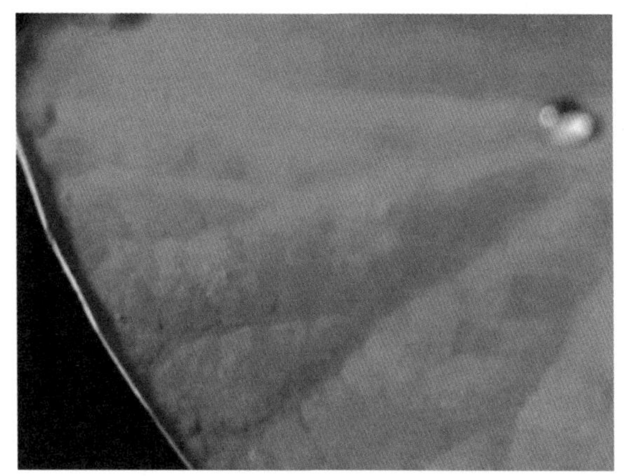

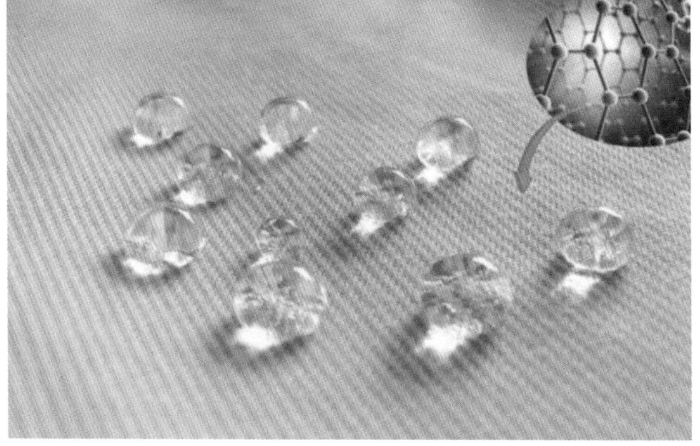

图2-2-14　荷叶的“自洁性”

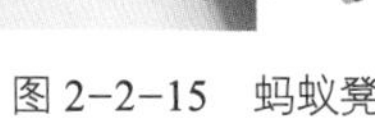

图2-2-15　蚂蚁凳

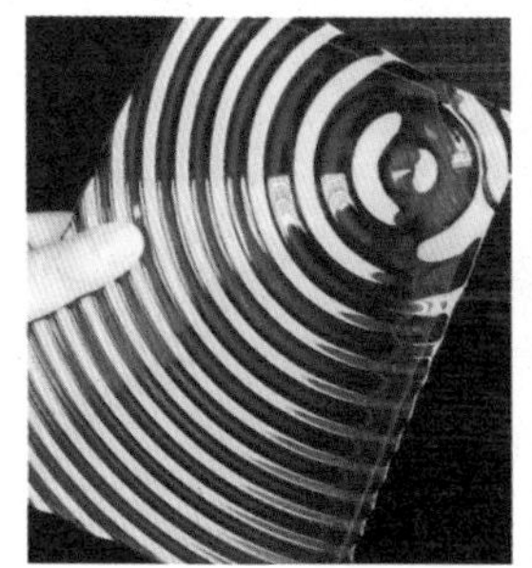

图2-2-16　“涟漪水壶”

②联系链法

联系链法是指由事物对象、特征以及联想等概念及语意组成的相互联系的链，由此展开联想，从而进行组合，获得更多构思的方法。如图2-2-17所示，设计对象为桌子，改进的对象为餐桌、工作台、电脑桌子、写字台，属于“同义词链”。随意选择的对象为电、电灯、按摩、网络、圆环、衣服，属于“偶然链”，产品特征为木材、大理石、抽屉、把手、白色、桌脚，属于“特征链”。利用联系链法得出桌子设计创新的思路，如电暖餐桌、发光餐桌、按摩餐桌、网络餐桌、圆环形的餐桌等，再通过可能性分析，找出有发展潜力的想法进行深入设计。

③替代法

替代法是指在产品开发设计中，用某一事物替代另一事物的设计法，也是产品生命周期中的必然现象。每个产品都有一个发生、成长、成熟和衰亡的过程，这是一个产品的生命周期，随着新旧技术的更迭和人们需求的转变，一些产品和技术难免被新的产品和技术所替代。

（2）组合法

组合法是指将现有的科学技术原理、现象、产品、要素或方法进行组合，从而获得解决问题的新方法或新产品。组合设计法是创造性的设计创新方法之一，组合的过程就是把原来互不相关、相关性不强、相关关系没有被人们认识到的产品、原理、

设计对象（桌子）		
同义词链	偶然链	特征链
餐桌	电	木材
工作台	电灯	大理石
电脑桌子	按摩	抽屉
写字台	网络	把手
	圆环	白色
	衣服	桌脚

图2-2-17　联系链法示例

技术、材料、方法、功能等整合在一起的过程。组合设计法一般分为主体附加型组合、异类组合、同类组合及集约化组合设计等类型。

①主体附加型组合

主体附加型组合是指以原有产品为主体，在其基础上添加新的功能或形式。以一种“锦上添花”的方式，在原本已经为人们所熟悉的事物上，利用现有的其他产品，为其添加若干新的功能，改进原有产品，带来新的亮点，开发出新的市场需求，使产品更具生命力。这类设计适用于在未曾进行附加改动之前，已经得到人们广泛认可和使用的产品，但是人们潜意识里仍然会觉得原有产品具有某些缺陷，或渴望有更好的表现，如图2-2-18所示的自鸣式不锈钢开水壶。这个产品把一个制造声音的儿童小鸟玩具放在了传统的水壶造型上，水开之后会自动鸣叫，充满幽默感。给人们全新的使用体验，同时消除了诸多的安全隐患。

②异类组合

异类组合是指将两个相异的事物统一成一个整体，得到新的事物。如能录音的收音机、可摄像的手机，都是将原本功能、形态或技术相异的事物进行创造性的组合，将各种功能合成到同一物体上。图2-2-19所示的这款音响双模机械键盘便是对千篇一律的键盘做出颠覆性的设计。它不仅是具有酷帅外观的机械键盘，还自带蓝牙音箱，并拥有手提式支架，既便于手提携带，又能支撑平板电脑和手机。动态灯光使一成不变的键盘变得灵动且具有生命力。在设计中，异类组合法的运用都是以给人带来创新使用方式的可能性为基础，或者将产品的功能、外形进行增减，不仅满足了人们的需要，也帮助人们节省了时间、空间或费用支出。

③同类组合

同类组合则是把若干同类事物组合在一起，它与异类组合相反。就像搭积木，使同类产品既保留了自身的功能和外形特征，又相互契合，紧密联

图 2-2-18　自鸣式不锈钢开水壶

图 2-2-19　音响双模机械键盘

系，为人们提供了操作和管理的便利。

使用同类组合设计法最典型的就是组合家具的设计。通过对各种家具进行结构上的改进与联系，使组合家具便于组合拆卸，使用率和有效性大大超过了传统家具。组合餐具也运用了同类组合设计法，将碗、碟、盆、勺设计成同一系列，外观上有连贯性的装饰元素，大小、形状紧密联系，小器皿能够恰到好处地装进同一系列的大容器中，便于收纳和管理。

④集约化组合设计

除了增强同类产品使用管理的条理性思路，还有以使用方便为目的，如通过媒介物的设计，将不相关的各种产品汇集一处，这种方法称为非系列产品的集约化组合设计。这种类型的设计重点是针对承载体，而被集约的产品不一定要有集约化的特征，如工具箱。因此也就有了组合文具、组合刀具的出现。

在进行设计时，采用组合法是为了改进现有产品的不足，同时不影响原来个体的功能，即在功能上是1+1≥2，而在结构上却是1+1≤2。这种组合异化便是设计学的发展。如图2-2-20所示的多功能露营灯，集营地灯、手电筒、补光灯于一身，更是一个大容量的充电宝，能够轻松适应森林、徒步、野营、郊游等场景。不到一个手掌的大小，携带轻松。机身背后带有磁吸设计，可任意吸附在各种铁质器具上，背后的圆圈方便悬挂于任何地方，适用于多种场景的照明。除照明以外，机身还自带螺纹孔，可接入到各种固定设备上。内置电池容量大，续航持久，可以给其他电子设备充电。

在使用组合设计时，一般从以下几个方面入手。一是把不同的功能组合在一起产生新的功能，

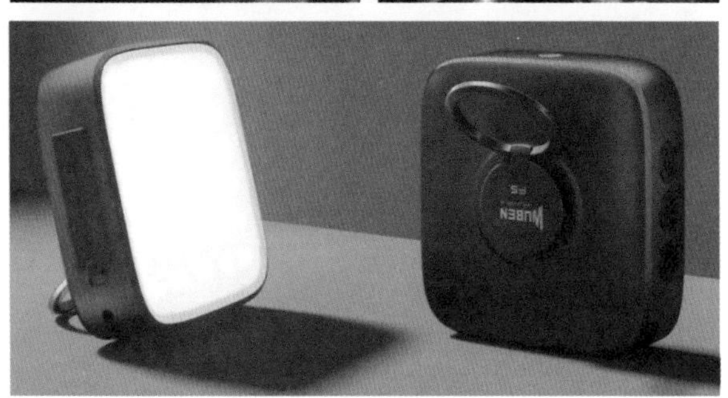

图 2-2-20　多功能露营灯

如台灯与闹钟组合成定时台灯；二是把两种不同功能的产品组合在一起增加使用的方便性，如收音机与录音机组合成收录机；三是把小产品放进大产品里，不增加体积，如圆珠笔放进拉杆式教鞭里形成两用教鞭；四是利用词组的组合产生新产品。

综上所述，组合法是设计中有效的创新手段之一，它可以为设计带来许多新的可能性，在整合产品或建立产品系统的同时，增强了原有产品的功能，方便人们的使用和管理，节约时间、空间和费用。

（3）移植法

移植法沿用已有的技术成果，进行新的移植、创造，是移花接木之术。移植法是寻求突破传统局限的一条途径，科学有效，也是应用研究中运用得最多的方法。移植并非简单的模仿，最终的目的在于创新。在具体实施中往往要将事物中最独特、新奇、有价值的部分移植到其他事物中。移植法包括技术移植、横向移植和综合移植等类型。

①技术移植

技术移植是指在同一技术领域的不同研究对象或不同技术领域的各种研究对象中，进行移植设计。例如，厨余是现代生活常见的问题，忘记处理会发臭，并且会滋生苍蝇、小虫或蟑螂。如图2-2-21所示的冷冻厨余垃圾桶，通过-18℃的低温冷冻技术，使厨余垃圾冰封结块，杜绝腐烂发臭、滋生蚊虫的情况发生。冷冻后的厨余整块倒出，清洗起来相当轻松。简单的造型能融入各种环境，干净清爽的同时提升了生活美感。

②横向移植

横向移植是指在不同层次类别的产品之间进行移植，把其他事物中最有特点的结构或功能进行移植创造。例如，汽车已经成为生活中不可或缺的一部分，但无论新旧，总是免不了有些异味，经测试发现，车内有害物质的浓度是家居污染的数倍，传统车载香薰只能在局部散香，图2-2-22所示的车载香薰产品借用了陀螺的外形与原理，陀螺直接带动香薰源转动，全方位主动散香，让香味传播得更快更远。内置太阳能芯片，无须用电，只要有光照射就可以转动。载体选用纳米陶瓷材质，可长时间

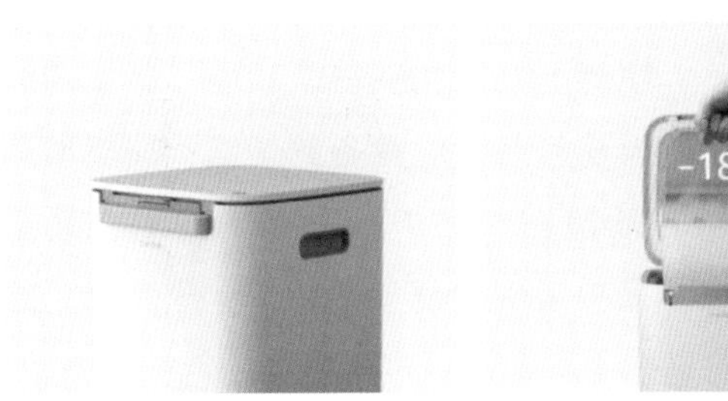

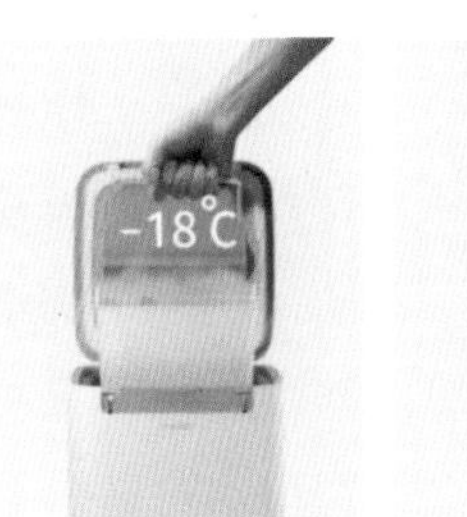

图2-2-21　冷冻厨余垃圾桶

图2-2-22　车载香薰

净化车内空气。

③综合移植

综合移植是指把多种层次和类型的产品概念、原理及方法综合引进到同一研究领域或同一设计对象中。随着电子技术的小型化、微观化发展，它给产品的造型提供了极大的创作可行性。图2-2-23所示是一款便携烤箱，可以随时随地加热或烹饪食物。这款便携式烤箱非常适合旅行、露营、远足或野餐。采用内置感应加热技术，可以加热放入烤箱的任何食物。这款便携式烤箱线条简洁，外形小巧，分为顶部和底部，顶部加热容器适合烹饪或加热食物，底部容器可用于存放水果或甜点。

日常牙刷使用过后，总是湿漉漉的，长期暴露在卫生间的潮湿环境与多菌空气中，牙刷的细菌含量剧增。图2-2-24所示的电动牙刷解决了许多痛点，如便携折叠收纳、自动消毒、声波振动、可替换刷头、全机身防水、磁吸充电等。产品主机无须充电插口，磁吸至底座可无线充电，在闭合后，自动激活内部紫外装置，进行密闭的紫外消毒，仅需60秒，便可自动消毒完成。

综合移植特别要注意避免把一个产品变成多个功能的叠加。可以把一些我们所熟知的产品进行功能的重新定义，因为后现代产品更注重产品的文脉、符号、象征、语义等的审美需求，但不要因此演变成技术的堆砌，多功能往往会造成各个子功能的削弱。

3. 产品功能的设定

产品的功能是指产品总体的功用，产品是功能的载体，实现功能是产品设计的最终目的。在支撑产品系统的诸多要素中，功能要素是首要的，它决定着产品以及整个系统的意义，其他要素都是为实现功能而存在的。

产品的功能按需求性质分类，可分为使用功能和精神功能。使用功能是指产品在物质使用方面能否满足人们的需要，也可称为“实用功能”或“物质功能”；精神功能是指影响使用者心理感受和主观意识的功能，也可称为心理功能。精神功能带有情感化的特征，并通过其界面语义来传达一定的文化内涵，体现时代感和精神上的价值取向。如图2-2-25所示的手表，色彩和造型都体现出时尚感，用户更看重手表带来的身份象征或装饰作用，至于使用功能层面，能否快速准确地识别时间已经不是非常重要。但对于工具类的产品，如图2-2-26所示，使用功能层面的感受就非常重要，如操作是否方便高效、使用是否安全、运输是否方便等。

产品的功能按用户的期望值分类，还可分为基本功能、期望型功能和兴奋型功能。基本功能是指顾客认为在产品中应具备的功能；期望型功能是指顾客期望在产品中能实现的功能，期望型功能在产品中实现得越多，顾客就越满意；兴奋型功能是指令顾客意想不到的产品特征。例如，

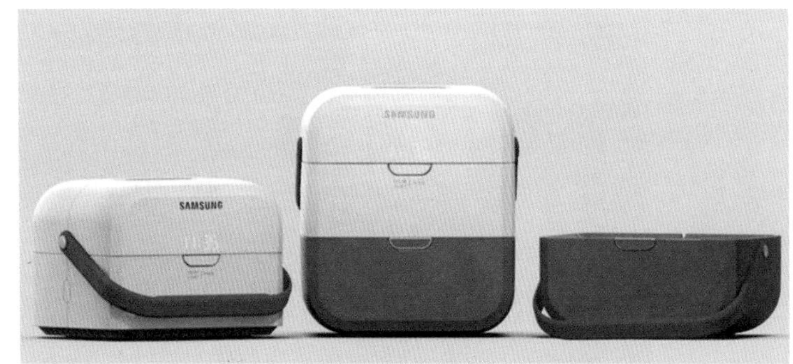

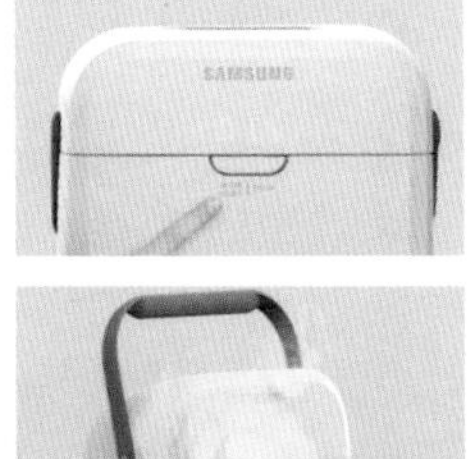

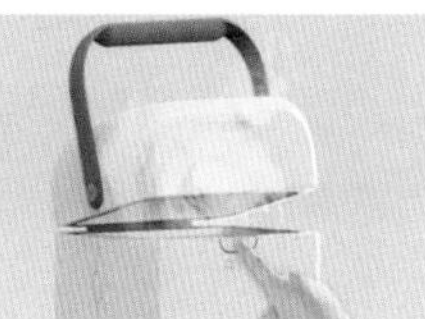

图2-2-23　一体式便携烤箱

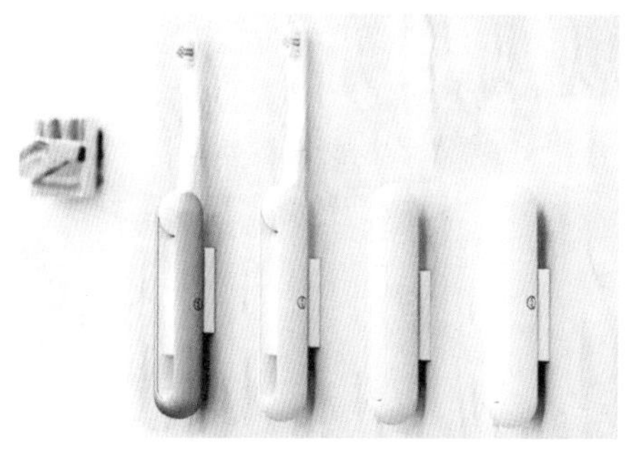
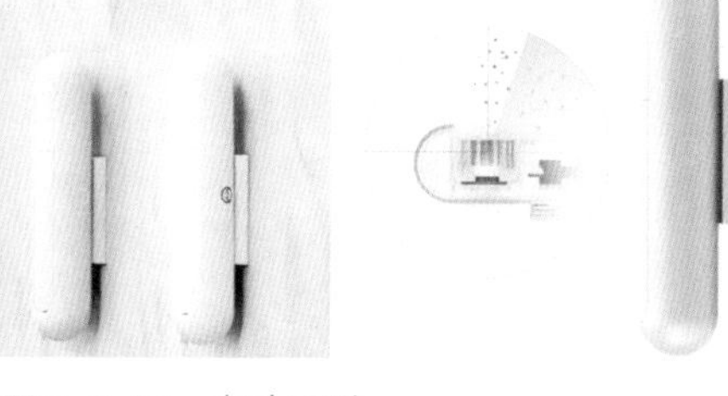

图 2-2-24　电动牙刷

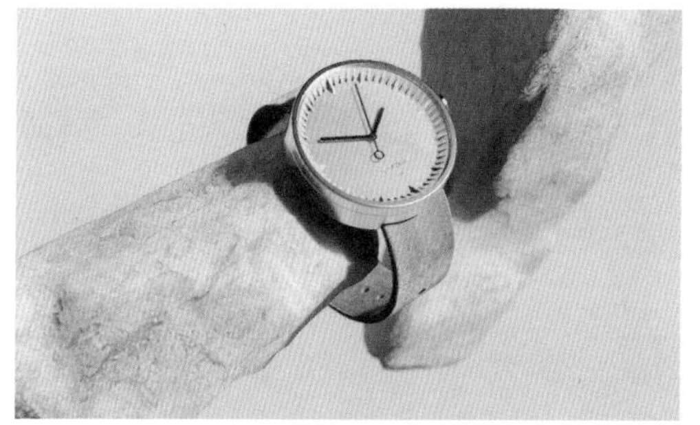

图 2-2-25　手表

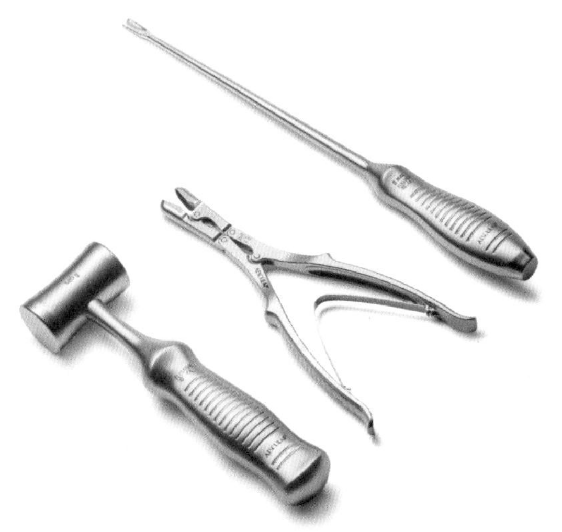

图 2-2-26　工具类产品

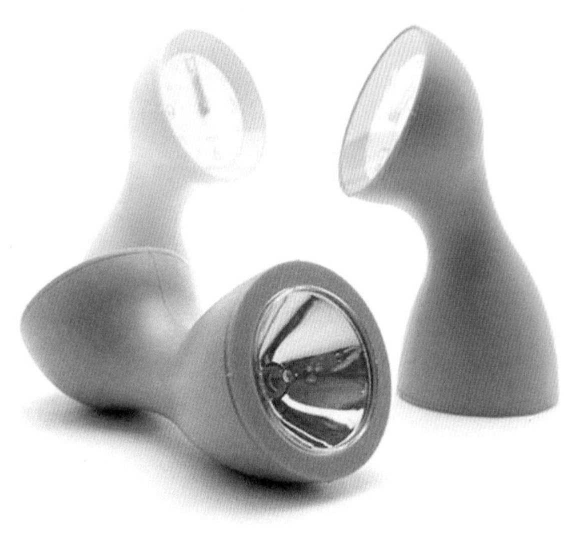

图 2-2-27　手电

图2-2-27所示的这款手电既可以照明还可以看时间，符合老人家起夜时的使用需求及行为习惯。又如，图2-2-28所示的多士炉既能烤面包片，还可以写祝福语，这是一种令顾客意想不到的兴奋型功能。

功能来源于需求。人的需求不是一成不变的，是多元化的，年龄、性别、地域及个性不同，需求也会不同，满足需求的产品也会不一样。例如，地域文化不同，饮食习惯不一样，需求也不一样，中餐餐具有筷子、碗、调羹等，而西餐餐具则有刀、叉、调羹等；气候不同，需求也不同，北方干燥，需要加湿器，南方潮湿，需要抽湿机；特殊人群也有特殊的使用需求，如盲人的产品，操作界面也不一样。作为设计师，在概念设计阶段，应及时发现用户需求的变化，挖掘痛点，才能提出好的设计概念。

产品功能的设定要符合产品定位。例如，针对蜗居人群设计的家具，可设计成折叠床和可收起的窗框晾晒架，符合节省空间的产品设计定位。功能的设定要完整明确，如为儿童设计床头灯，可从以下几个方面思考：入睡前，家长习惯给儿童讲故事，因此需要照明功能；入睡时，需要将灯光亮度调暗，柔和的低亮度灯光适合入睡并有安全感；儿童的好奇心强，除了儿童床，还会睡帐篷，所以床头灯要可以移动。因此，产品的功能设定应具备照明功能、可调节亮度的功能及可移动功能。功能确定后，还需进一步细化明确，如照明的亮度、照明的范围、灯光的色彩选择等。

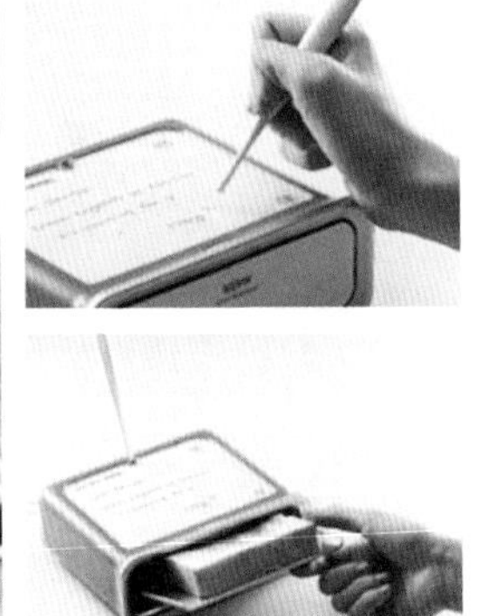

图 2-2-28　多士炉

（五）产品原型验证

经过创意草图的比较、分析、评估，筛选出较优的方案，可以通过原型验证进一步判断不同方案的可行性。

产品原型也称为草模，出现在方案设计阶段，可以理解为早期的模型，是用来测试想法、证明概念、凸显问题、改进方案的设计手段，原型可以解决很多不能在图纸上解决的问题。草模制作是产品设计专业非常有用的设计工具之一，它与草图的目的不一样，不仅可以用最直观的方式表现概念构思的形态，还可以对产品的体量进行体验。所以通常是草图和草模一起进行来完成前期的方案构思。制作草模的材料有很多，可以根据产品的大小、形态、复杂程度进行选择。在平时的练习中可以选择硬纸板、聚氨酯泡沫、KT板（一种由聚苯乙烯颗粒经过发泡生成板芯，经过表面覆膜压合而成的一种新型材料）等容易购买、价格便宜且成型能力较好的材料。

产品原型制作和验证是一个设计方案迭代的过程，绘制创意草图，然后制作原型，测试想法的可行性，交给最终使用者使用并获得问题反馈，再根据设计项目选择典型用户建立焦点小组来测试，确定改进方案，再回到创意草图的绘制，循环往复，直至筛选出可行的方案。产品原型验证包括对产品原型的功能、人机交互以及产品生命周期的测试，以确定产品是否达到用户预期的要求。产品原型验证的步骤为：选定合适的草图方案，开发原型，测试原型，根据测试结果优化原型，最终验证。

1. 人机尺度推敲

人机尺度推敲是原型制作验证中需要关注的重点问题。在验证原型的过程中，需要考虑到人和机器的交互行为、交互界面、用户体验等因素，并且进行深入的思考和优化。在设计一个应用程序时，需要考虑人类使用该应用程序可能会遇到的各种情况，如操作流程是否简单易懂、按钮是否容易点击、字体大小是否合适、配色是否舒适等。同时，还需考虑机器的限制和能力，如硬件性能、通信技术等。

具体来说，人机尺度推敲主要包括人体工程学和人机交互设计。人体工程学是指通过了解人体结构、力学、运动学等方面的知识，来指导产品的设计。如确定按钮的大小和位置，确保用户可以轻松地操作和触发按钮；人机交互设计是指通过模仿人与人之间或人与机器之间的交互方式，使产品更符合用户的认知习惯和心理期望。如采用常见的图标和界面布局，以便用户能够更快速地找到所需功能。

人机尺度推敲的目的是确保产品与用户之间的交互是自然、高效、愉悦的，并且能够满足人们不同需求的实际使用场景。这样可以大幅提升产品的用户满意度和品牌形象。在产品的原型制作与验证中，人机尺度推敲是一个重要的环节，它是指设计师和工程师在设计与开发产品的过程中，考虑到用户的生理、心理特征以及使用场景等因素，对产品进行调整和优化，以提高产品的易用性和用户体验。

2. 草模制作的技巧

（1）聚氨酯材料模型制作

如图2-2-29所示，聚氨酯材料模型制作分为五个步骤。第一步是设计构思表达，快速绘制草图方案并选择理想方案，绘制出X、Y、Z三个方向的正投影视图；第二步是基础形状加工，将投影视图粘贴于材料表面，沿轮廓线切割加工，逐渐加工出所需形状；第三步是局部形状加工，细心加工所有细节形状，最后对边角部位进行倒角操作；第四步是配件加工，可以单独加工小配件提高制作效率；第五步是粘接成型，使用胶粘剂将所有零部件粘接为一体并调整位置，完成模型制作。

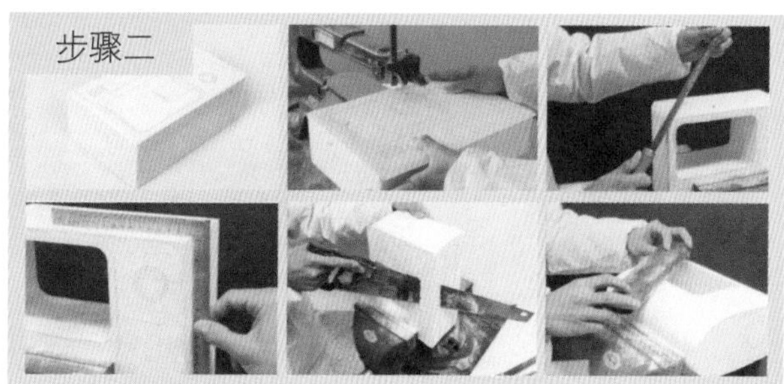

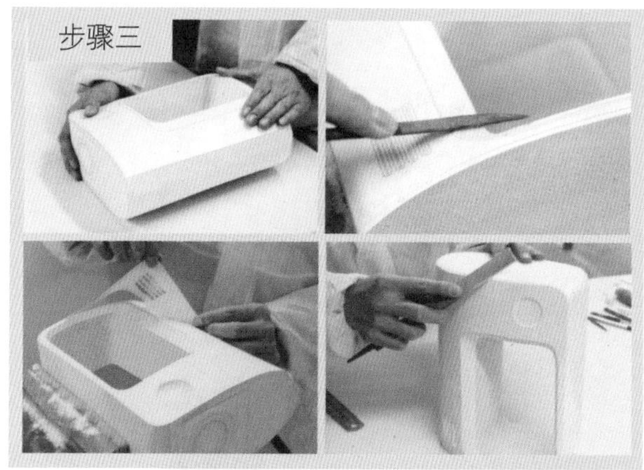

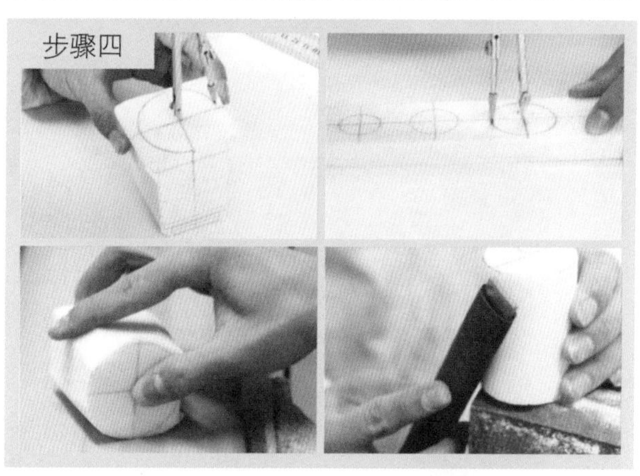

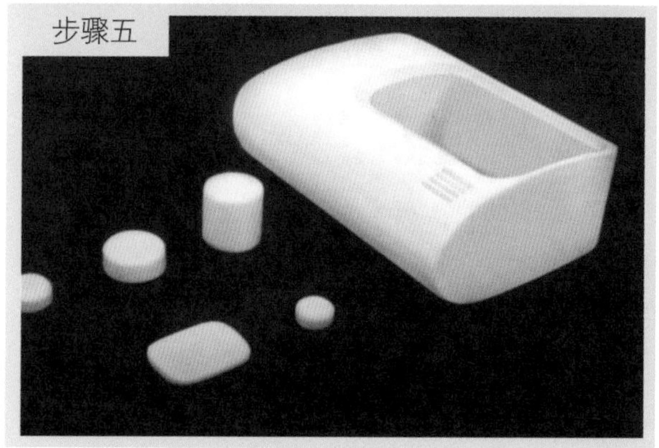

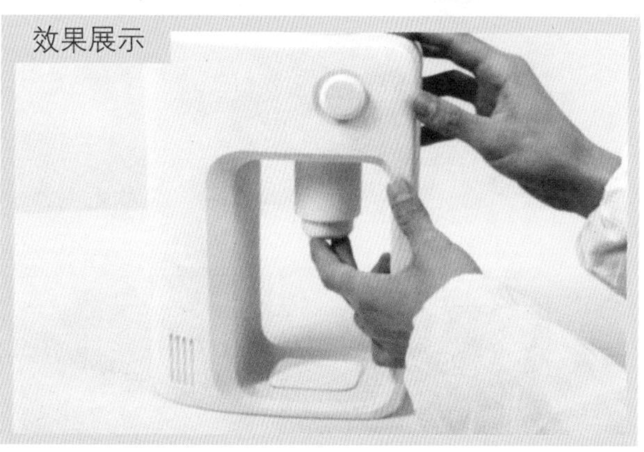

图2-2-29　聚氨酯材料模型制作过程

（2）纸质材料模型制作

如图2-2-30所示，纸质材料模型制作分为五个步骤。第一步是设计构思表达，快速绘制草图方案，选择理想方案并编号；第二步是绘制展开图，按设计尺寸绘制各部位的展开图形并调整，审核连接尺寸；第三步是裁切，沿轮廓线用裁纸刀等工具进行切割，注意控制开口大小和顺畅切割；第四步是立体折叠，沿虚线切割并使用直尺压实，摆放、检查构件，准备插接与拼装操作；第五步是拼装，按插接位置摆放并插接，注意不损坏接口部位，观察设计是否达到要求。

（3）石膏材料模型制作

如图2-2-31所示，石膏材料模型制作分为四个步骤。第一步是设计构思表达，快速绘制草图方案并选择理想方案，绘制出X、Y、Z三个方向的正投影视图；第二步是搭建浇注型腔，根据形状基

图2-2-30　纸质材料模型制作过程

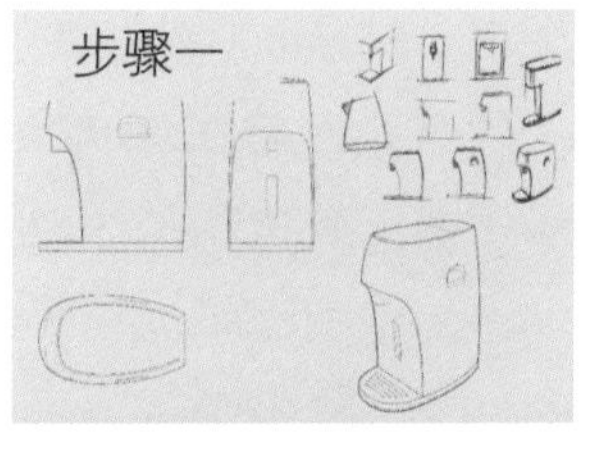

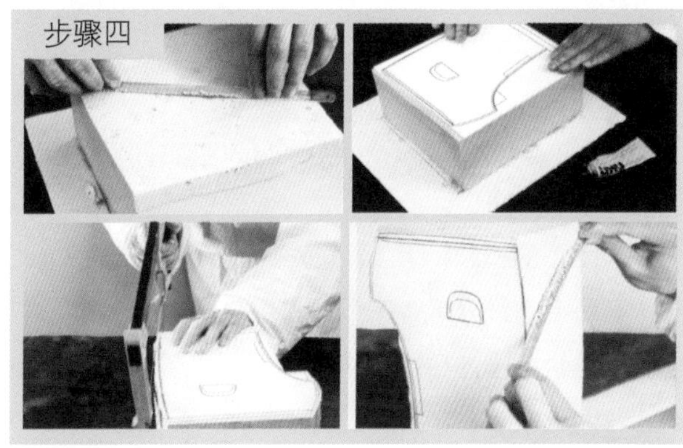

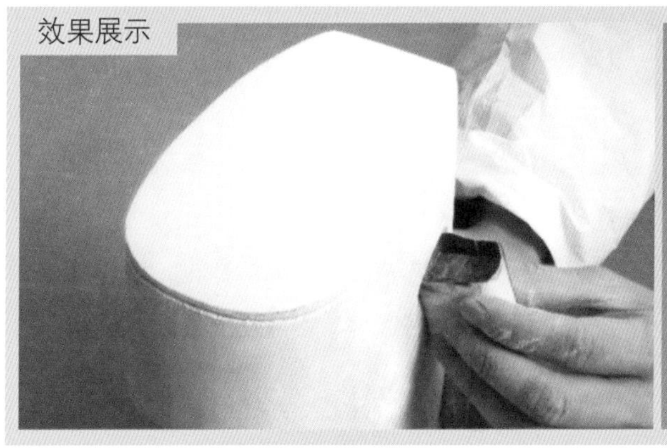

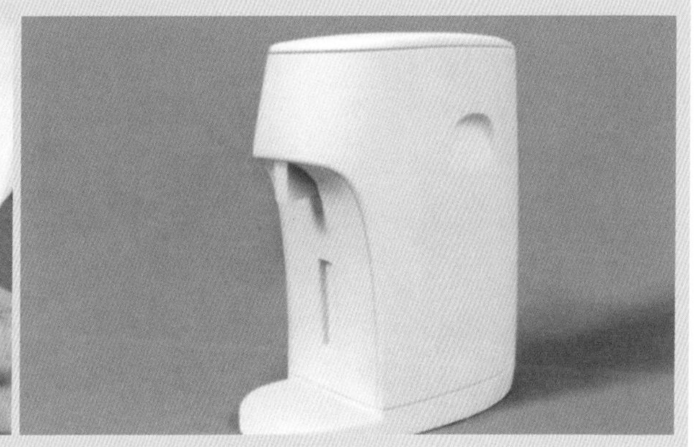

图 2-2-31　石膏材料模型制作过程

本尺寸搭建型腔，裁切底托板和侧围板，并用热熔枪黏合；第三步是浇注石膏体，将调和好的溶液小流注入型腔中，等待凝固成型后取出；第四步是雕刻成型，使用切削工具沿轮廓线去除多余部分，打磨至光滑，最后使用胶粘剂将局部形态粘连完成制作。

（六）总结

正确可行的产品策略能帮助企业设计开发出更符合市场需求的产品，提高产品竞争力，吸引消费者。在产品策略阶段需要了解产品策划和定义的各种方法和模型，并能够综合运用以激发设计创意。同时需要注意，过程中反复使用头脑风暴法、联想法等方法，以及反复进行草图绘制和原型验证等步骤，以保证得出最优方案，从而高效开展产品的深入设计。在实际的产品策略阶段中，可根据不同的项目进度，选择相关方法。

二、实战案例：广东东方麦田工业设计股份有限公司——Vtooth冲牙器

本实战案例来自广东东方麦田工业设计股份有限公司的冲牙器产品策略全案。该项目基于口腔问题和牙齿清洁方式的相关调研，洞察出冲牙器具备

市场机会与发展前景，因此以不同人群对冲牙器的需求为切入点，确定项目目标。为了精准制定产品策略，东方麦田采用了专业的策划思路与流程，最终确立Vtooth冲牙器的产品定义和开发方向，成功打造出小众品牌的差异化卖点，获得了较好的市场反馈。

（一）研究洞察

1. 市场分析

如图2-2-32所示，通过对冲牙器竞品市场情况、竞品产品线分析等来洞察产品的机会点。得出分析小结，提出产品应提供更轻便、更优质的体验才具有市场机会。

2. 用户研究

基于前期市场调研，如图2-2-33所示，将全方位清洗护理、使用舒适、携带便携、操作简便、颜值高和性价比作为冲牙器产品用户需求的六大关键要素，并以此作为用户研究的主要内容。通过调研，如图2-2-34所示，将洁碧、Panasonic、Jetpik、Oral-B、Philips五个品牌某一产品作为竞品进行分析。

受篇幅限制，以下选择Panasonic（图2-2-35）和Jetpik（图2-2-36）的某款产品作为竞品体验示例，开展用户行为分析，对比两个产品的优缺点。

通过对以上品牌用户行为和用户体验数据分析，总结出“使用方便”这一关键因子对用户体验至关重要，因此聚焦于这一核心要素进行深度剖析，总结优势和劣势，经过数据筛选和清洗，选择以使用流程（图2-2-37、图2-2-38）作为产品开发和设计的切入点。

3. 研究洞察

如图2-2-39所示，通过对比，分析产品的使用流程，设计师从功能、视觉，听觉、触觉等角度总结设计机会点。

（二）产品策略

1. 产品策划

基于市场分析和用户研究的数据，设计师提出设计机会点，并结合市场人员对市场趋势、未来趋势、企业自身优势等的综合分析，总结冲牙器的功能开发策略及方向，如图2-2-40所示。

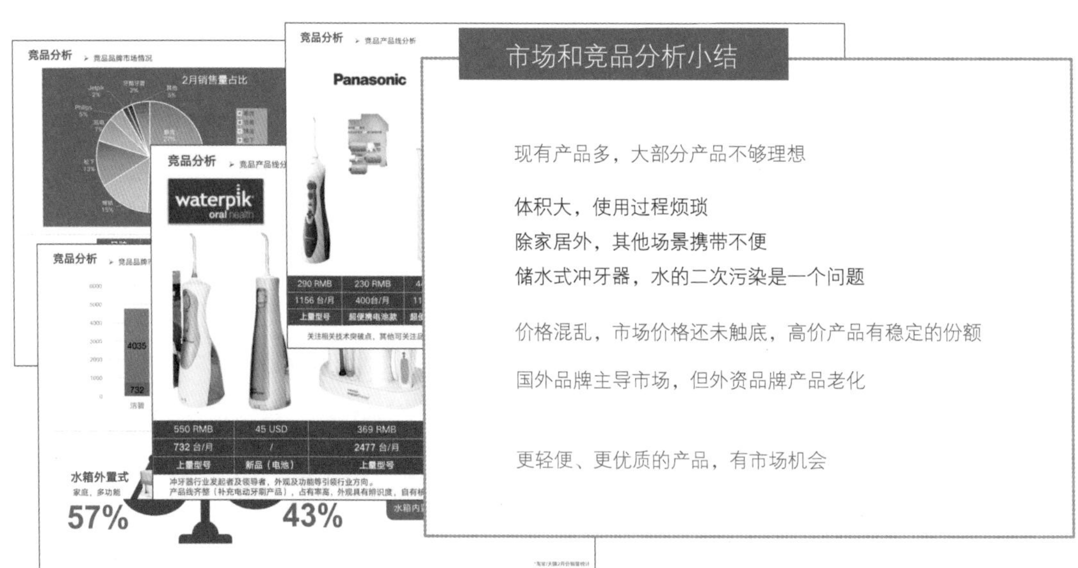

图2-2-32　市场分析小结

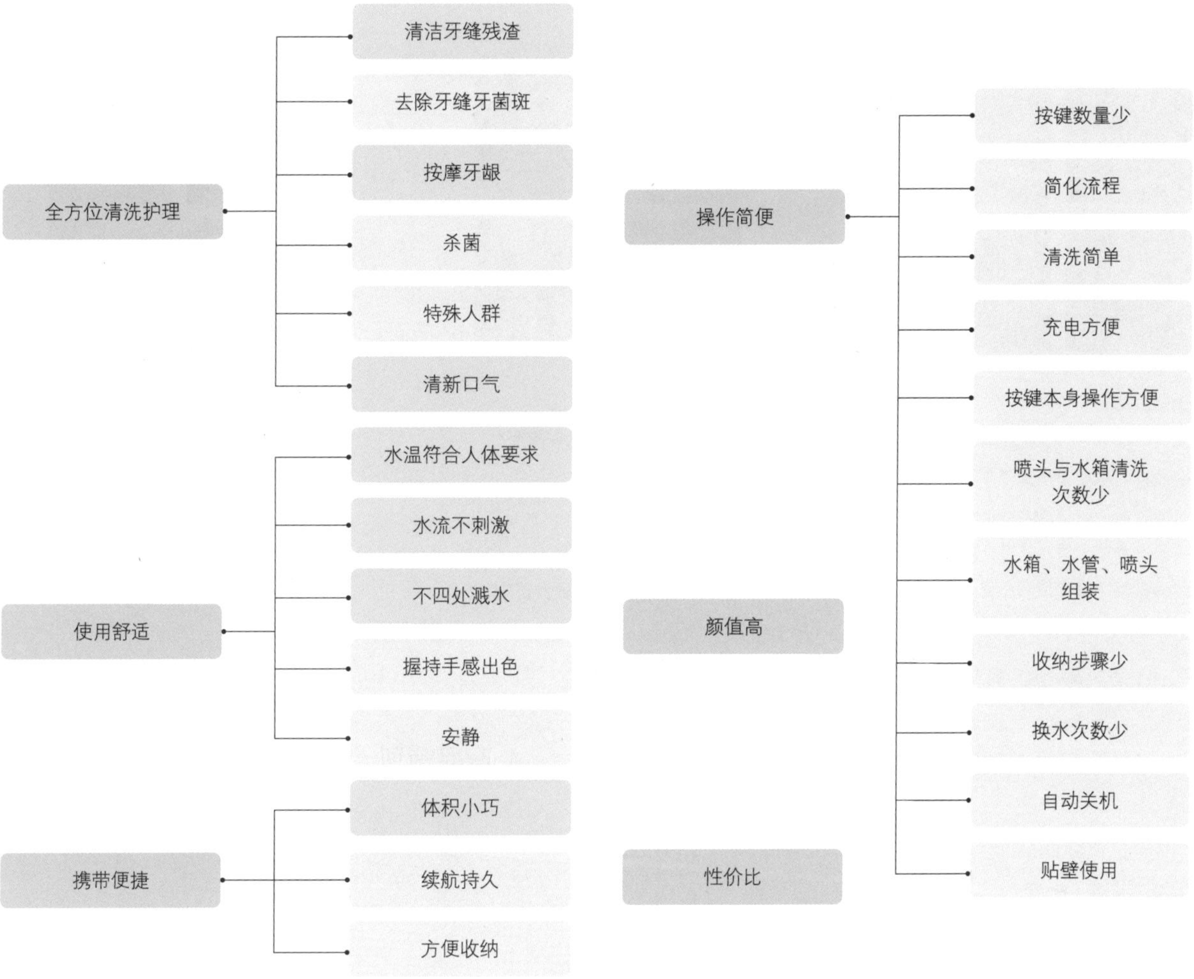

全方位清洗护理
清洁牙缝残渣
去除牙缝牙菌斑
按摩牙龈
杀菌
特殊人群
清新口气
使用舒适
水温符合人体要求
水流不刺激
不四处溅水
握持手感出色
安静
携带便捷
体积小巧
续航持久
方便收纳
操作简便
按键数量少
简化流程
清洗简单
充电方便
按键本身操作方便
喷头与水箱清洗次数少
水箱、水管、喷头组装
收纳步骤少
换水次数少
自动关机
贴壁使用
颜值高
性价比

图 2-2-33　冲牙器产品用户主要需求分析

竞品样机－体验
1
2
3
4
5
洁碧
按摩功能
Panasonic
Doltz 气泡水流技术
Jetpik
双线技术（水牙线＋水脉冲）
Oral-B
活氧气泡技术
Philips
微爆气流技术

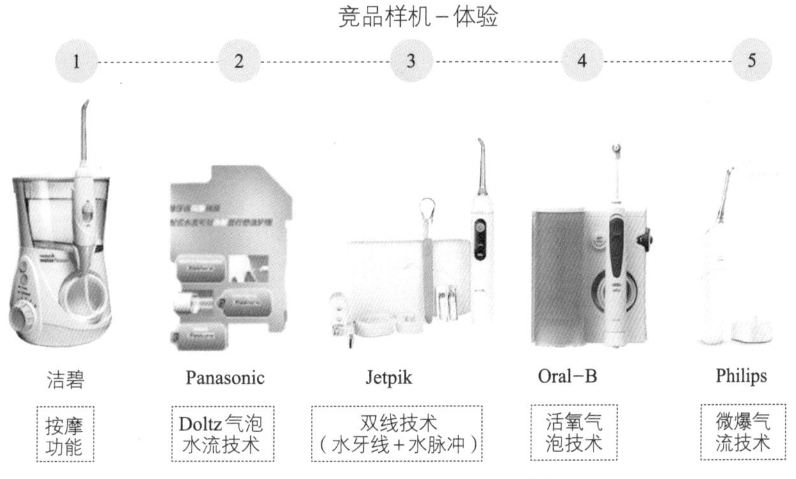

图 2-2-34　明确竞品关键信息

用户研究 ➤ 用户行为切片分析

Panasonic
Doltz气泡水流技术

使用前

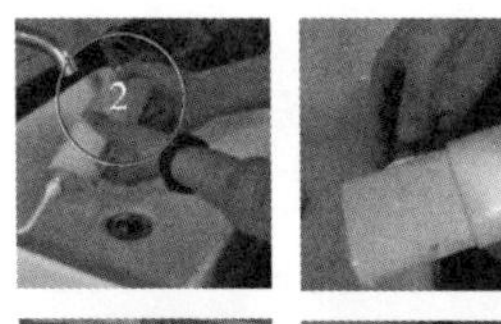

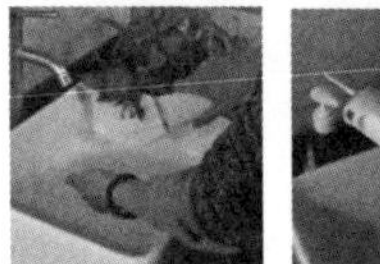

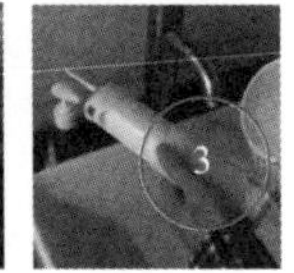

优点：功能按钮设计简单
伸缩设计便携简单
缺点：前期准备步骤较多
需平放角度才能接满水
会有少量水从接口处溢出
体验较差，首次使用不便

使用中

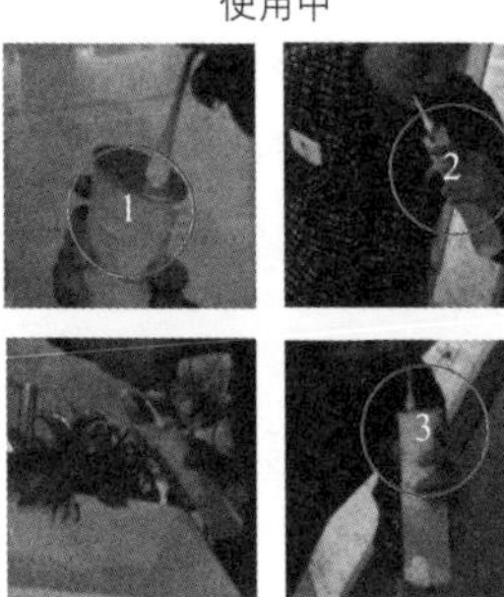

优点：易于更换刷头
冲力过大，易于清洗
缺点：持握手感较差
挡位调节不易
使用时不能转动喷头深入口腔
两挡调节，无适合挡位

使用后

优点：方便收纳，简单快捷
机身水冲洗，水电安全
缺点：喷头容易滋生细菌
喷头接口直接裸露
收缩时必须倒掉水箱多余的水

图 2-2-35　使用 Panasonic 产品的用户行为切片分析小结

注：①②③表示用户痛点

用户研究 ➤ 用户行为切片分析

Jetpik双线技术
（水牙线＋水脉冲）

使用前

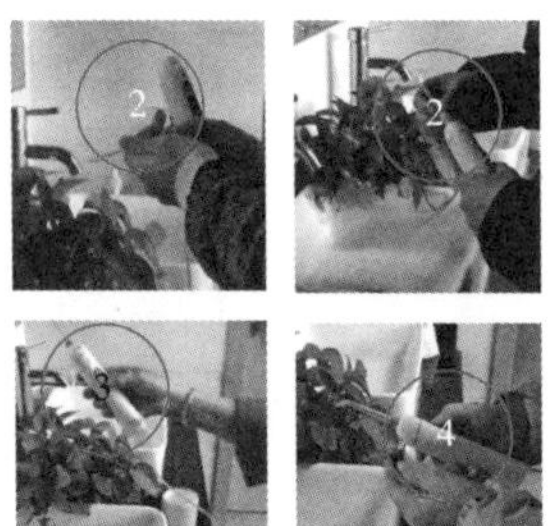

优点：噪声相对小，振动小
功能按钮设计简单
缺点：经常更换牙线
杯子、水管、冲牙器组装不便
冲力调节不明显
容易对开关和调节推钮误操作
体验较差，首次使用不便

使用中

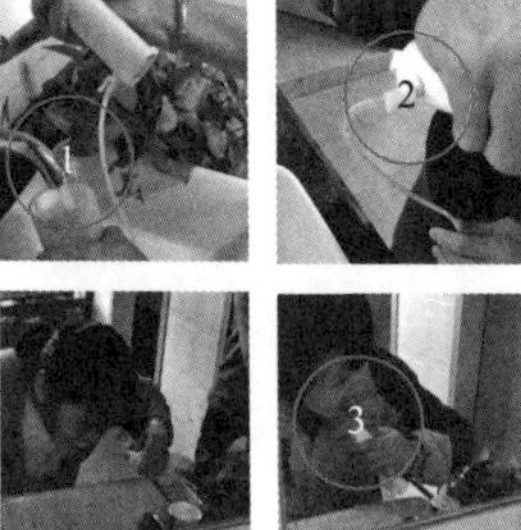

优点：水流温和
缺点：水花四溅，需手动灌水
水管短，有可能摔坏杯子
不能有效定位牙齿
冲力小，总是抽不上水

使用后

优点：总体效果一般
缺点：整理缠线麻烦
无电量显示，总是需要拆装
无存放充电器位置
充电底座不平，放桌上易倒

图 2-2-36　使用 Jetpik 产品的用户行为切片分析小结

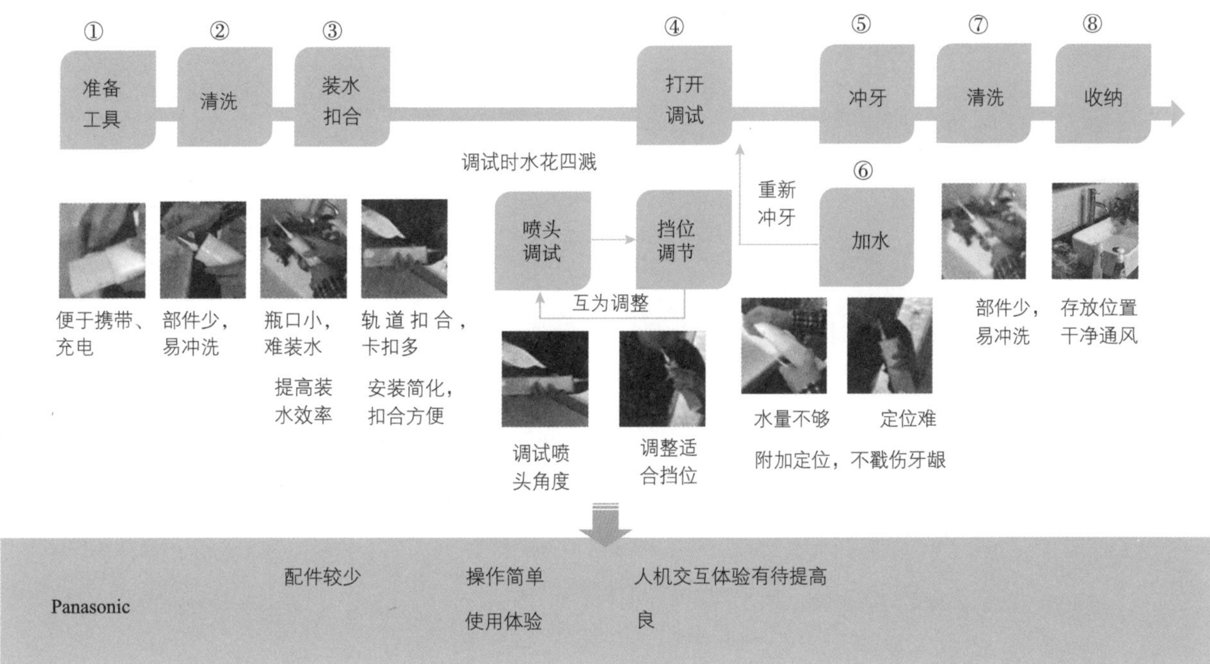

图 2-2-37 产品使用流程分析 1

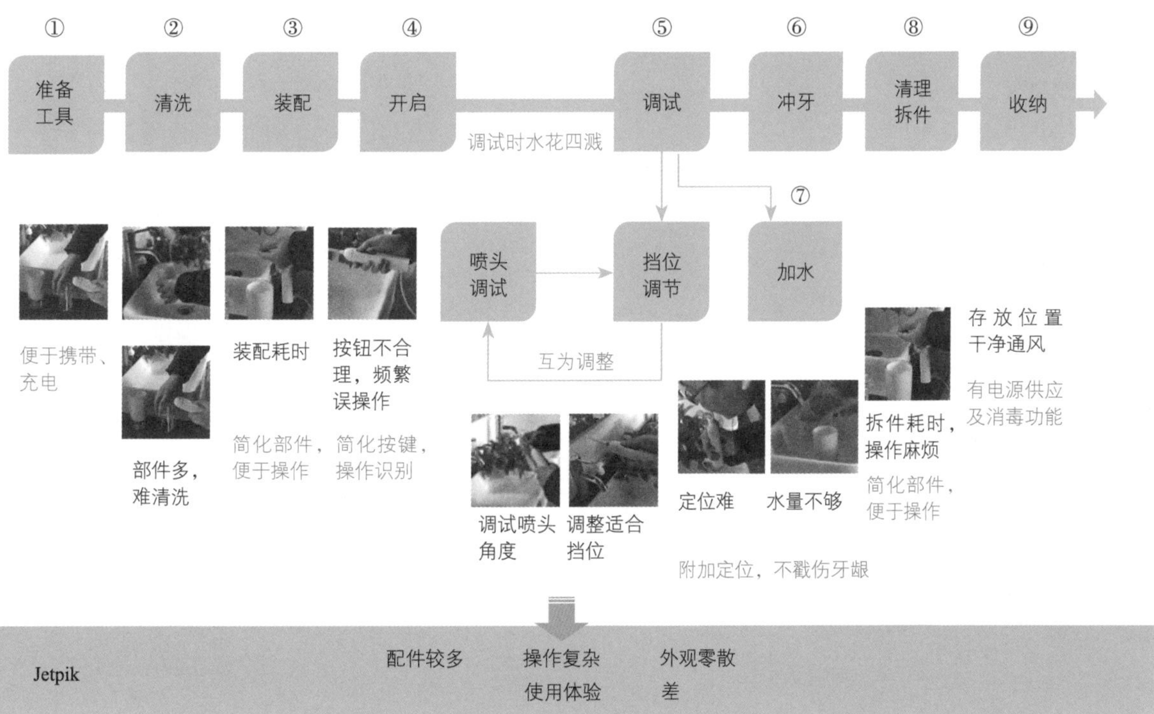

图 2-2-38 产品使用流程分析 2

用户研究 ➤ 产品机会点洞察

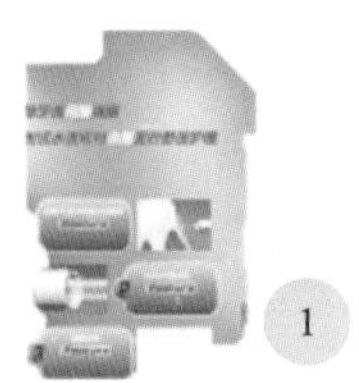

特点功能多样
（水脉冲）
使用烦琐　外观整体

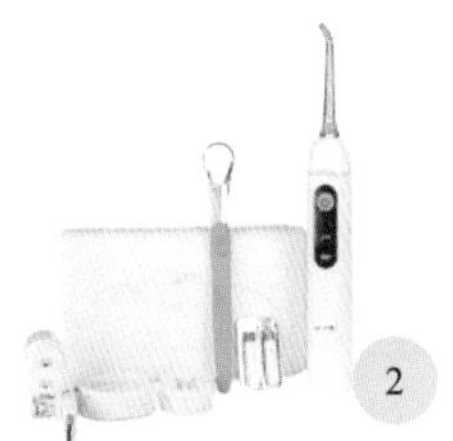

特点功能多样
（超声波刷牙、水冲、便捷）
配件较多　操作复杂　外观零散

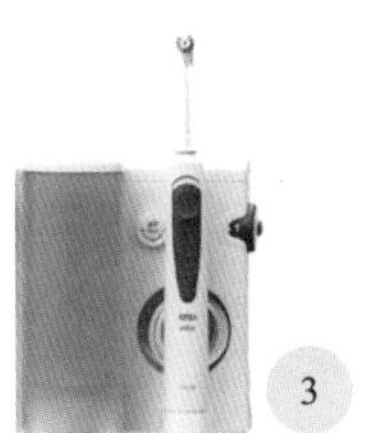

特点功能单一
（水脉冲）
使用简单　外观整体

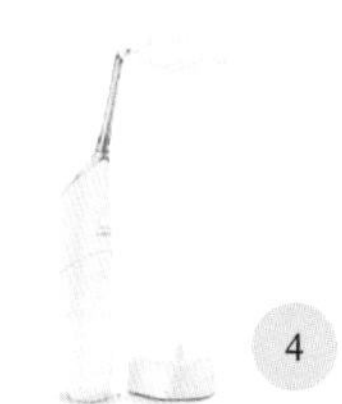

特点功能专一
（微爆气流冲洗）
功能专一　使用方便　时尚美观

使用流程　机会点洞察

<table>
<tr><th>视觉</th><th>触觉</th><th>听觉</th><th>功能</th><th>其他</th></tr>
<tr>
<td>●外观轻巧，有持握感
●主体色调清新，产品配色高级
●友好合理的按键布局
●部件及功能按键清晰，易于识别拆装
●不同工作状态均有提示灯</td>
<td>●拆装方式：防水性，有弹力反馈
●界面操控：按键明晰的力反馈
●操作方式：滑动推键，按键反馈，显示屏
●手柄持握感（软胶）：刷头软材料应用（不戳伤牙龈），定位性好</td>
<td>●开机及完成后设定铃声提示
●工作状态噪声控制
●功能按键操控提示音
●组装扣合的声音反馈</td>
<td>●脉冲水流技术
●冲洗模式自动切换
●冲洗挡位可选
●传感器提醒技术
●烘干消毒＋紫外线杀菌
●可旋转喷头，可以定位</td>
<td>●考虑产品储放和携带
●外包装及送礼的形式设想
●附加消毒盒、便携盒</td>
</tr>
</table>

图 2-2-39　使用流程机会点洞察

产品策划 ➤ 功能定义及实现分析

<table>
<tr>
<td></td>
<td>水＋气泡冲洗（抑菌，轻柔）
防溅射喷头
按摩牙龈（花洒，雾状水流）
抑菌材料使用</td>
<td>任意粘贴墙壁
智能识别
水箱自动清洗
细菌监测
充电使用</td>
<td>任意粘贴墙壁
防溅射喷头
使用抑菌材料
静音设计</td>
<td>温控功能</td>
</tr>
<tr>
<td>差异功能</td>
<td>携带不占地方
可定位牙缝
中型水箱
灭菌水添加（盐水、漱口水）
水箱翻扣收纳
静音设计
水洗机身
自动关机
收纳包</td>
<td>UV喷头杀菌
变频</td>
<td colspan="2">水＋气泡冲洗（抑菌，轻柔）
可定位牙缝
按摩（线型水流）
小水箱／无水箱／伸缩水箱
不同人群需要的喷头（标准，正畸，牙周袋，舌苔，鼻腔）
防爆装置
干电池供电
收纳包</td>
</tr>
<tr>
<td>基本功能</td>
<td colspan="2">水冲清洗
连续＋脉冲模式选择
多挡位调节
超大水箱（1000毫升）
不同人群需要的喷头（标准，正畸，牙周袋，舌苔，鼻腔）
喷头收纳</td>
<td colspan="2">水冲清洗
基本模式选择
大水箱（150—200毫升）
无线、USB充电及提示
水洗机身
喷头收纳</td>
</tr>
<tr>
<td>类型</td>
<td colspan="2">水箱外置型</td>
<td colspan="2">水箱内置型</td>
</tr>
</table>

图 2-2-40　冲牙器产品功能策划

2.产品定义

根据前期用户调研的结果，建立不同用户模型，并分析用户需要的技术。以图2-2-41至图2-2-44中两个用户模型为案例，分析产品定义的过程。企业结合多个用户画像与需求分析，最终确定三个开发方向，分别为家用款、超级便携款和家用便携款（高档款），如图2-2-45所示。

产品定义 ➤ 用户需要模型及技术、功能配置

用户画像A　家用基本款

性价比
口碑　品牌
外观　家庭
关爱家人健康　简便
基本功能　可靠

实用主义者，关注降价和特价产品，易受他人影响，以大卖场、超市、网购为主。
追求实用、安全、便宜，看重产品的基本功能。

精简功能，控制成本，满足多群体消费者使用；操作简便，产品可靠性好，树立品牌口碑。

图2-2-41　用户A画像

产品定义 ➤ 用户需要模型及技术、功能配置

用户群体A 需求层级

一级需求>　性价比
全方位清洗护理
使用舒适
操作便捷

二级需求>　颜值高
携带便捷

温控功能：36℃，维持牙龈正常血液循环，温和不刺激
可选喷头：喷头可快捷切换，功能分别满足正畸、种植牙、舌苔需要；清洗/按摩功能切换；防溅射；精准定位
水洗机身：减少使用风险，无清洁死角
模式调节：滑动触控或旋钮、按键方式，待定
水+气泡冲洗：水中活氧技术，抑菌并柔和水流
静音设计
抑菌材料应用：抑制常温潮湿条件下霉菌等生长
自动关机：电机空转一段时间后自动关机

宽电压使用
喷头收纳隔间（2只）
外置中型水箱
拓展产品：洗鼻器，多型喷头，牙缝刷，电动牙线棒，消毒盐，冲口水，精油，LED防雾镜，消毒盒，防湿衣手带

图2-2-42　用户A所需产品定义

产品定义 ➤ 用户需要模型及技术、功能配置

用户画像B　便携款

急躁

外观　空间感

时间感

旅行出差

简便

个人护理

用完即走

携带便捷

特殊场景使用者，关注功能及操作使用，易受他人影响，以大卖场、网购为主。

追求可靠、便捷，看重产品基本功能。

解决用户特殊场景痛点，满足用户差异化需求；携带及操作便捷，产品可靠性好。

图 2-2-43　用户 B 画像

产品定义 ➤ 用户需要模型及技术、功能配置

户群体B 需求层级

一级需求>	携带便捷
	使用舒适
	颜值高
	操作简便
二级需求>	全方位清洗护理
	性价比

可选喷头：喷头可快捷切换，功能分别满足正畸、种植牙、舌苔需要；清洗 / 按摩功能切换；防溅射；精准定位

水+气泡冲洗：水中活氧技术，抑菌并柔和水流

无水箱：水管接外置收纳杯

优化机身重心：表面材料选择及造型利用表面纹理、材料触感等优化外观及握持体验：塑料，橡胶材质，扁圆形截面造型，极简风格

粘贴墙壁：设计单独壁挂配合粘贴

收纳杯：带集线功能，充电器功能

喷头收纳隔间（1只）

模式调节：机身3挡模式调节及开关机键

宽电压使用：USB无线充电，机身带电量提示

水洗机身：机身可水洗，减少使用风险，无清洁死角

图 2-2-44　用户 B 所需产品定义

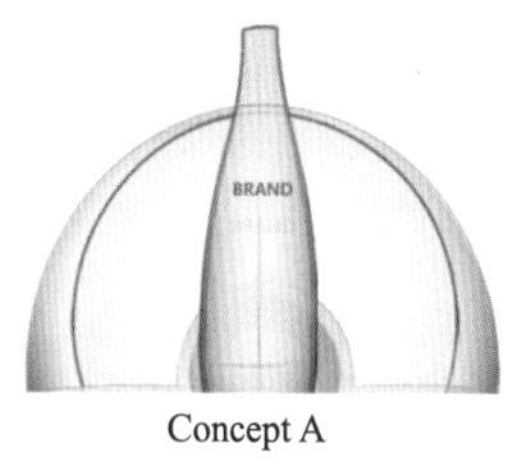

Concept A
家用款

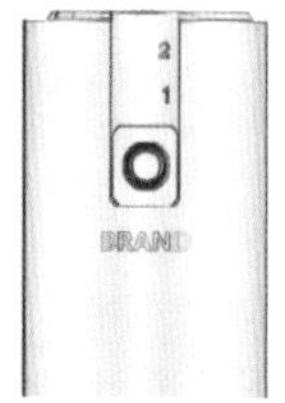

Concept B
超级便携款

Concept C-1
家用便携款

图 2-2-45　产品方向

3. 创意草图

基于家用款、超级便携款以及家用便携款的产品定义，绘制创意草图。通过草图筛选讨论，将家用款的关键词定为圆润、造型饱满、亲和力强、易清洁；将超级便携款的关键词定为极简、便携 、环保主义；将家用便携款的关键词定为高档、满足多种需求。在此基础上，深入绘制草图，如图2-2-46至图2-2-51所示。

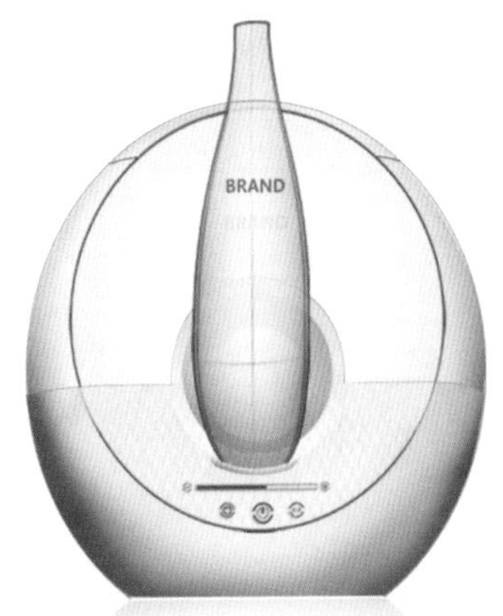

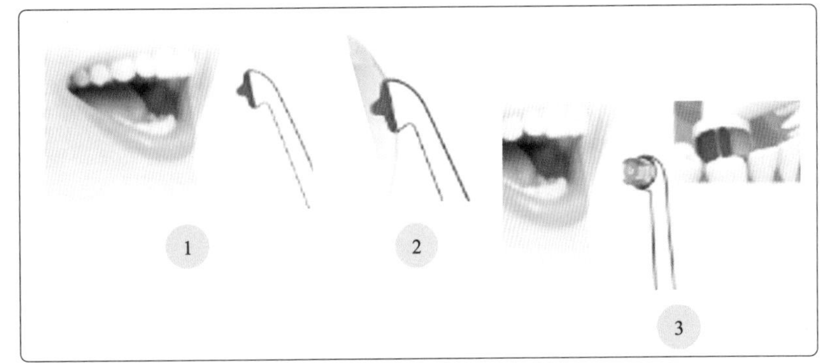

图 2-2-46　家用款产品意向图

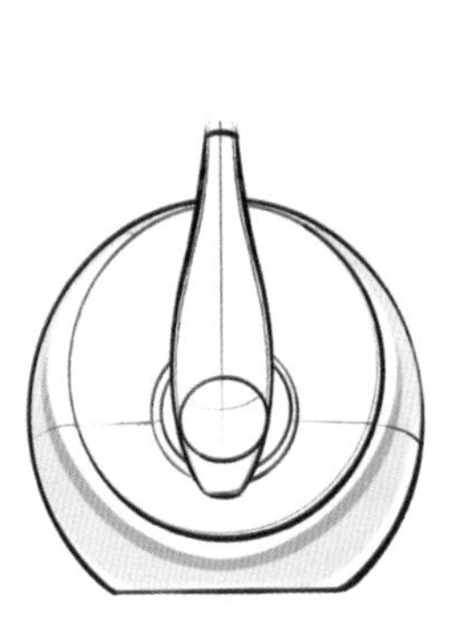

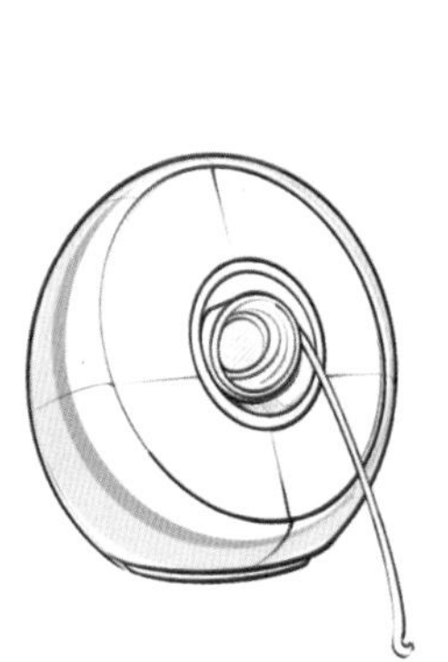

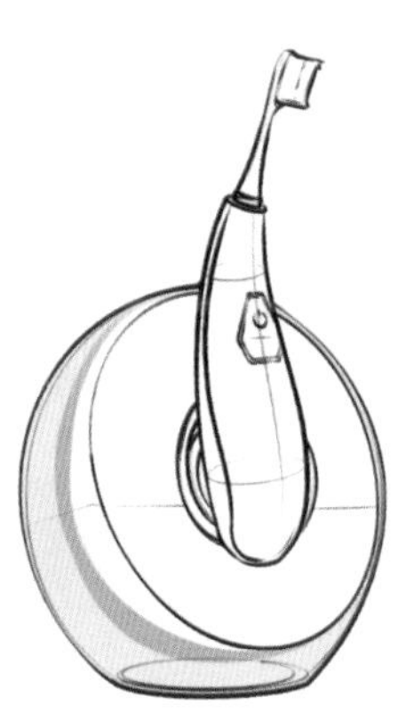

图 2-2-47　家用款创意草图

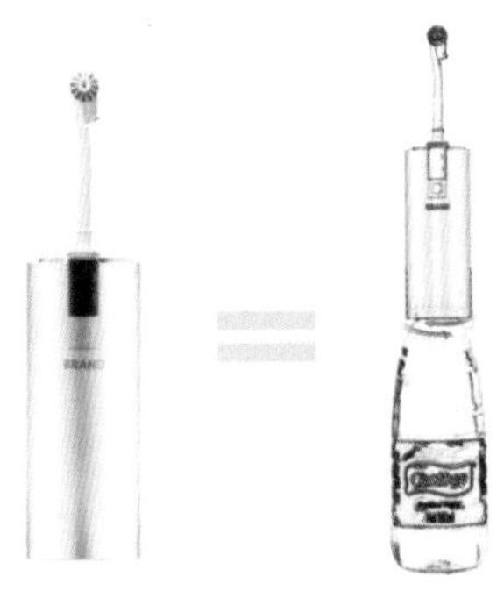

图 2-2-48　超级便携款产品意向图

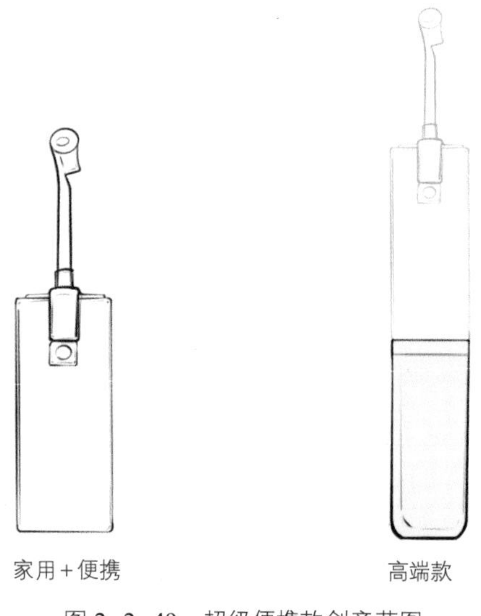

图 2-2-49　超级便携款创意草图

图 2-2-50　家用便携款产品意向图

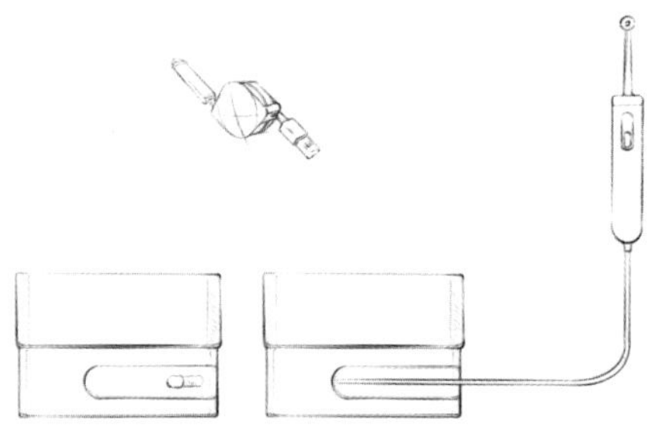
图 2-2-51　家用便携款创意草图

4.方案选定

如图2-2-52所示，经过对三个方案的技术构想分析、成本分析与原型制作验证，结合企业自身产品线与企业发展策略，最终选定家用便携款为产品开发方案，后续开展深入设计，如图2-2-53至图2-2-55所示。

方案比较 ➤ 技术构想

类型	家用基本款	便捷商旅款	家用便携款
技术突破	温控功能 可选喷头 水洗机身 压力、模式调节（滑动触控） 水+气泡冲洗 静音设计 抑菌材料应用 自动关机 宽电压使用 喷头收纳隔间（2只）	可选喷头 水+气泡冲洗 无水箱/小水箱/伸缩水箱/固定水箱 优化机身重心，表面材料选择及造型 粘贴墙壁（选配） 喷头收纳隔间（1只） 模式调节	温控功能 可选喷头 极简风格机身 压力、模式调节（滑动触控，自动启动） 隐藏式水管 水+气泡冲洗 静音设计 可充电，自动关机 宽电压使用 喷头收纳隔间（多只） 可翻扣水箱 收纳盒（可供电）
技术难度	★★★★	★★★	★★★★★
制造成本 开发周期	制造成本：90—120 元 开发周期：7—9 月	制造成本：90—100 元 开发周期：7—9 月	制造成本：150—200 元 开发周期：10—12 月

图 2-2-52　三个方案技术构想与成本比较

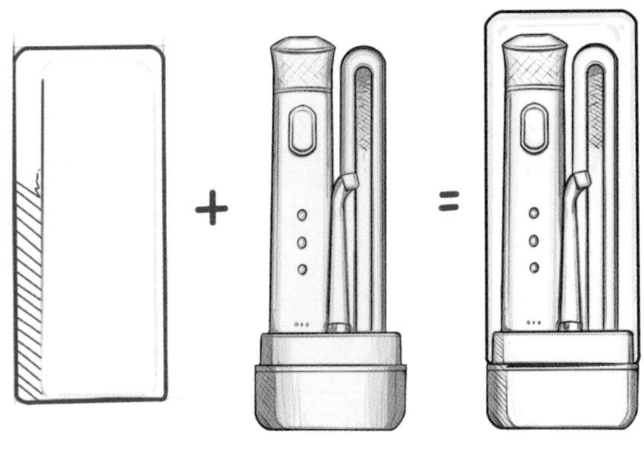

图 2-2-53 选定方案的深入设计 1

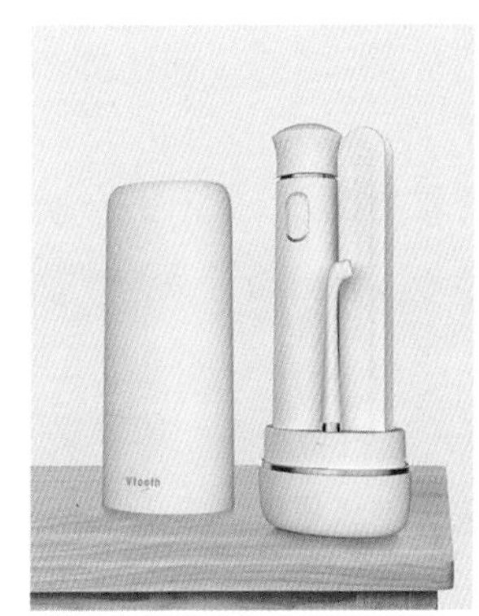
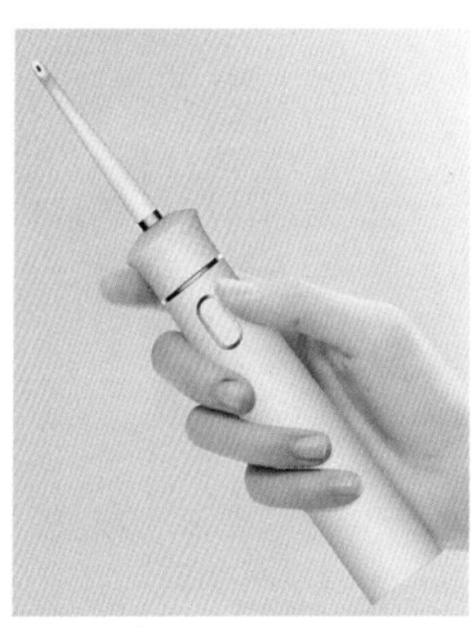

图 2-2-54 选定方案的深入设计 2

图 2-2-55 产品方案设计

三、实训任务：产品策略

（一）实训目标

1.知识目标

（1）了解设计程序中产品策略所需的各种方法。

（2）能够综合运用多种方法激发设计创意。

（3）理解原型验证目的，掌握原型验证基本方法。

2.能力目标

（1）能够运用不同分析方法进行产品定义。

（2）能够应用技巧绘制创意草图。

（3）能够根据产品类型制作产品原型并验证。

3.价值目标

在产品策划及定义过程中培养学生精益求精的工匠精神、以人为本的工作态度和求真务实的科学精神。通过草图绘制及原型制作验证，进一步提升学生的创意思维、思辨能力和勇于创新的劳动精神。

（二）重难点分析

多方协同沟通、发挥项目组成员的不同优势、比对设计创意概念，分析产品优势，形成产品策略。熟练掌握创意草图绘制技巧，并使得创意草图成为有效沟通设计方案的手段。筛选简单有效的工具或方法，快速、有效地完成产品原型验证。

（三）实训步骤

1.运用头脑风暴法、思维导图法、5W2H分析法、人物角色法等进行创意激发，分析产品与产品线，明确不同产品定义。

2.运用“长板理论”等方法明确产品功能定义。

3.运用文中的方法，完成创意草图绘制。

4.经讨论、投票等方式筛选部分产品方案。

5.运用草模制作技巧对筛选出的产品方案进行原型验证。

（四）任务清单

任务清单如表2-2-1所示。

表2-2-1　任务清单

序号	名称	内容	要求	数量
1	与项目组成员或企业方召开会议	运用头脑风暴法、思维导图法、5W2H分析法、人物角色法等进行创意激发，分析产品与产品线，讨论产品定位	充分运用项目组成员的知识、经验，深入讨论产品线与产品定位	1次或多次
2	与项目组成员或企业方召开会议	运用“长板理论”等方法明确产品功能定义	充分运用项目组成员的知识、经验，深入讨论产品功能与可行性	1次或多次
3	绘制创意草图	运用联想、移植等方法，完成创意草图绘制	应用绘制草图技巧，快速记录灵感、推敲设计思路，探讨设计概念，促进沟通与交流	多张
4	与项目组成员或企业方召开会议	经讨论、投票等方式筛选部分产品方案	充分运用项目组成员的知识、经验，再次筛选符合项目要求的产品设计方向	1次或多次
5	进行原型验证	运用草模制作技巧对筛选出的产品方案进行原型验证	选择适合材料，根据项目要求，进行草模制作，以推敲设计概念可行性、基本尺寸等	多次

第三节 实战程序3：深入设计

深入设计阶段是基于产品策略对各种方案进行综合分析并解决问题的阶段。设计师需要从形态、功能、结构等方面综合考虑，遵循设计原则，完善设计方案以呈现最终的设计结果。在此阶段不仅要考虑产品本身，也得紧扣前期的调研和策略，确保最终产品能够满足用户需求、市场需求和技术要求。需要设计师、工程师、技术人员的参与。本节选择常用且有效的深入设计方法，进行知识点详解和案例分析，让学习者更好理解如何在实际项目中运用方法，并通过实训任务的练习帮助学习者学会如何进行产品形态、功能、结构、工艺的设计。

一、知识点

（一）产品形态设计

产品形态是产品功能的表现载体，也是表现产品风格的媒介，产品通过形态表现功能、语意、情感等。产品形态是信息的载体，设计师利用特有的造型语言，设计产品形态，利用产品特有形态传达设计师的思想和理念。

1. 影响产品形态设计的主要因素

一般来说，影响产品形态设计的主要因素有功能、环境、技术、材料工艺、结构、人机工程学等。功能是产品存在的前提，也是识别产品的基础，功能的不同导致产品形态出现质的差异，审美功能影响产品形态的风格特征；环境是针对某一特定主体或中心而言的一个相对的概念，产品不能离开使用环境孤立存在，环境的特征直接影响产品的形态；技术是人类利用自然、改造自然、创造人工自然或人工环境的方法、手段和技能的总和，技术进步是产品发展的推进器，也是产品形态演变的基础；材料工艺是产品具体化的必然步骤，不同的材料适合不同的加工工艺，材料和加工工艺最终都直接影响产品的形态特征；结构是产品功能得以实现的基本保障，产品的结构形式直接作用于产品的形态特征，正确把握结构形式，可以创造出好的产品形态；人体工程学主要是研究人与系统中各元素的相互作用，对人体工程学的理解和应用，是产品优化的依据，也是产品形态设计的指导原则。

上述因素有着不以人的意志为转移的自身规律和特点。设计师对这些因素的充分理解和尊重，是做好产品形态设计的前提。

2. 产品形态设计遵循的原则

（1）确切表达产品的语意特征

产品设计通过产品语意的把握使产品的功能与形式达到高度统一，产品能通过自身的形态特征，使消费者知道其具备什么功能、怎样操作、有什么精神文化意义，这是设计师在进行产品形态设计中的一个基本问题。如图2-3-1所示，调味罐在生

图 2-3-1 调味罐

活中起到至关重要的作用，佐藤大的Nendo工作室设计的这一系列产品巧妙地将生活习惯融入调味罐设计中，用生活理念创新设计；图2-3-2所示的香道用品设计，灵感来自济州岛的汉拿山，用黄铜体现山峰湖面阳光，香的温度和灼烧体现了功能与形式的和谐统一。

（2）合理延续产品的品牌风格

为了加强产品在消费者心中的印象，除了强化产品内在品质，在产品形态上也会赋予某种视觉特征，从而区别于其他品牌同类产品。通过运用某种固定的色彩搭配或线型特征，应用同款零组件、相似的外形结构、表面处理、技术特征等，强化品牌意象特征，让消费者一眼就能识别出属于哪一企业的产品或属于哪一系列的产品。图2-3-3所示的系列咖啡机就很好地体现了这点。

（3）充分展现产品的个性特征

富有个性的产品，从视觉和精神特质上都能引起人们的注意力。让产品具备个性是产品设计专业的一个基本要求，设计的创造性特征决定了设计师在进行产品形态创意设计时，要以富有个性的形态来诠释设计师对产品功能、使用对象的独特理解和深刻认识。如图2-3-4所示，名为“飘”的椅子是品物流形工作室结合了余杭纸伞的传统工艺，利用宣纸细腻的质感和韧性，将其制作成椅子，使其既具备温暖的触摸感，也能提供支持力，生动体现“非遗”文化在产品设计中的魅力。

（4）遵循常规的美学法则

一般来说，美学法则是指形式美的规律法则。常用的美学法则有统一与变化、对比与调和、对称与均衡、比例与分割、节奏与韵律等。产品形态设计需遵循美学法则才能设计出符合大众审美需求的形态。如图2-3-5所示，体现了各类产品的形式美法则。

3. 产品形态设计的常用方法

（1）1次造型

1次造型是从0到1的创造策略。设计师在画草图时或设计思考过程中放空的时刻，利用造型方法的推演运用，能够快速创造出无限的造型，实现从0到1的蜕变。

一次造型主要有拉伸成型、放样成型、旋转

图2-3-2　香道设计

图2-3-3　咖啡机

图2-3-4　名为“飘”的椅子

成型和多曲面闭合成型四种方法，图2-3-6所示是四种造型方法示例。拉伸成型是指一个特定的元素形态向一个特定的方向水平移动，留下的轨迹所产生的形态。放样成型是指特征线沿特定路径有节奏地移动后形成的形态，需要注意的是，特征线可以是多个相同或不同线形，大小、形状均可不同。旋转成型是指特征曲线沿特定路径或某一中轴线，旋转特定的角度形成的轨迹后产生的体。采用旋转成型原理，通过特征线的旋转路径也可构建出各式各样的形态；多曲面闭合成型可以理解为常见的包裹形态，即两个以上的特性曲面围合成一个封闭的空间所形成的形态，是常见的产品形态设计方法之一。基于两个不同的特征面，通过一定的空间包裹，再将包裹的两个型面之间补齐，形成封闭实体，使其满足特定空间的需求。

（2）2次造型

2次造型是一种从1到N的裂变策略。设计师在画草图或设计思考过程中思维局限时，采用变形方法推敲造型，能让造型从1到N产生无数裂变。

分割：指有目的地对形态进行分割，使其达到一定功能效果的手段，分割包含功能分割、形式分割、复合分割三种形式。功能分割是指为满足产品生产及实用功能而进行的分割方式；形式分割是指为了满足产品造型、色彩等美学上的系统思考而进行的分割方式；复合分割包括功能、形式两种效果的分割方式，如图2-3-7所示。

切削、堆积：通过对形态进行切削、堆积或叠加，达到一定的美学意图或功能意图，如图2-3-8所示。

弯曲、扭曲：通过对形态进行弯曲、扭曲达到一定的美学意图或功能意图，如图2-3-9所示。

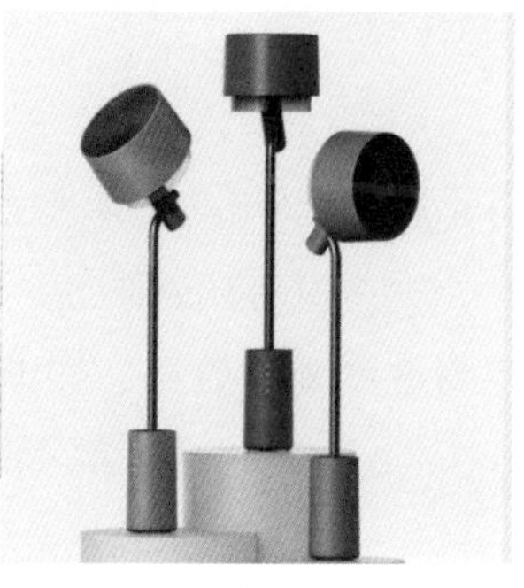

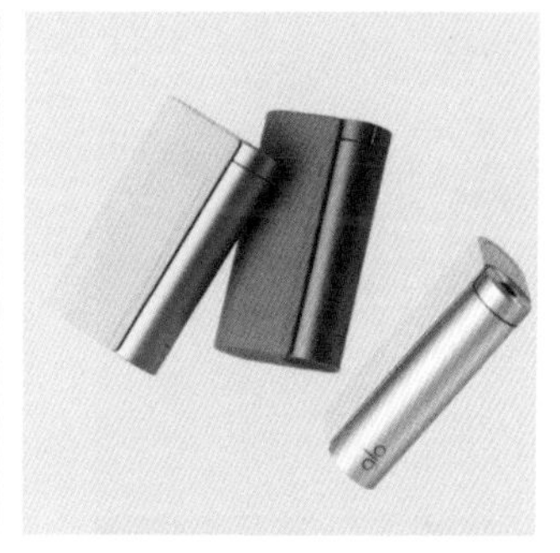

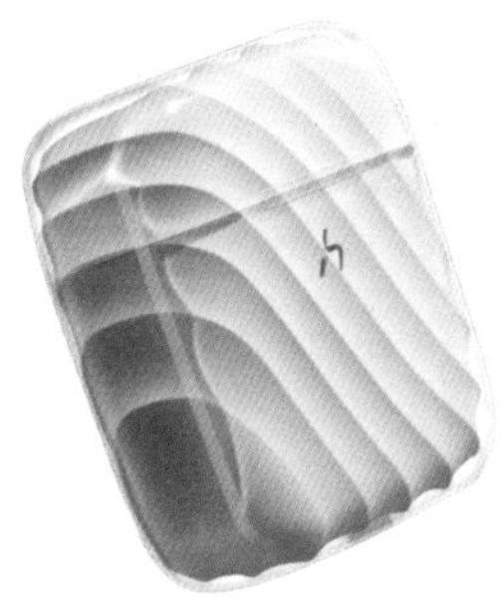

图2-3-5 各类产品的形式美法则

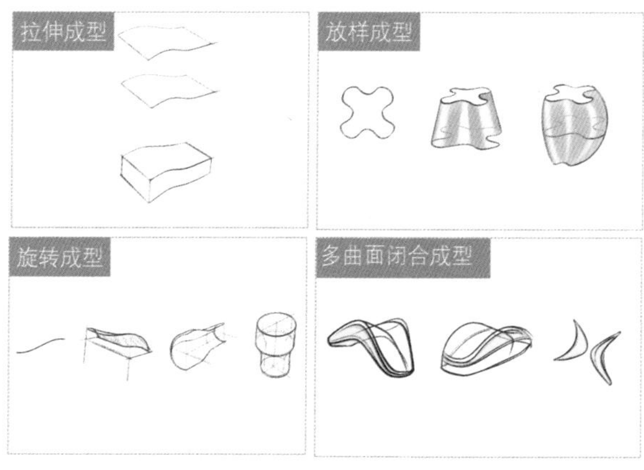

图2-3-6 1次造型的四种方法示例

图2-3-7 分割示例

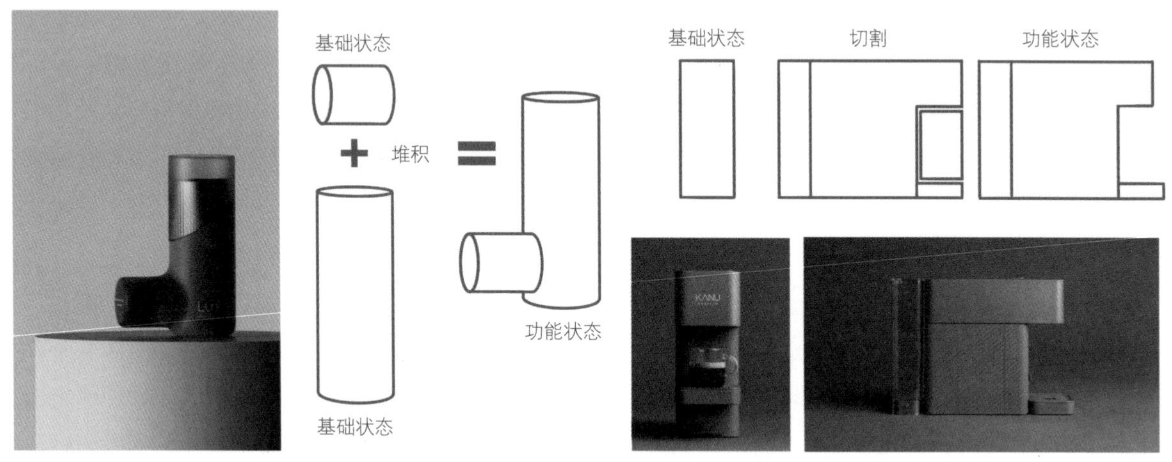

图 2-3-8　切削、堆积示例

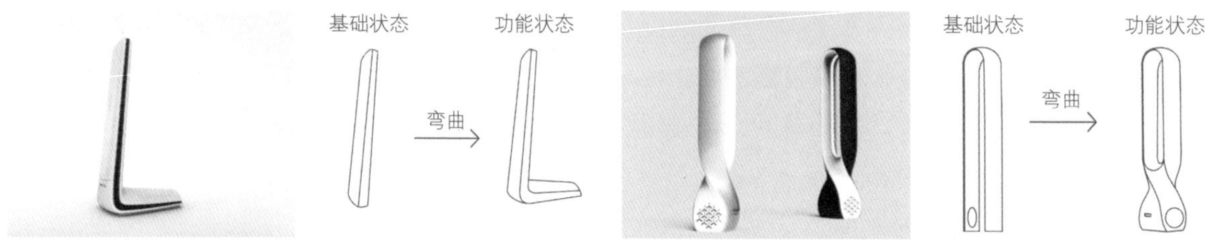

图 2-3-9　弯曲、扭曲示例

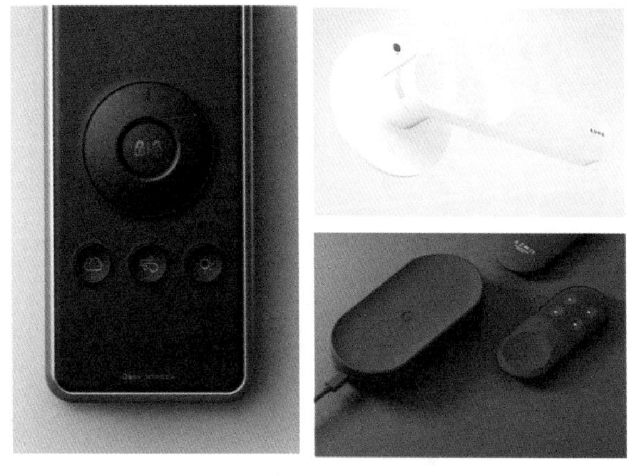

图 2-3-10　凹凸示例

凹凸：通过形态的凹凸处理，形成特定形态记忆，强化其使用习惯及方式，多用于按键操控上，也可以用于美学的视觉补偿，如图2-3-10所示。

断与连："断"是指对原来连续完整的线、面、色彩等元素进行拆分，以多个片面元素来呈现，"连"则和"断"完全相反，指将多个线、面、色彩等元素连接为一个整体来呈现，如图2-3-11所示。

折：多用在曲面上，通过对曲面连续的改变，丰富曲面视觉效果，如渐消面、凌形面等，如图2-3-12所示。

（二）产品CMF设计

CMF是英文单词Color（色彩）、Material（材料）、Finishing（加工工艺）的缩写，其含义是指针对产品设计中有关产品"色彩、材料和加工工艺"进行专业化设计的知识体系和设计方法。

CMF设计是一种融设计、工程和供应链管理为一体的设计方法。CMF设计从学术角度看，研究的是产品质量与用户心理体验之间的联系；从商业角度看，它依赖市场趋势和用户需求，选择合适的色彩、材料和加工工艺，形成独特的竞争力。CMF设计是一种重实践、重科学、重艺术、重趋势的设计方法，旨在提高产品视觉品质竞争力。同

常规形态

打断

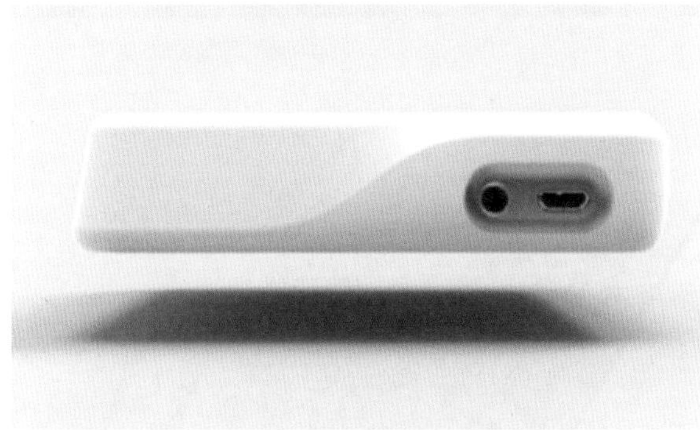

图 2-3-11　断与连示例

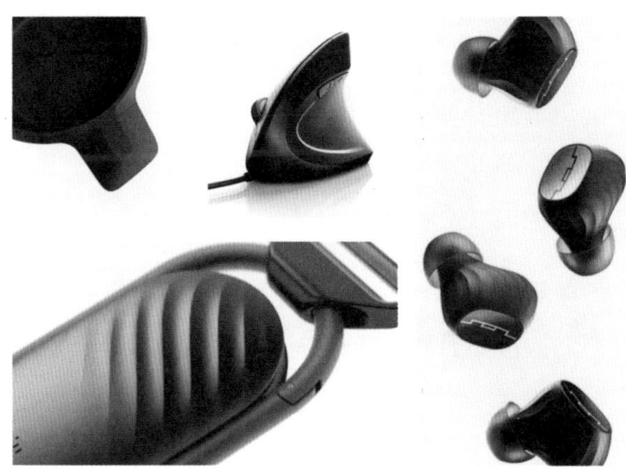

图 2-3-12　形态的折示例

时，它也是工业社会市场经济高度发展的产物，并且是一个专业化新型工种、专业化新型设计模块、专业化跨行业交叉学科的特殊技能。

虽然CMF从字面上只有“色彩、材料和加工工艺”，但是在具体的设计中包含了四大要素，除了Color（色彩）、Material（材料）、Finishing（加工工艺）三个要素，还有一个重要的、人们容易忽视的要素——Pattern（图纹）。原先许多材料的Pattern是自然形成的。然而，如今的CMF设计中，Pattern的设计成为整体设计不可分割的重要部分，因此，现如今CMF设计实际上包括四大要素，即CMFP。

CMF设计是四大核心元素之间相辅相成和相互制约的学问。

色彩（Color）是产品外观效果的首要元素，是人类视觉直观感受最为重要的部分，同样的造型采用不同的色彩，最终呈现的外观效果会有很大差别，并且带给消费者的感觉也千变万化，所以色彩是产品外观品质创意的重要源泉。如图2-3-13所示，华为P60系列手机体现了色彩对外观的影响。

材料（Material）是产品外观效果实现的物质基础和载体。材料是决定工艺、色彩和性能的先决条件。新型材料与材料的新应用对CMF设计的重要性不言而喻，它们为产品创意提供了广阔的空间。没有材料，无论是工艺还是色彩都将只是空中楼阁。图2-3-14至图2-3-17展示了塑料、金属、陶瓷和玻璃等常用材料。

加工工艺（Finishing）是产品成型及外观效

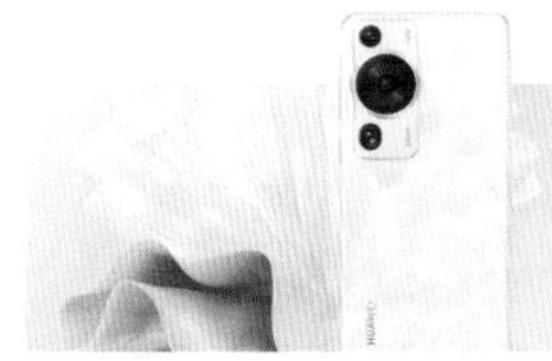

洛可可白，浪漫优雅，
每一支都独一无二

羽砂紫，抗指纹羽砂工艺，
闪耀梦幻

羽砂黑，抗指纹羽砂工艺，
深邃内敛

翡冷翠，亮面玻璃工艺，
温润典雅

图 2-3-13　华为 P60 系列手机

图 2-3-14　塑料

图 2-3-15　金属

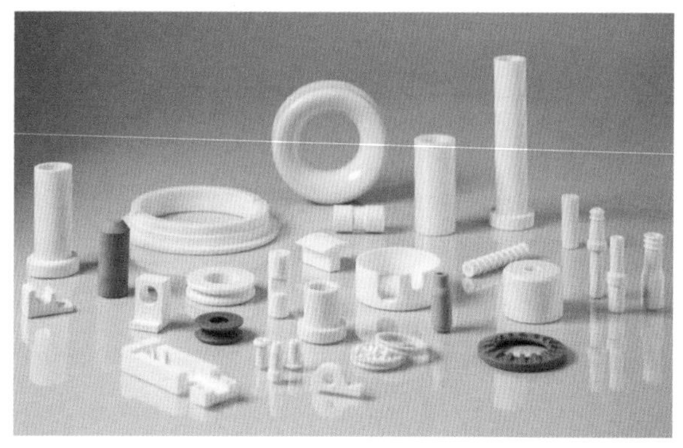

图 2-3-16　陶瓷

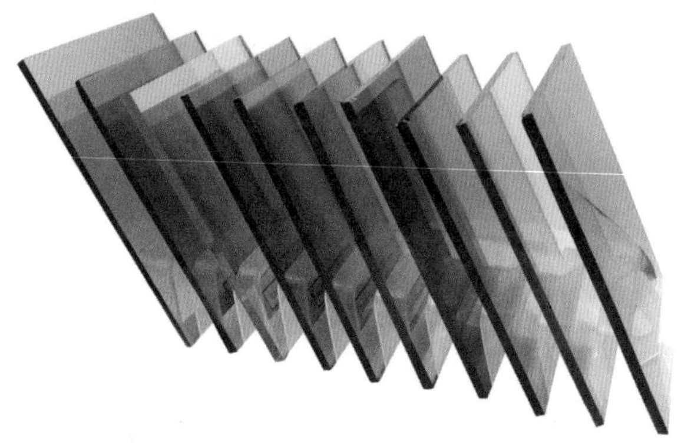

图 2-3-17　玻璃

果实现的重要手段。工艺包括成型工艺和表面处理工艺两大类别。材料离开工艺不成型，没有型也不成器，产品也不成立。所以加工工艺与材料之间相辅相成的关系是产品构建的基础，无论是产品的结构，还是产品的外观，都是材料与色彩、工艺互助的结果，工艺决定了可适用的材料与可实现的色彩。

图纹（Pattern）在CMF设计中主要包括两个方向，即装饰性和功能性。如今的图纹设计不仅包括二维图形的符号特征，也包括三维立体肌理特征。随着设计多维度的发展，深层次提升图纹设计的符号含义和视觉体感是CMF设计的重要课题。当然，图纹视觉效果和情感魅力的实现将会受限于色彩、材料与工艺，图2-3-18展示了一些图纹示例。

1. 色彩（Color）

色彩是CMF设计的重点，也是消费者对于产品感知的首要因素。目前许多知名品牌都极为注重产品中的色彩设计，并把色彩作为产品的核心卖点。色彩设计是一个非常感性的概念，从设计的角度看，色彩本身并不存在好与不好的问题。所以色彩设计研究的不是色彩本身，而是色彩与消费者情绪感知的对应关系，换句话说，研究的是一种情感共鸣度的问题。

一种色彩覆在某个特定的产品上，在使用环境和状态的综合作用下，能让消费者感觉到某种情感的高度认同，那么这种色彩设计就创造了消费，形成了企业想要的商业价值。如图2-3-19所示，OPPO R11巴萨限量版手机在CMF设计上大胆采用了撞色设计，在小小机身的金属面板上，让时尚潮流元素与氛围融入手机，给消费者带来意想不到的视觉和触觉上的多重认同。撞色虽然是一种直觉的把控，但要实现它，在技术上实属不易，也增加了手机的王者风范。

CMF色彩设计与色彩情感：色彩影响人的情绪及心理是有科学依据的，也是色彩心理学和美学被认同的重要原因。色彩通过人的体觉刺激人体，可以产生体感、心理和意识上的微妙反应。图2-3-20所示是几种常见色彩的情感属性。

2. 材料（Material）

材料是生产半成品、工件、部件和成品的初始物料。材料影响产品的质感、触感、观感等属性，直接关联用户的使用体验。常用的产品设计材料包括塑料、金属、木材、玻璃、陶瓷、复合材料、新型材料等。

（1）塑料

塑料是最常用的材料之一，对电、热、声具有

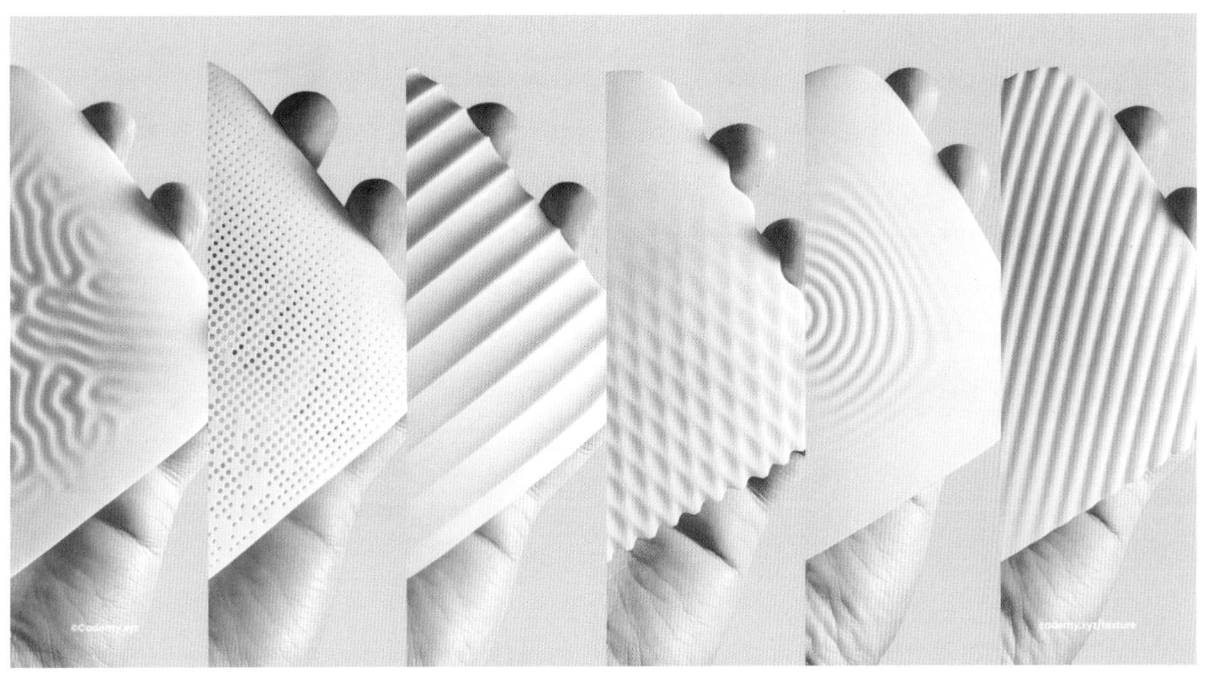

图2-3-18　图纹示例

图2-3-19　OPPO R11巴萨限量版手机

红色

红色具有兴奋、欢快和紧张的情感属性，在产品设计中把握好红色的情感魅力，会获得用户的情感认同。

黑色

在产品设计中，黑色的应用非常普遍，往往会给用户一种稳重、硬朗、干练的感受。

黄色

在产品设计中，合理地应用黄色，会给人轻快、透明、辉煌、充满希望的色彩印象。

白色

白色明亮干净、单纯雅致，在产品设计中有一种高级感和科技感的意象，但也会有一种单调、枯燥、冷淡、严苛的印象，通常需要和其他色彩搭配使用。

绿色

绿色是自然界中最常见的颜色之一，象征着生机、生命、青春和繁荣，具有友好、放松和平静舒适的情感属性。

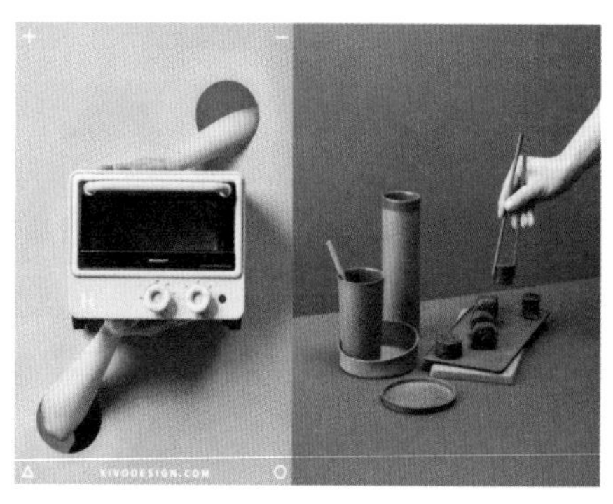

银灰色

银灰色是科技感最强的颜色，代表现代、效率、积极、先进、沉稳和冷漠，具有平和、先进和低调的情感属性。

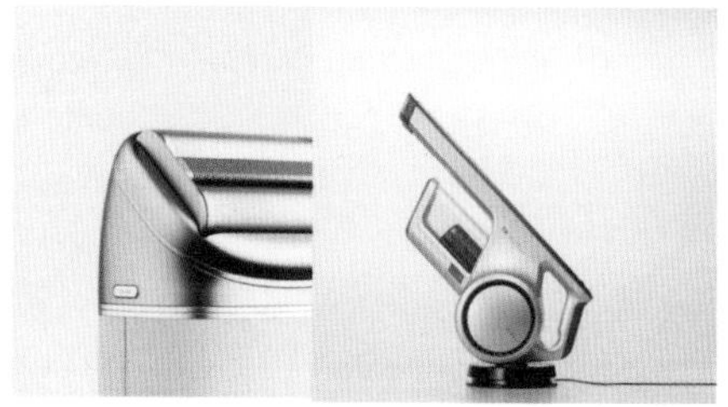

蓝色

蓝色能带来宁静的感觉，也能展现科技和效率，适合电脑、汽车、影印机和摄影器材等产品。淡蓝色朴素清澈，深蓝色前卫摩登，都能赋予产品睿智和超凡脱俗的光泽及清新明晰、合乎逻辑的设计态度。

图 2-3-20　色彩的情感属性

良好的绝缘性，以及电绝缘性、耐电弧性、保温性、隔音性、吸音性、吸振性和消声性等卓越特征。塑料的主要特点是质量轻，是目前轻量化材料的主力军。由于塑料成型工艺较多，适合制作成各种复杂造型，因此日常生活中的塑料产品具有造型多样且成本相对低廉的特点。

日常生活中最常见的是通用塑料，产量大、货源广、价格低，适用于大量应用，包含聚乙烯（PE）、聚丙烯（PP）、聚氯乙烯（PVC）、聚苯乙烯（PS）、丙烯腈－丁二烯－苯乙烯共聚合物（ABS）等，表2-3-1详细阐述了各类塑料的特点及应用，它们各具特点，适用于不同类型的产品设计和制造。在选择塑料时，需要考虑产品的使用环境、性能要求、成本等因素，并根据实际需求做出合理的选择。

（2）金属

由一种金属元素与其他元素（金属或非金属均可）熔合后形成的具有金属特性的物质称为合金。合金具有良好的特性，在实际产品中得到广泛使用。常用的几种合金材料有铝合金、铜合金、铁合金。值得一提的是镁合金。镁合金是一种轻型的结构材料，也是可回收的绿色材料，近年来备受设计界的关注。在汽车工业、电子工业、国防工业等领域应用广泛。如镁合金轮毂在重量上具有绝对的优势，所以在汽车和自行车上采用镁合金轮毂能达到轻量化的目的。图2-3-21展示了金属材料的广泛应用。

表2-3-1 塑料的分类和应用

类别	特点	应用范围	图例
聚乙烯（PE）	应用广泛，无臭、无毒、手感似蜡，具有耐低温性能（最低使用温度可达-100℃ — -70℃）、化学稳定性好、常温下不溶于一般溶剂、吸水性小、电绝缘性优良等特性	包装、塑料容器、管道系统、医疗器械、汽车部件	
聚丙烯（PP）	无毒、无臭、无味的乳白色高结晶聚合物，是目前所有塑料中最轻的品种之一。聚丙烯的水稳定性好，化学成分稳定，防腐蚀效果良好，还具有良好的耐热性。虽成型性好，但厚壁制品易凹陷，对一些尺寸精度需求较高的零件，很难达到其要求	塑料容器、家居用品、医疗器械、汽车部件、工业用品	
聚氯乙烯（PVC）	在全球的合成材料中，用量位列第二。具有不易燃、强度高、硬度高、耐摩擦、几何稳定性良好等特性。但不耐高温，在高温中易软化。在色彩方面，PVC本身是微黄色半透明有光泽的质感，但成品稳定性较差，长时间使用会发黄，且曲折处会出现白化现象	一般应用于保鲜膜、塑料鞋及革制品、薄膜、电缆、塑料袋	
聚苯乙烯（PS）	一种无色透明的热塑性塑料，具有高于100℃的玻璃转化温度，因此经常被用来制作各种需要承受开水温度的一次性容器，以及一次性泡沫饭盒	一次性泡沫饭盒、梳子、盒子、圆珠笔杆、儿童玩具、塑料购物袋等	
丙烯腈（A）-丁二烯（B）-苯乙烯（S）共聚合物（ABS）	ABS是一种强度高、韧性好、易于加工成型的热塑性高分子材料结构，其综合性能良好，化学稳定性好，电性能良好，有高抗冲、高耐热、阻燃、透明的特性，同时ABS塑料具有很好的成型性，加工出的产品外表光洁，表面可做电镀、喷漆处理	ABS应用范围广泛，包括汽车、电子电器、办公设备、通信设备等产品	

图 2-3-21　金属的应用

（3）陶瓷

陶瓷是一种无机非金属材料，大体分为传统陶瓷（生活陶瓷）和精细陶瓷，这里所介绍的为CMF领域常用的精细陶瓷（又称为先进陶瓷、新型陶瓷、工业陶瓷），其成型及加工工艺都与传统陶瓷有较大的差异，所以在应用领域上也有较大的不同。传统陶瓷主要指日用陶瓷，这一类陶瓷不在CMF讨论范围。精细陶瓷广泛应用于消费电子、智能穿戴等领域。图2-3-22展示了陶瓷材料在各类产品中的广泛应用。

（4）玻璃

玻璃是一种无机非金属材料，应用广泛，如图2-3-23所示。玻璃需要进行复杂的深加工才能使用，如裁切整形、弯曲、印刷、电镀等。玻璃工艺的创新已经渗透到原片上，如有色非透光质感、多样印刷方式、渐变色、镀膜、UV转印、色带转印、镭雕和蚀刻等。这些创新帮助设计师在CMF设计中创造出多样化的效果和表现手法。

（5）新型材料

随着可持续设计的提倡和技术的发展，发明了很多新型材料，这些新型材料可以为设计师提供更多的选择，目前，比较受欢迎的新型材料有碳纤维、微米纤维、陶瓷复合材料、新型高分子材料等。

碳纤维是一种由碳元素构成的纤维状材料，具有高强度、高模量、轻质、无热膨胀、耐腐蚀和导电性等特点。在航空航天、汽车、体育器材等领域，它已经取代了传统金属材料，成为一种非常重要的结构材料，如图2-3-24所示，由Bygen研发的无链条自行车车身框架采用碳纤维材质，全车仅重7千克，轻便至极。如图2-3-25所示，Timothy Schreiber设计的碳纤维椅子，造型简约流畅，是与航空航天以及赛车制造商合作生产的轻薄椅子。

微米纤维是一种非常细小的纤维材料，直径只有几微米，非常柔软且易弯曲，可以制成不同形状和纹理的材料。

陶瓷复合材料具有很高的硬度和韧性，同时具有良好的抗磨损性和耐腐蚀性，可以帮助设计师创造出独特的表面效果。

新型高分子材料可以通过改变分子结构和化学组成实现不同的物理性能，如强度、硬度、透明度等。

以上材料可以用于设计各种产品。

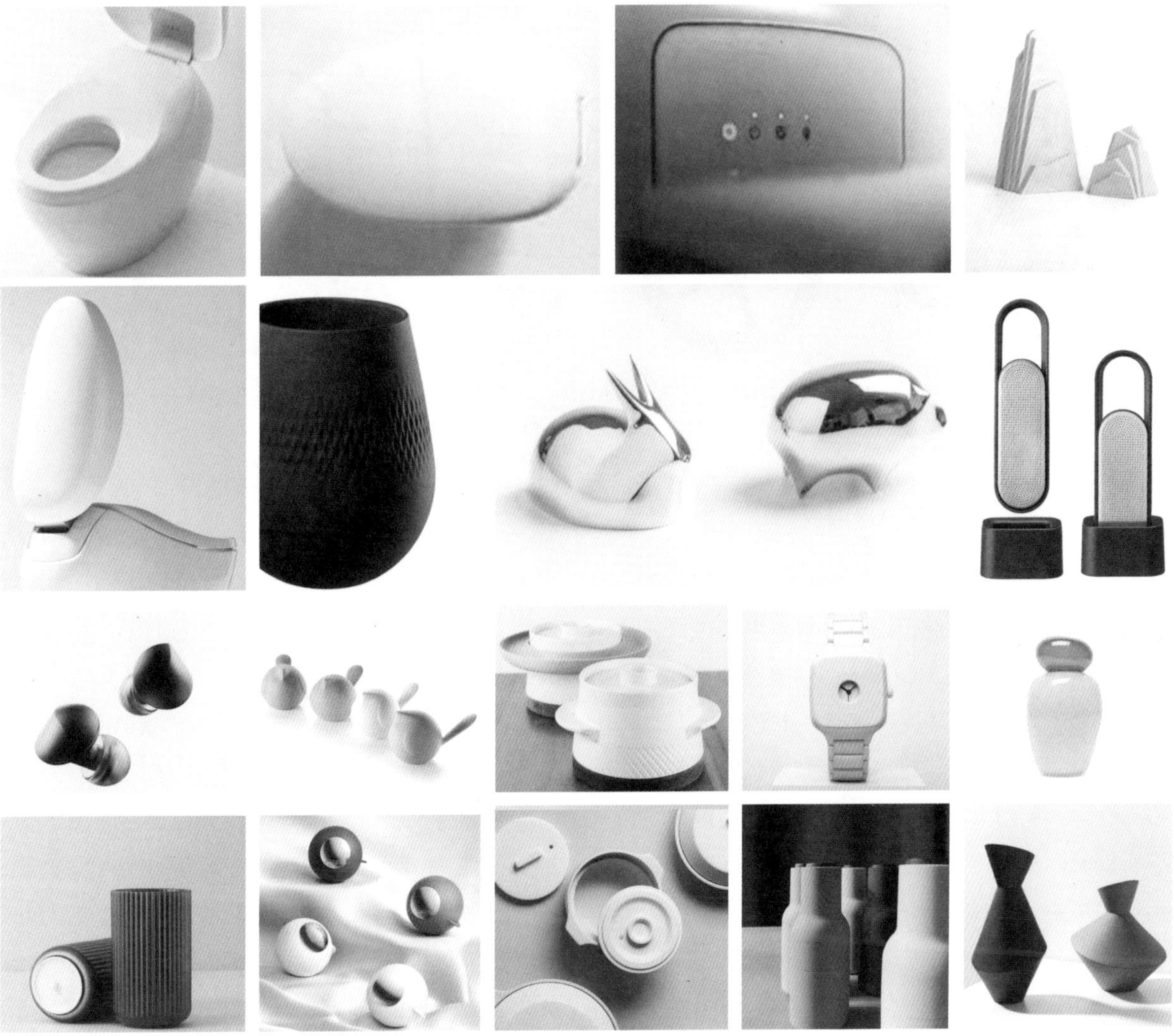

图 2-3-22　陶瓷材料在产品中的应用

图 2-3-23　玻璃的 CMF 设计

图 2-3-24　碳纤维无链条自行车

图 2-3-25　碳纤维椅子

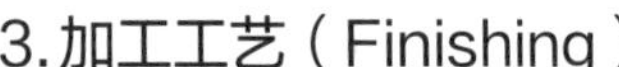

3.加工工艺（Finishing）

加工工艺是指通过工艺方法将初始原材料加工、制造、成型，产生最终产品的过程。这个过程包括多种技术和工艺方法，如焊接、注塑、铸造等。产品加工工艺的好坏直接关系到产品质量和生产效率。随着科技的不断进步，现代工艺技术越来越多样化和高效化，制造业在数字化、自动化、智能化方面不断创新，从而提高了生产效率且节约了成本。在实际应用中，选择适合不同产品的加工工艺，可增加产品的市场竞争力，提高生产效率和产品性价比。

CMF工艺可分为三大类。一类赋予产品本身的工艺，称为成型工艺；一类赋予产品外观的工艺，称为表面处理工艺；还有一类是赋予产品“生命”的工艺，称为加工制程工艺。这三类工艺整合，才能够让产品的设计创意落地，成为生活中的现实产品。

成型工艺是将基础原材料通过增材、减材、等材的方式，塑形为需要的产品部件；表面处理工艺在成型工艺的基础上，对产品部件进一步加工，使其性能或装饰效果得到提升；加工制程工艺是从原材料到最终产品的全流程，根据不同的成型和表面处理工艺组合特点，定向设计的最佳过程管理的流程，正确选择加工制程可以节省成本，一次性完成产品效果。

常见的加工工艺如下。

（1）注塑成型

注塑成型是一种将塑料流态化后注入模具冷却成型的方法，由于塑料的广泛应用，注塑成型已成为产品成型中最常用的工艺之一。其应用范围包括生活用品、电器设备、汽车部件、手机、玩具等领域，尤其在汽车工业中得到了广泛应用。注塑件在汽车模具中的比重最大。

图2-3-26所示为注塑成型的产品部件。

（2）铸造

铸造是一种早期的金属热加工工艺（图2-3-27），通常使用可加热成液态的金属作为被铸物质，如铜、铁、铝、锡、铅等，并使用耐热的砂、金属或陶瓷等材料作为铸模。铸造工艺流程包括金属液体化、充型铸模、冷却凝固和取出铸件等步骤。铸造具有生产复杂形状的工件自由度大、适应性强、金属原材料来源广、设备投资低等优点，但也存在废品率高、表面质量较低、劳动环境差等缺点。

（3）挤出

挤出也称为挤压，在塑料中称为挤塑，在橡胶中称为压出，在金属中称为挤出（图2-3-28）。挤

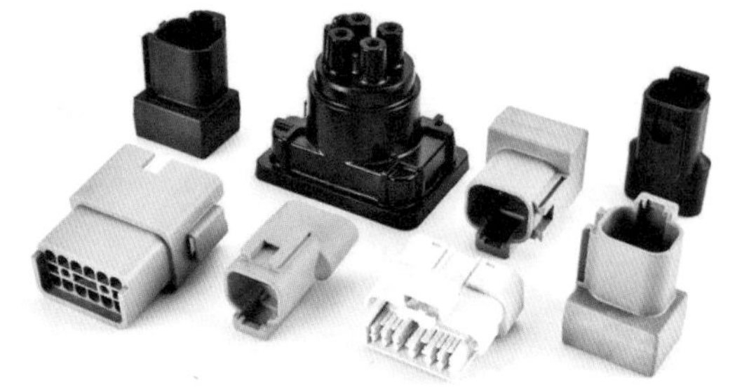

图 2-3-26　注塑成型的产品部件

出的基本原理是将塑料、橡胶、金属等材料加热熔融后，通过施加压力将材料连续从指定挤压筒里通过带有形状的模具，被挤出冷却后成型，从而获得符合模孔截面的坯料或零件。

（4）冲压

冲压是金属塑性加工方法之一，是通过模具使金属板料产生塑性变形以获得所需工件的工艺方法（图2-3-29）。主要工艺包括拉伸、折弯和冲剪。拉伸是将待加工的板材放在凹模上，施加力使其成型；折弯是利用凸、凹模对坯料施加压力，使其折弯成所需要的形状；冲剪是通过对凸模施加冲击力，在凸、凹模的共同作用下，裁剪掉部分金属。

（5）CNC机加工

CNC机（计算机数字控制机床）加工是通过机械精确去除材料的加工工艺，可以分为手动加工和数控加工两大类。手动加工适用于小批量、

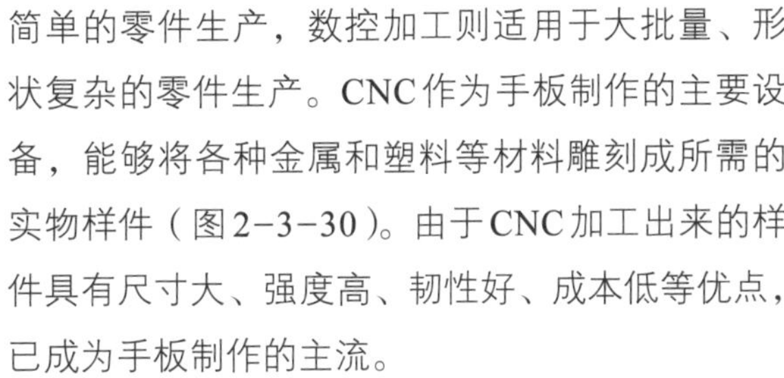

简单的零件生产，数控加工则适用于大批量、形状复杂的零件生产。CNC作为手板制作的主要设备，能够将各种金属和塑料等材料雕刻成所需的实物样件（图2-3-30）。由于CNC加工出来的样件具有尺寸大、强度高、韧性好、成本低等优点，已成为手板制作的主流。

（6）焊接

焊接也称为熔接，是一种以加热、高温或者高压的方式接合金属或其他热塑性材料的工艺技术。如图2-3-31所示，美国著名家具设计师Eames设计的两把椅子均采用焊接工艺。

（7）热弯

热弯工艺是针对平板玻璃材料的二次圆弧弯曲成型工艺，即平板玻璃基材二次升温至接近软化温度时，按需求，经模压弯曲变形而成。玻璃热弯在CMF设计中被大量应用在手机玻璃盖板、汽车、

图2-3-27 铸造工艺示例

图2-3-28 挤出工艺

图2-3-29 冲压工艺示例

图 2-3-30　CNC 机加工示例

船舶挡风玻璃、玻璃家具及电子显示屏等。在热弯的同时进行钢化处理就是热弯钢化玻璃，图2-3-32所示是常见的一些热弯玻璃。

（8）喷漆（喷油）

喷漆工艺是指通过喷枪借助空气压力，分散成均匀而微细的雾滴，涂施于被涂物的表面的方法。主要分为空气喷漆、无气喷漆以及静电喷漆等。图2-3-33所示是部分喷漆样板示例。

（9）丝印

丝网印刷是一种应用范畴很广的印刷工艺。按照印刷质地材料划分可以分为织物印刷、塑料印刷、金属印刷、陶瓷印刷、玻璃印刷、电子产品印刷、不锈钢成品丝印、光反射体丝印、丝网转印电化铝、丝印版画和漆器丝印等。丝网印刷是孔版印刷技术之一，印刷油墨浓厚，最宜制作需要特殊印刷效果且数量不大的印刷物。丝网印刷可在立体面上印制，如盒体、箱体、圆形瓶、罐等，也可以在多种材料表面印制，如纸张、布料、塑胶、夹板、胶片、金属、玻璃等。如图2-3-34所示，丝印Logo被广泛应用于各个电子等产品领域，具有成本低、效率高、制造企业多的优点。

（10）水转印

水转印是将水当作溶解媒介，把带彩色图案的转印纸/转印膜进行图文转移的一种印刷。随着人们对产品包装与装饰要求的提高，水转印的用途越来越广泛。其间接印刷的原理及印刷效果解决了许多产品表面装饰的难题，主要用于产品表面较复杂的图文转印，如图2-3-35所示。

（11）金属电镀

电镀是利用电解原理在某些金属表面上镀上一层其他金属或合金的过程（图2-3-36）。电镀时，镀层金属作阳极，被氧化成阳离子进入电镀液；待镀的金属制品作阴极，镀层金属的阳离子在金属表面被还原形成镀层。为排除其他阳离子的干扰且使镀层均匀、牢固，需用含镀层金属阳离子的溶液作电镀液，以保持镀层金属阳离子的浓度不变。电镀的目的是在基材上镀上金属镀层，从而改变基材表面性质或尺寸。同时，电镀能增强金属的抗腐蚀性，增加硬度，防止磨耗，提高导电性、润滑性、耐热性，增加表面美观度。

（12）蚀刻

蚀刻也称光化学腐蚀。通过曝光制版、显影后，将要蚀刻纹样区域上的保护膜去除，在金属蚀刻时接触化学溶液，达到溶解腐蚀的作用，形成凹凸或者镂空成型的效果（图2-3-37）。铝板上的花纹或文字Logo常常是蚀刻加工制作。

综上所述，CMF设计除了通过调整产品的颜色、材质和表面处理等方面，增强产品的感知价值，提升产品在消费者心中的形象和地位，还通过优化制造过程，帮助企业创造出更具视觉冲击力和识别度的产品，提高其产品的市场竞争力和品牌价值。如图2-3-38所示的苹果智能手表，表带从材质入手，提供

图 2-3-31　Eames 设计的椅子

图 2-3-32　热弯玻璃

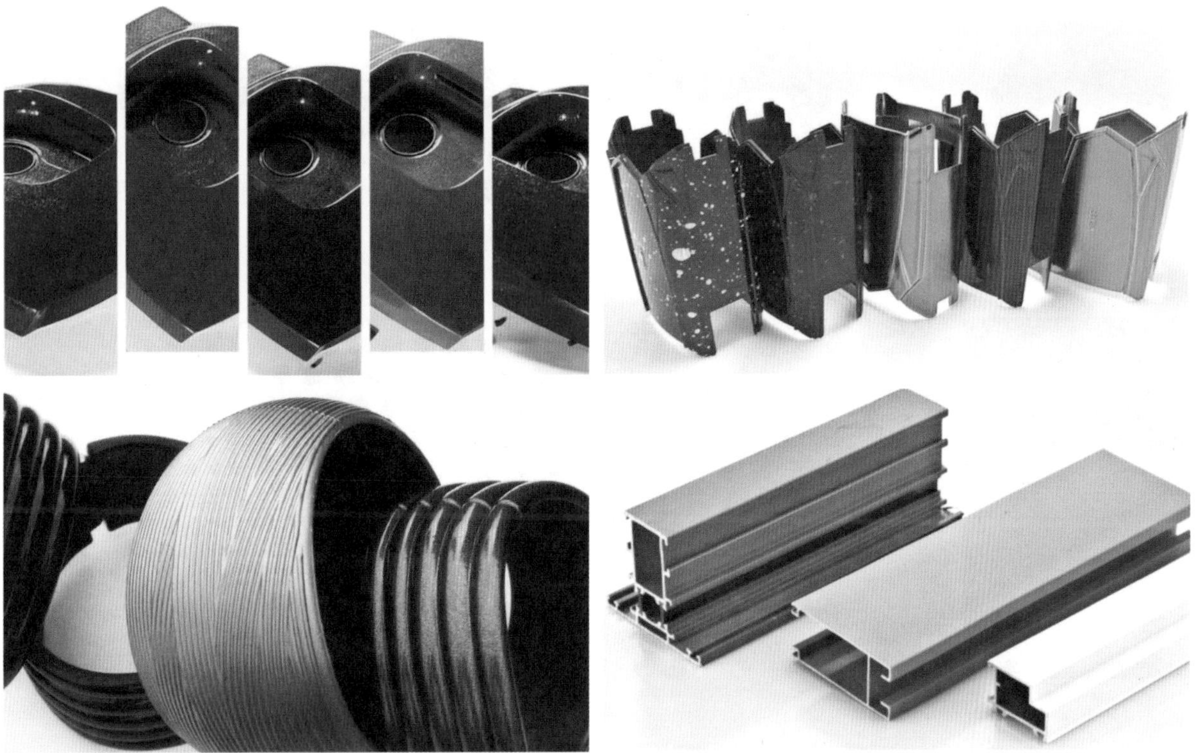

图 2-3-33　喷漆示例

LAUNCH
START

图 2-3-34　丝印 Logo 示例

图 2–3–35　水转印示例

图 2–3–36　电镀示例

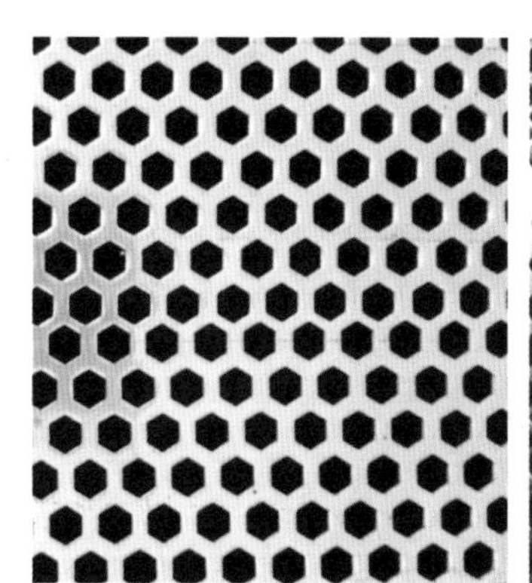

图 2–3–37　蚀刻工艺

图 2–3–38　苹果智能手表

材质多元化的选择，如不锈钢、钛合金、铝合金、尼龙、皮革、弹性体材料（氟橡胶、硅胶等）等。结合不同的表盘样式，可产生数种组合。将电子科技“变色”元素、个性化风格、情感人机交互等全部融合到一起，让消费者根据需求进行定制化，实现趣味性、多样性和个性化的设计，满足消费者需求。

（三）产品设计表达

产品设计表达的内容包括二维效果图、三维动画、实物模型等。其中包括不同角度的产品效果图、细节图、使用状态图、应用场景图、模型与打版、创意展示图、设计方案发布展示版面以及产品三维动画等多种表达形式。对于工业设计而言，计算机辅助设计表达占据着非常重要的位置，可以借助三维建模软件以及效果图渲染、视频渲染等软件，模拟真实的产品。

1. 制作二维效果图

产品二维效果图是产品设计的主要视觉语言，也是传达设计创意必备的技能，是设计过程中一个重要环节。产品设计中，无论是现实的构思还是未来的设想，都需要设计师通过设计效果图的形式，将抽象的创意转化为具象的视觉媒介，表达出设计的意图。在选定方案后，设计师要通过制作产品二维效果图表达出产品的比例尺度、功能结构、材料工艺、色彩等产品设计的主要信息，在视觉层面建立起更为直接的产品设计评估平台。产品效果图也被称为产品预想图，是评估产品的重要手段。

（1）常用的二维效果图

①不同角度的效果图

不同角度的效果图指的是在产品设计过程中，设计师从不同角度对产品进行效果图的制作（图2–3–39）。这些角度包括正面、侧面、背面、俯视、仰视等，以展示产品的外观、结构和功能等方面的特点。效果图可通过手绘、3D建模软件、CAD软件等工具制作，帮助设计师和客户更好地了解产品设计，从而进行调整和优化。同时，不同角度的效果图也是产品推广的重要工具，可以用于宣传和展示产品的特点和优势。

②细节图

细节图是针对产品设计的细节部分进行详细呈现的图像（图2–3–40），包括结构、材料、工艺、装配和零部件等方面的特点。制作细节图可以帮助设计师优化产品设计，确保产品质量和性能得到提升。同时有助于制造商控制产品质量，确保实际生产中各个细节部分的准确实现。

③使用状态图

使用状态图是产品设计中用于描述产品在不同使用状态下行为和特征的图示（图2–3–41），包括状态、事件和转移三个基本部分。使用状态图可以帮助设计师了解产品在不同使用场景下的行为和特征，指导产品的界面、功能和交互设计，并制作产品说明书和操作手册等文档，方便用户了解和使用产品。

图2–3–39　不同角度的效果图示例

④应用场景图

产品应用场景图（图2-3-42）用于展示产品在现实生活中的使用情况，能够激发消费者的购买欲望。要打造吸引眼球的产品图片需要注意几点：明确目标群体、理想的展示场景和产品优势，具体展示产品信息，包括多角度卖点展示图、文字说明、插图、品质细节等；设计精美的产品包装和配件；展示产品的独特特征，如材质、工艺等。

（2）创意展示图

产品创意展示图是指通过创意手段，把产品设计的特点和优势以美观、生动的形式展示出来的图像，旨在吸引用户的注意力，提高用户对产品的兴趣和好感度，同时可以增加产品的美感和时尚感。创意展示图可以通过手绘、CG艺术（指依靠计算机、平面设计软件、数位摄影科技和计算机辅助绘画软件进行创作的数字视觉技术作品）、三维建模等方式制作，具有很高的艺术性和表现力。创意展示图包括海报展示图、配色图、功能示意图、爆炸图等。

①海报展示图

产品海报展示图通过广告、招贴海报的形式将产品特点和优势展示给用户或潜在客户，包括图片、标语、介绍、特点和优势等信息。海报展示图可有效帮助产品宣传和推广，提高产品知名度和销售量，同时能突出品牌形象，提高用户体验和满意度，是销售和营销团队的重要工具。图2-3-43所示是一些产品的海报展示图示例。

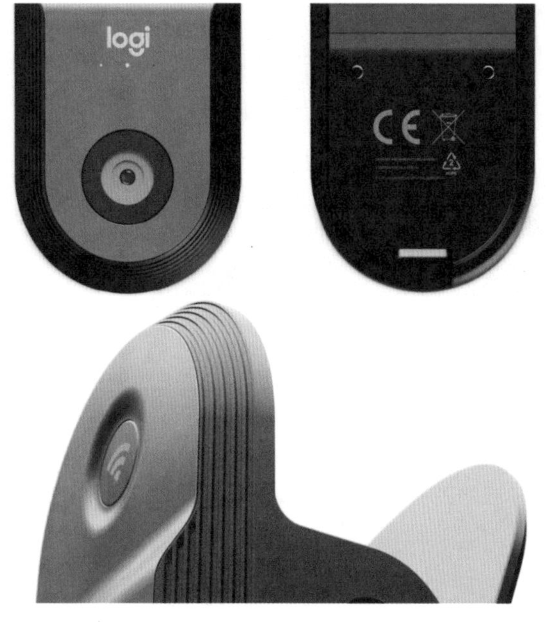

图2-3-40　产品细节图示例

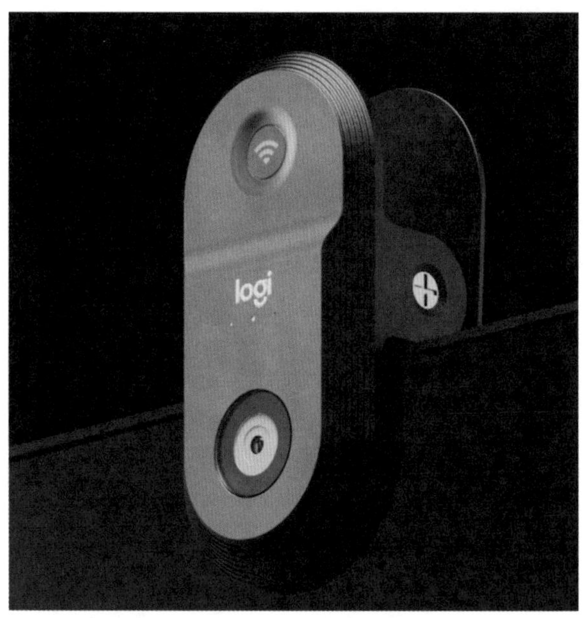

图2-3-41　产品使用状态图

图2-3-42　应用场景图示例

②配色图

产品配色图通过图像的形式展示产品的色彩搭配和配色方案，包括主色、辅色、渐变色、亮度及饱和度等方面的特点。配色图可以帮助设计师搭配和选择色彩，增加产品美感和吸引力，提高视觉效果和识别度，可根据不同的文化和市场需求，选择不同的色彩方案，对产品进行国际化设计。图2-3-44为产品配色图示例。

③功能示意图

产品功能示意图通过图像的形式呈现产品的各项功能和特点，包括功能模块、操作界面、按钮、指示灯等元素，以及它们之间的关系和交互流程。

图 2-3-43 海报展示图示例

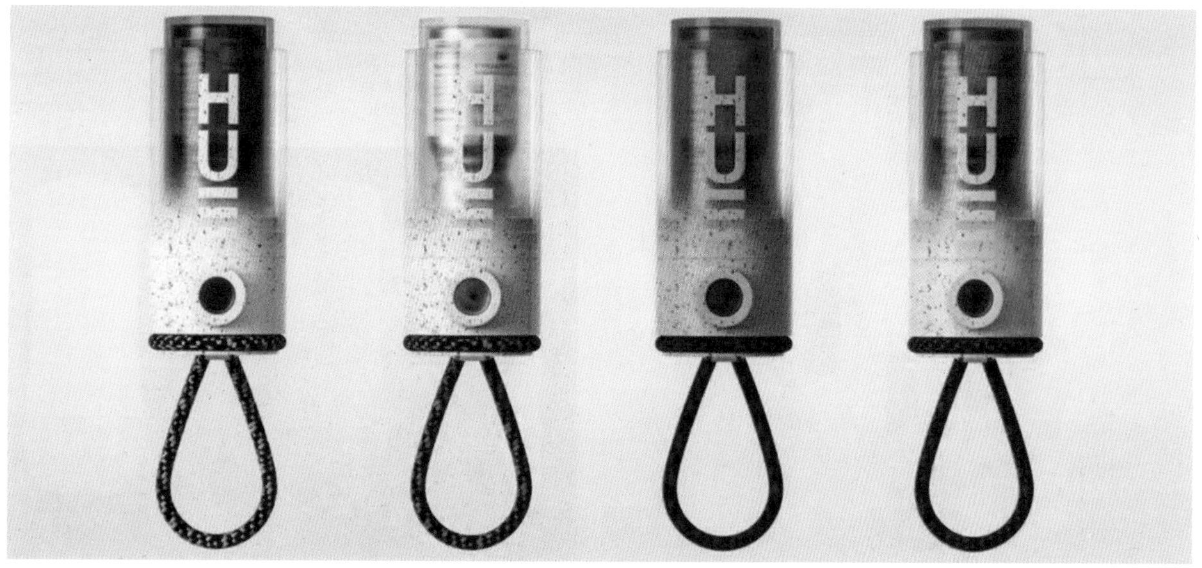

图 2-3-44 产品配色图示例

功能示意图可以提高产品的易用性和用户体验，减少用户的学习成本，优化产品设计和性能，从而提高产品的市场竞争力。图2-3-45为产品功能示意图示例。

④爆炸图

产品爆炸图通过图像展示产品内部结构和组成部分之间的关系及工作原理，帮助用户了解产品的工作原理和组成部分。爆炸图可以帮助优化产品结构和功能设计，从而改良设计方案。图2-3-46为产品爆炸图示例。

（3）工程技术图

①三视图

产品设计的三视图是指正视图、俯视图和侧视图，通过对产品三个方向进行绘制，清晰地表达尺寸、形状、结构等特征。绘制三视图可以明确产品的参数，确定结构和组件。三视图是工程设计和制造的基础。图2-3-47为产品三视图示例。

②内部结构分析图

产品内部结构分析图是指对产品内部结构进行分析，并通过图表的形式呈现出来，以便产品设计

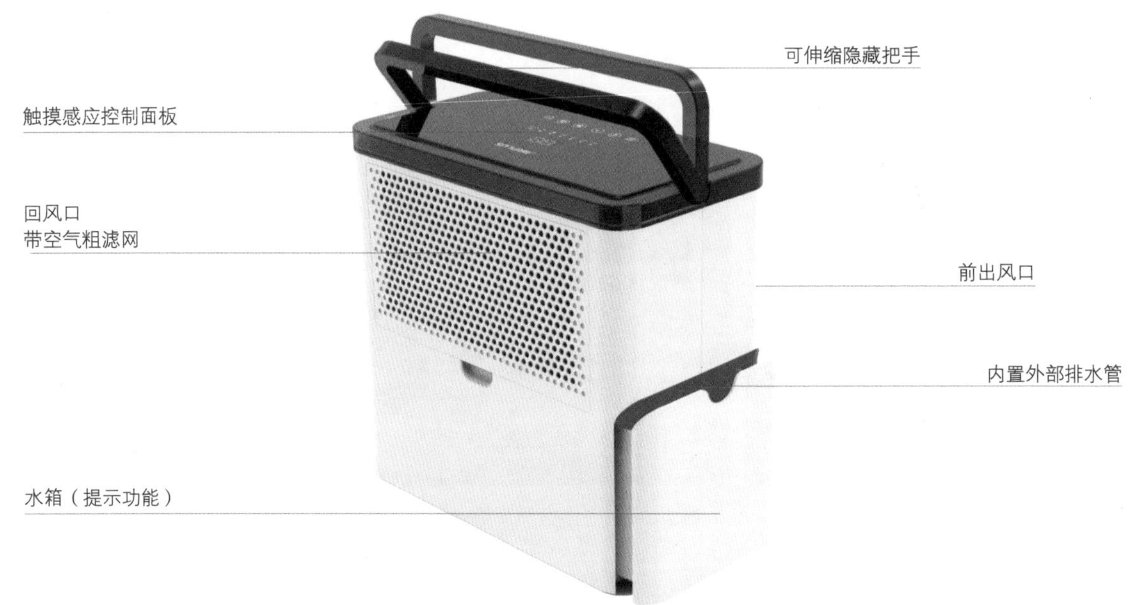

图2-3-45　产品功能示意图示例

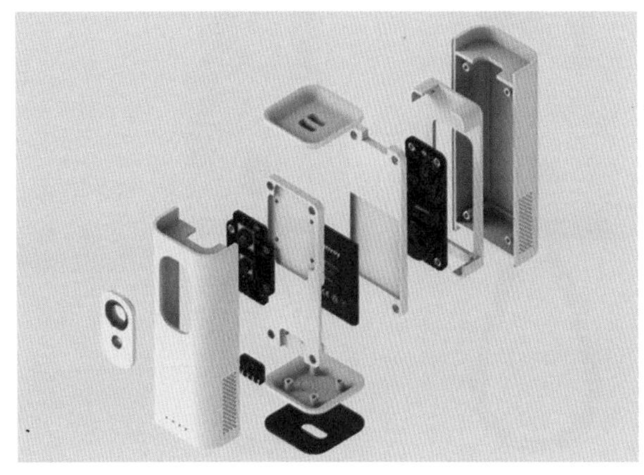

图2-3-46　产品爆炸图示例

图2-3-47　产品三视图示例

师了解产品的内部结构，优化产品设计和制造过程。

内部结构分析图包括以下内容：一是部件清单，列出产品的所有部件，并标明每个部件的名称、编号、规格、材料等信息；二是零部件装配图，展示产品的各个零部件之间的装配关系和顺序，并标明名称和编号；三是产品结构图，展示产品各个部件之间的结构关系和层级关系；四是功能结构图，展示产品各个功能模块之间的关系和层级关系。图2-3-48为产品内部结构分析图示例。

③技术原理示意图

产品技术原理示意图通过图示的形式展示产品的整体结构、各部件之间的连接关系、功能模块的工作原理、控制系统的结构和工作原理。技术原理示意图可以帮助用户了解产品的工作原理和使用方法。图2-3-49为产品技术原理示意图示例。

2. 制作三维动画

在工业设计领域，设计师通常先用犀牛、3DMax

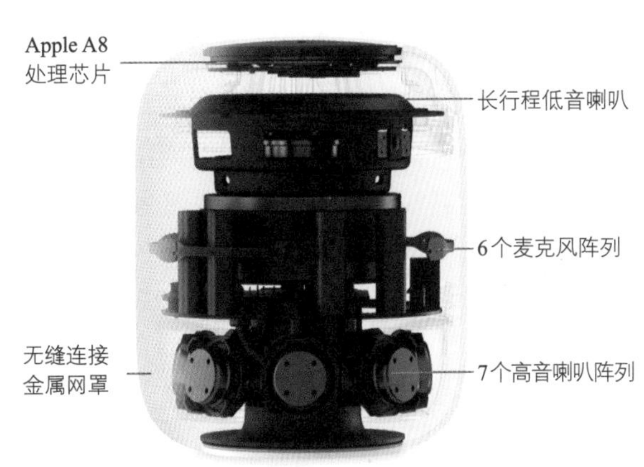

图 2-3-48　产品内部结构分析图示例

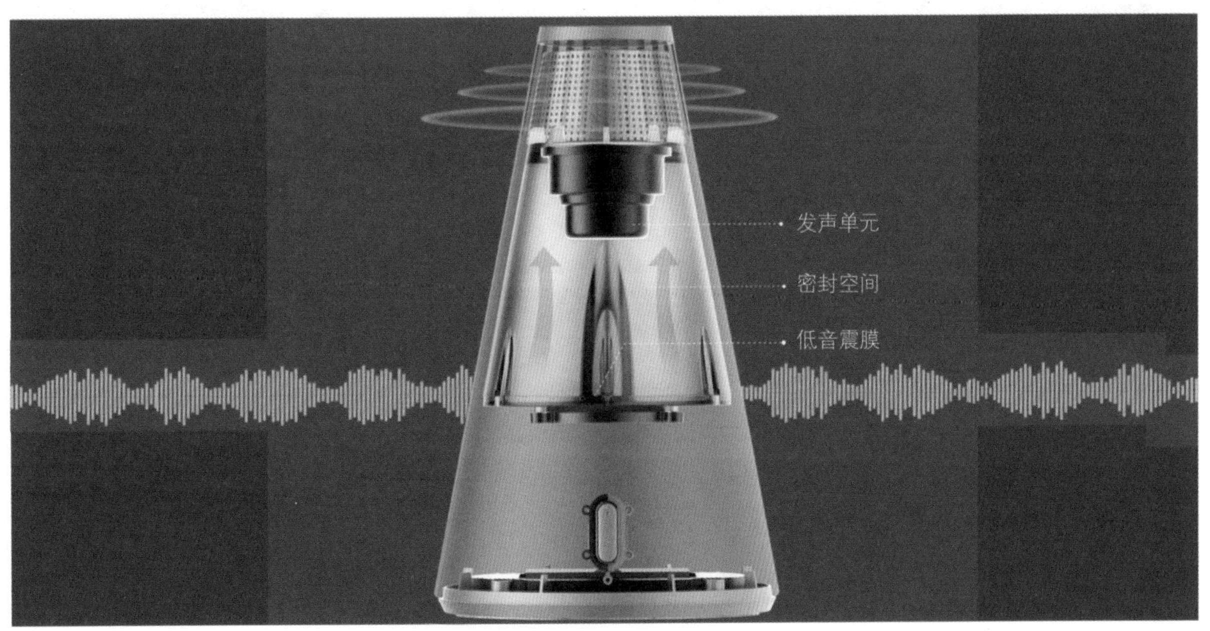

图 2-3-49　产品技术原理示意图示例

等三维建模软件把产品的三维模型构建出来，再使用KeyShot、V-Ray等软件进行视频渲染，以动态视频的手法展现产品的各个角度对外观、结构，甚至使用过程。

从图2-3-50中可以看到，设计师首先在概念飞行器的三维模型上做好材质的赋予，利用多个镜头的转换展示救援飞行器的细节以及整体外观。中间还插入细节部分的爆炸图动态展示，以表达飞行器的结构设计。最后利用飞行器的救援工作流程、结合多个救援环境的转换，表达飞行器的功能和设计创新要点。

三维动画展示与三维静态效果图相比，动态的展示内容更加丰富、角度更全面，效果更加生动、便于理解。在利用产品三维动画效果进行展示的时候，需要注意以下几点：一是展示产品设计方案的外观形态与结构，二是展示产品设计方案的CMF设计，三是展示产品的使用方法、设计思路等。

产品三维动画展示制作的流程通常分为三步：首先，依据产品特征设计动画脚本，将整个动画切割成多个部分。明确各部分展示的内容、大概时长和展示方式的设定；其次，对各部分之间的衔接转场进行设计，然后根据自身产品选择，设计适合的转场镜头，还可以根据具体的需求配上合适的音乐、解说词、字幕等效果；最后，在视频的光影明暗和环境设计上，需要根据产品的外观形态、具体功能等进行设置。

3. 制作产品展示模型

展示模型需要完整呈现产品的外观，具备完整的产品CMF设计方案，能真实地展示产品的色彩、材料，能确定产品的加工工艺。展示模型通常用现代快速成型技术辅以手工拼装组合来完成。

如图2-3-51所示概念车的展示模型，先用增材制造打印技术，再通过后期手工打磨、喷漆、拼接完成，效果接近真实产品的质感。

4. 设计方案版面展示

版面是展览的主要内容之一。在展览过程中，没有设计师口头的解释，依靠版面上有限的内容向

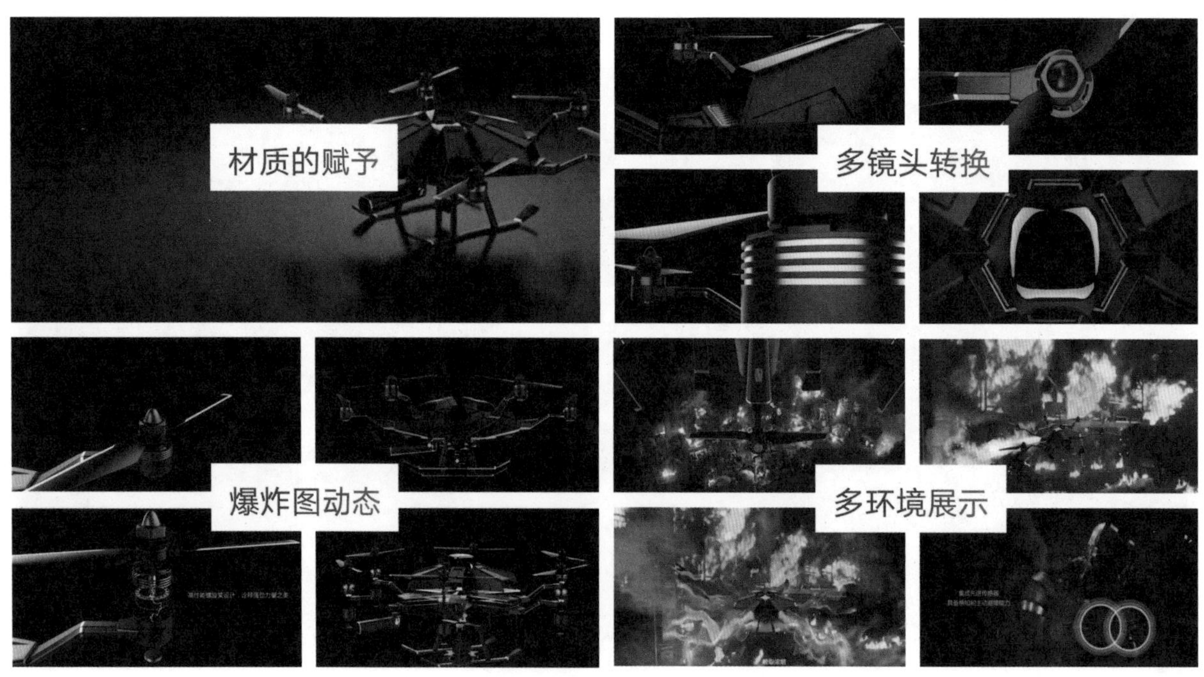

图2-3-50　救援飞行器概念设计动画示例

图 2-3-51　产品展示模型制作示例

人们展示设计成果和讲述设计概念。因此，版面要能充分完整地呈现设计内容。其作用就是展示和讲述。

（1）广告版的排版方法和要点

广告版就是产品的广告。通过广告版能感受到强烈的视觉冲击力，留下深刻印象。所以，广告版不会有太多的细节和说明，就像购物网站上产品的首图，是用来渲染气氛和引起消费者注意力的。设计方案中起到展示作用的广告版面，也是基于同样的目的。

排好广告版面要注意以下几个要点：

第一，选择完美角度的高清渲染大图。每个产品都有各自不同的特征，有的产品透视图好看，有的产品测试图好看，总之，要选择最能体现设计方案特色、最有视觉冲击力、最漂亮的角度，并保证能看到清晰的细节和材料的质感。图 2-3-52 所示的耳机广告版面通过增添水花效果强调了耳机的防水性，并达到有视觉冲击力的版面效果。

第二，讲究构图。构图要有主有次、有紧有松，如图 2-3-53 所示的家具，其设计亮点是官帽的翘起，所以设计师挑选了最能体现设计亮点的角度，并按照黄金分割比例排开，展示了设计意图。

第三，版头与产品相互呼应且具有设计感。可以运用产品形态设计的元素设计一个标志，如图

图 2-3-52　耳机广告版面

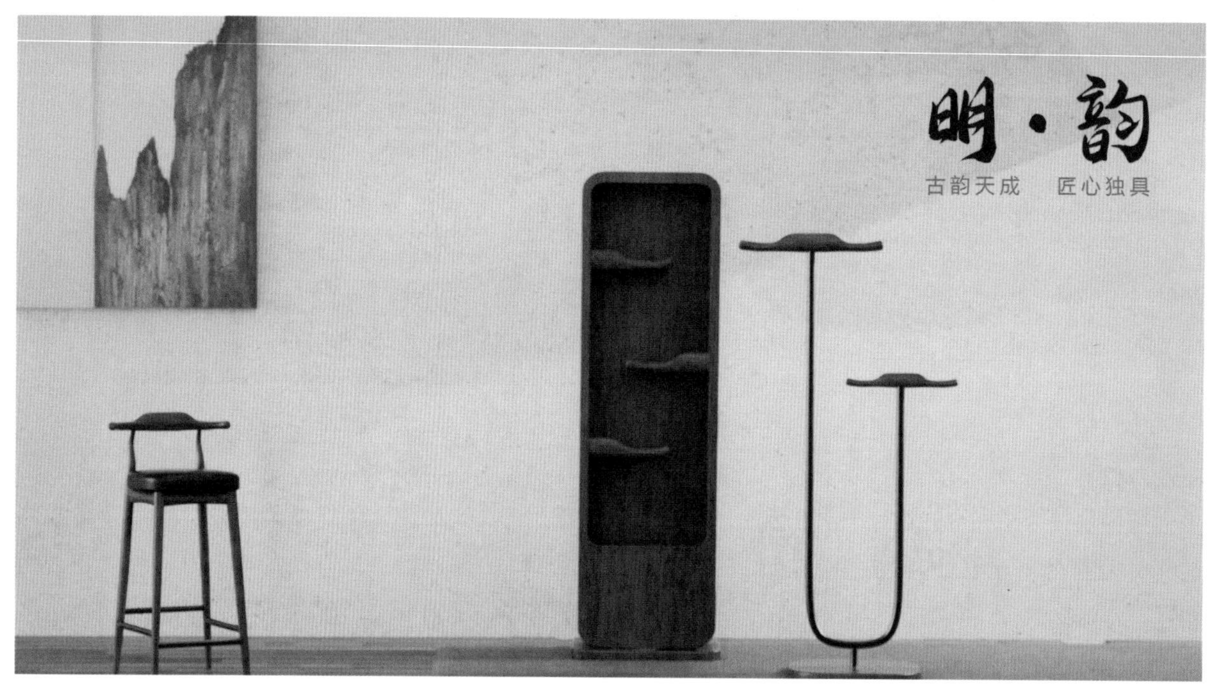

图 2-3-53　家具排版

2-3-54所示的名为“墨舍”的挂钩，设计元素是水墨笔触，设计师在版头设计中采用了水墨笔触的元素设计版头文字，与产品的设计元素相呼应，起到点睛的作用。

第四，色调统一和谐。版面中的版头、文字、底色的配色，可以和产品同色调，也可以利用与产品协调的对比色。如图2-3-55所示的筷子托产品版面中，版头、底色都选择了和产品同色调的颜色。如图2-3-56所示的系列糖罐，虽然没有运用和产品同色调的颜色，但选择了与主题相吻合的蓝灰色调，不仅和谐统一，还能烘托出冬天的氛围。

第五，添加有感染力的背景。如图2-3-57所示的这件名为“烟雨清明”的作品，版面背景选用

图 2-3-54 “墨舍”挂钩

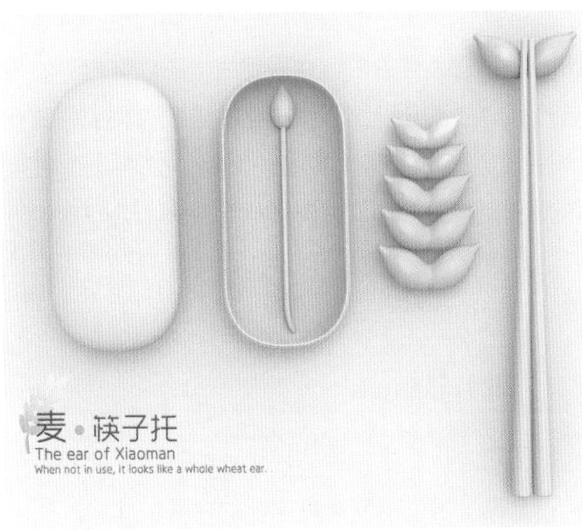

图 2-3-55 筷子托

图 2-3-56 糖罐

图 2-3-57 “烟雨清明”

了朦胧的远山，前景加入了烟雾的元素，这种远山、近景、烟雾缭绕的画面，烘托了氛围，有强烈的感染力。

（2）细节版的排版方法和要点

细节版的编排主要注意以下几点：一是多个角度的效果展示；二是完整清晰的细节展示，包括产品功能、使用状态、操作过程、人机关系、技术结构、材料色彩、设计说明等，对于这些图的编排要讲究合理的构图。多角度的效果图在版面中是大图，细节小图要根据类别分区域编排，可以适当地添加边框来避免版面杂乱；三是辅助说明的人物或身体局部等要用线框或剪影；四是版面的色调要和谐统一；五是设计说明应简明扼要，字号适中。

图2-3-58所示是“FLY B”便携婴儿悬浮器讲解细节版。右边有使用状态的主视图，左边添加了一张关闭状态的视图，通过多角度的视图展示，让观者第一眼就能对产品有基本的了解。

图2-3-59仍然是细节小图的展示，这里展示了App操作界面，加入手部进行辅助说明，辅助作用图片不宜太具象，适合采用线框图或剪影。右侧是产品的技术分析图，用简洁的连线和文字来进行标注，注意连线和文字不能太粗。在版面的右上角，设计师加入了设计背景的解释，帮助了解设计目的和意义。通过以上两种版面的配合，有主次地展示了设计成果。

（四）总结

深入设计阶段主要体现设计的执行能力和审美素养，也是学生需要重点掌握的内容。此阶段要学会综合考虑用户、市场、审美、人机等因素，掌握

"FLY B"

便携婴儿悬浮器

母亲手抱婴儿出行时，由于种种不便，无法腾出手应对多种场合，
一直抱着婴儿会让母亲感觉疲惫，即使有了腰包的背带方式，也不能改变这一问题。
"FLY B"利用磁悬浮风压原理进行设计，
令母亲平时背的时尚包包瞬间变成"托宝神器"，从而轻松出行。

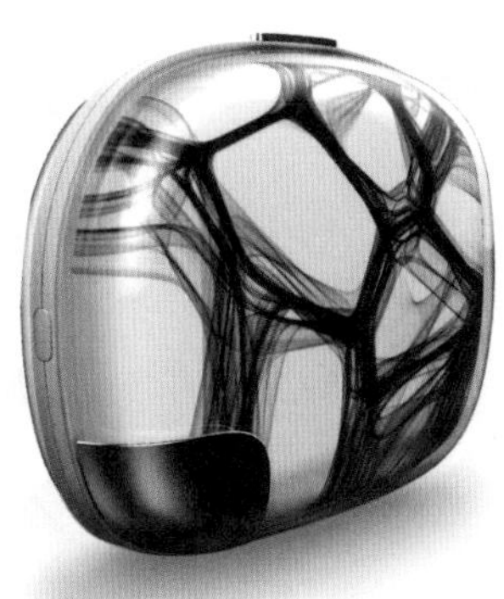

产品使用状态

包包卡于腰间，宝宝放上面，母亲手扶着宝宝

磁悬浮开关打开宝宝放上面，风压承托并运行

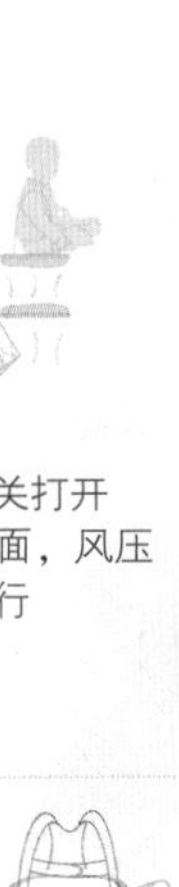

肩带使用过程

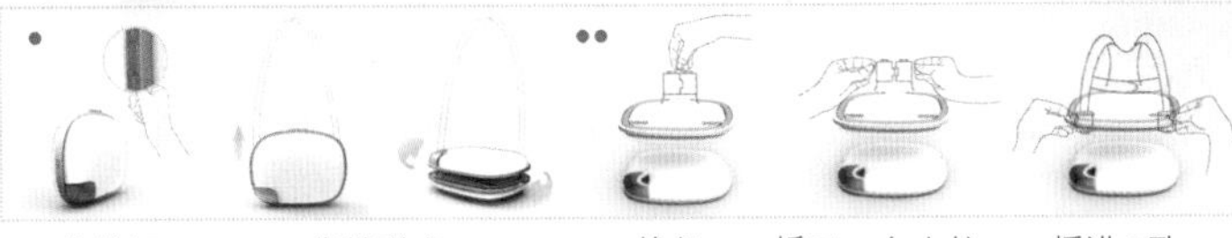

图 2-3-58 细节版示例 1

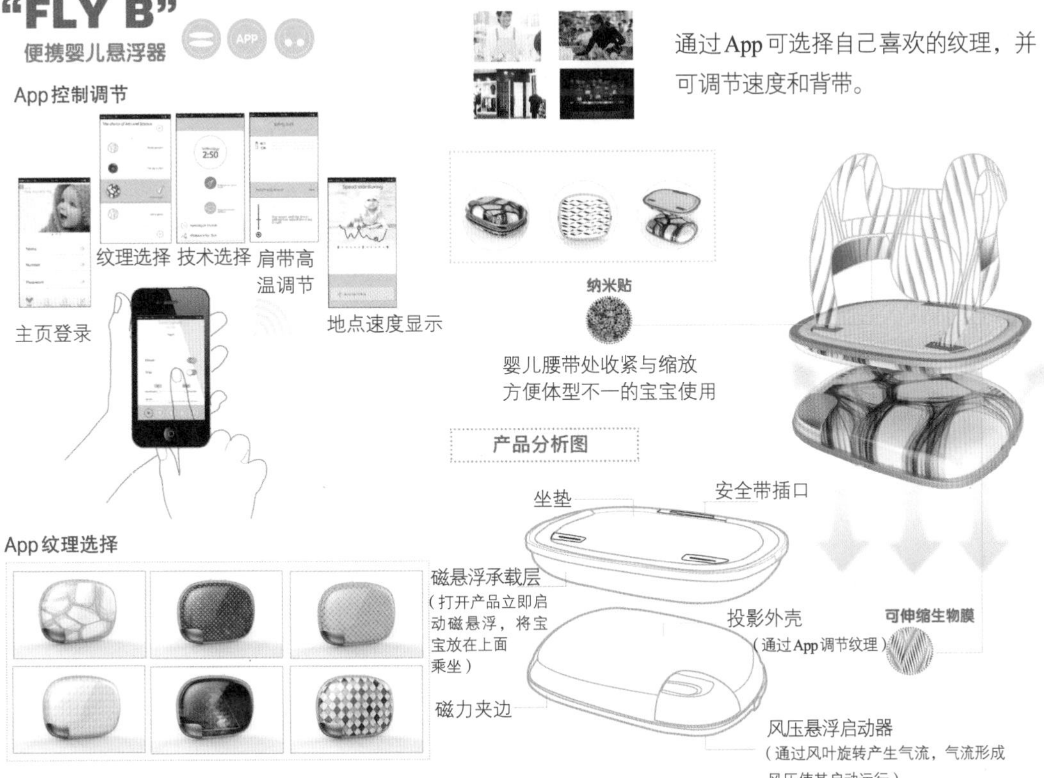

图 2-3-59 细节版示例 2

形态设计的原则和方法，关注新技术新材料，了解最新的CMF设计趋势以及适用的产品和场景，学会根据项目的侧重点完成设计结果的呈现，从而精准表达设计理念、设计创新点，推进产品顺利实现。

二、实战案例：广州维博产品设计有限公司——胶囊咖啡机

本实战案例来自广州维博产品设计有限公司的胶囊咖啡机深入设计全案。胶囊咖啡机由于体积小巧、操作简单，深受用户喜爱。由于胶囊品牌、尺寸、大小、萃取方式不同，因此市场上一种品牌的胶囊只能适配一种胶囊咖啡机制作。设计团队通过研究发现这一局限，推出兼容各大品牌的多功能胶囊咖啡机，一机三种系统，让消费者选择更多，同时人机交互界面简洁、操作方便，从材质创新、形态美感、色彩规划等不同维度进行创新，打造出简洁实用的胶囊咖啡机，打破品牌垄断，深受消费者好评。

1.产品的形态设计

在形态推敲方案的设计过程中，借助于长方形结构，将产品小倒角的形式融入咖啡机身当中，在整体形态方面，通过草图勾勒不同的造型特征（图2-3-60），使其适配于家居环境，以免形态过度机械化。在控制面板设计方式上，采用圆形和跑道圆相结合，以便让消费者在操作过程中体验到便捷性。

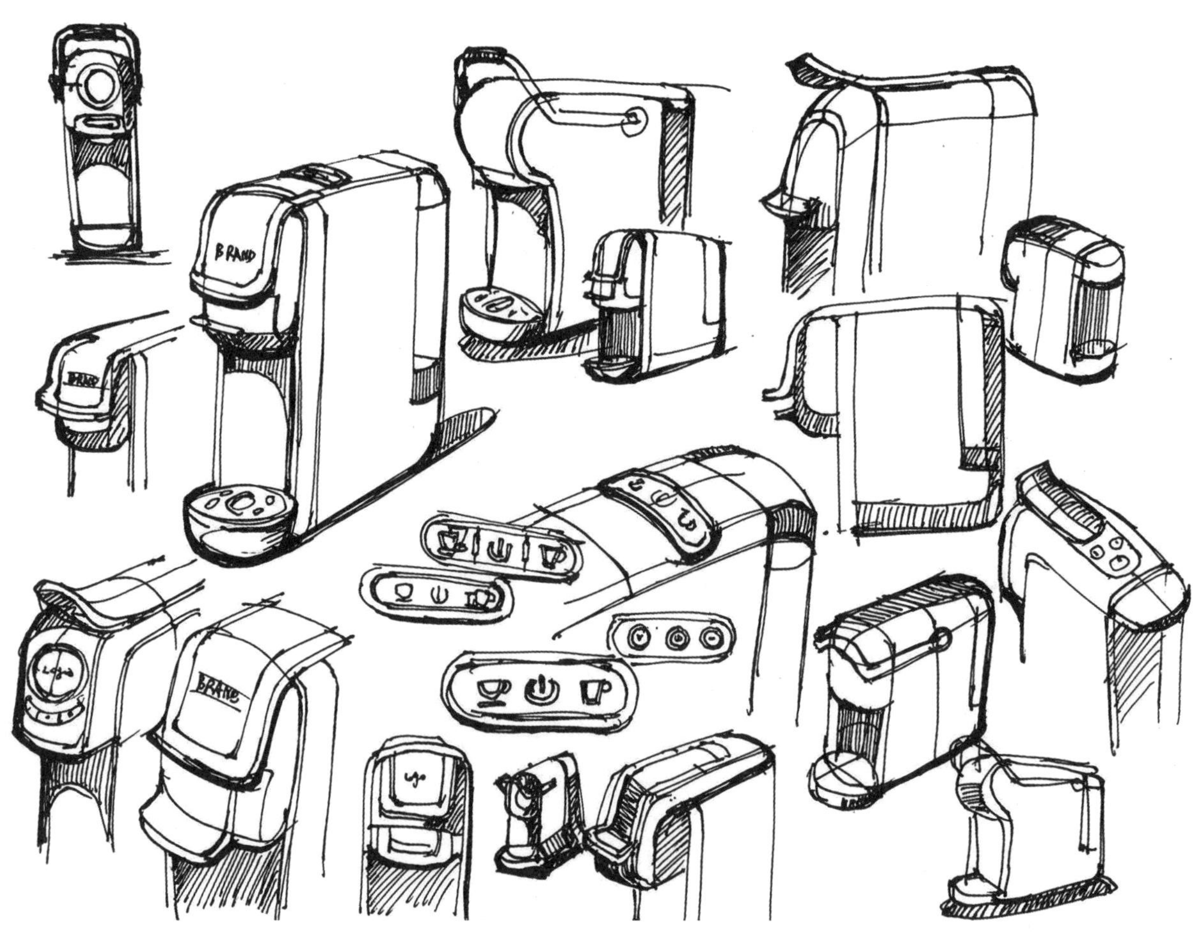

图 2-3-60　形态推敲草图

2.产品CMF设计

在产品的CMF设计中，最终方案的机身部分采用注塑工艺制作而成，区别以往咖啡机单调刻板的五金工艺印象，在制造成本方面，更加容易实现。压杆部分选用铝合金材料，在实践当中，能够按照不同类型消费者的喜好，选择电镀、喷油等多种表面材质处理，能满足不同市场渠道和电商平台的销售需求。其配色方案及CMF设计如图2-3-61、图2-3-62所示。

3.产品设计表达

咖啡机最终方案体现了圆润简约的形态特征，造型小巧精致。机身部分采用大圆角和小倒角的搭

图2-3-61 配色方案

图2-3-62 产品CMF设计

配形式，压杆部分采用流线造型，与机身有机融合且符合人体工程学，使用简单方便。同时，将圆形元素应用在废水托盘位置，保持设计风格的一致性，产品弧线形态的运用使造型更吸引年轻消费群体。

同时根据项目、用户及场景需求，制作不同作用的效果图，让消费者对产品的形态、功能、结构有更深入的了解，如图2-3-63至图2-3-67所示。

图 2-3-63　产品效果图

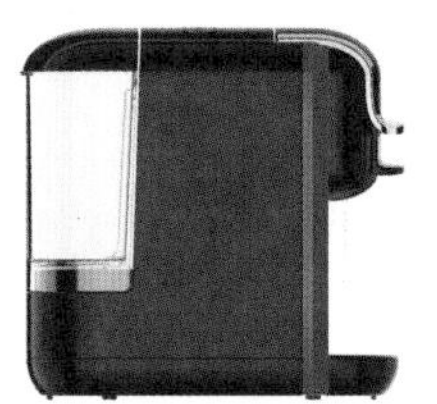

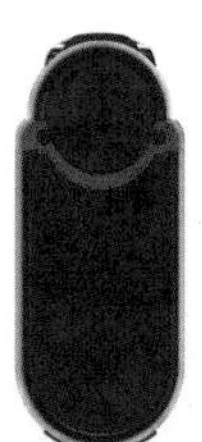

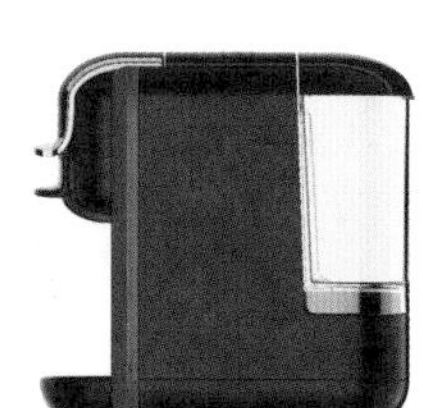

图 2-3-64　产品六视图

图 2-3-65　应用场景图

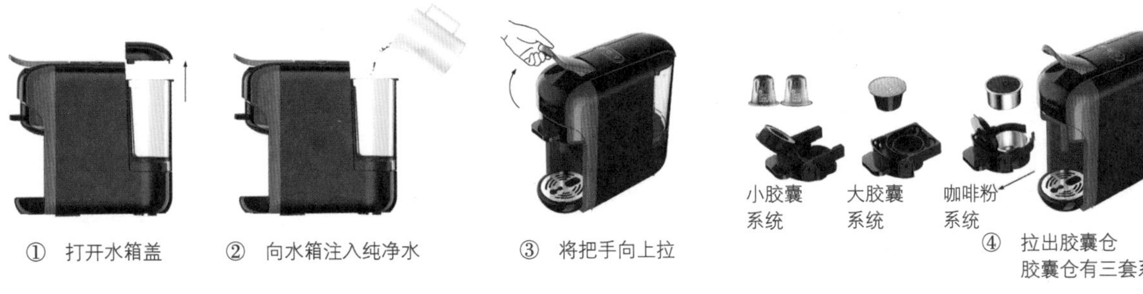

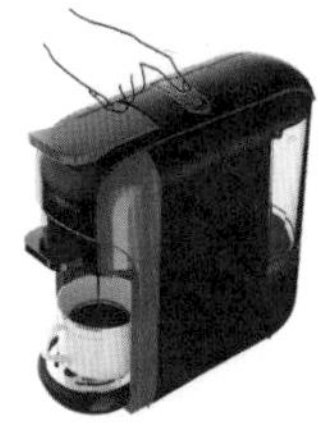

图 2-3-66　使用状态图

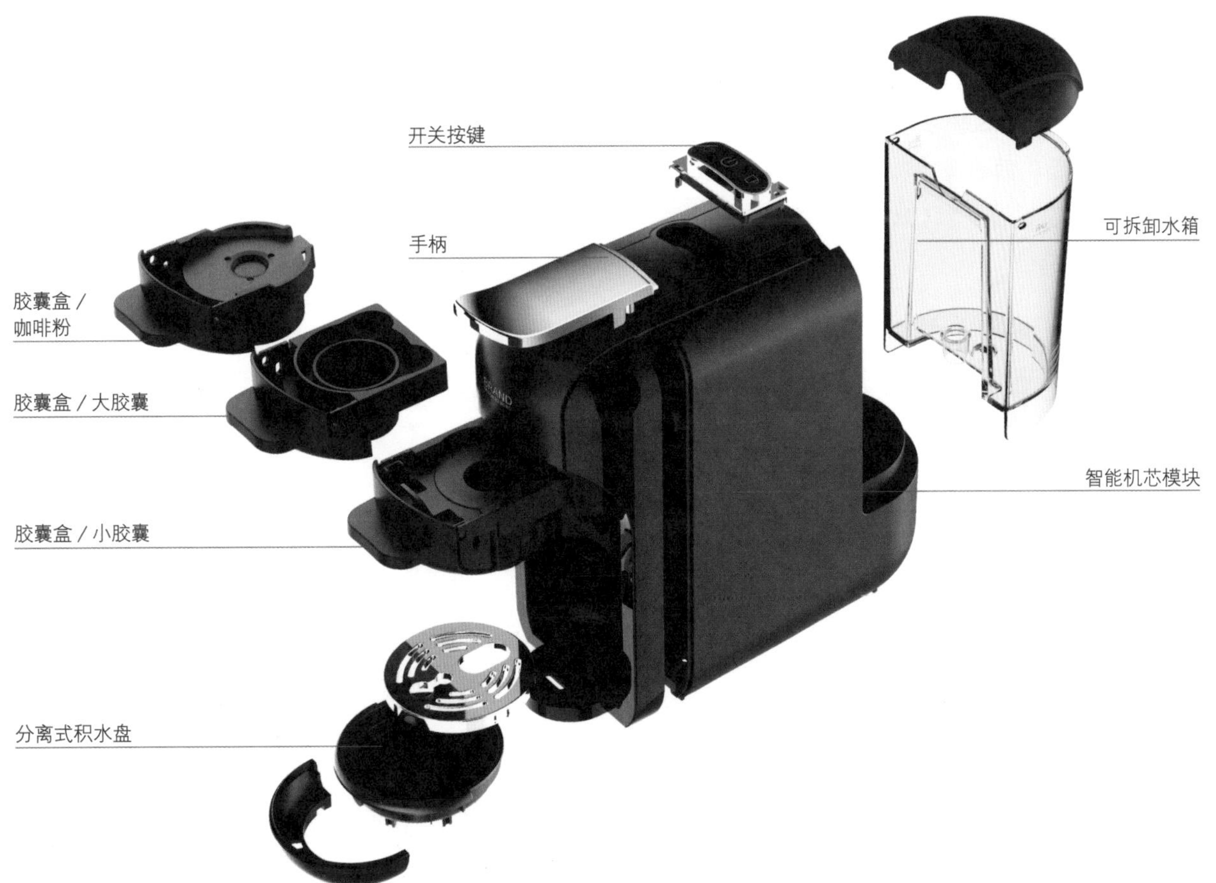

图 2-3-67　爆炸图

三、实训任务：深入设计

（一）实训目标

1.知识目标

（1）掌握产品形态设计的多种方法与技巧。

（2）了解产品CMF设计的意义、了解产品CMF设计的最新知识。

（3）了解设计结果展示中各类二维效果图、三维动画和实物模型的作用与制作技巧。

2.能力目标

（1）能够运用1次造型、2次造型等方法完成产品形态设计。

（2）能够根据不同展示需求制作合适的产品效果图、动画和实物模型。

3.价值目标

在深入设计过程中培养学生精益求精的工匠精神、勇于创新的劳动精神、以人为本的职业道德和社会责任感。通过了解CMF前沿资讯，帮助学生开阔视野。

（二）重难点分析

1.在形态设计中，综合考究功能、材料、结构等多方面的限制与要求，遵循形式美法则，保证其可行性、创新性与审美需求。

2.能够根据项目需求进行合理的CMF设计，以保证产品的工艺效果。

3.在设计表达过程中，了解不同表达形式的作用，能根据展示需求选择恰当的表达方法并制作展示版面，尽可能清晰完整地呈现设计成果。

（三）实训步骤

1.通过1次造型、2次造型等方法进行产品形态的创新设计。

2.项目组成员商讨并选定设计方案。

3.对选定方案进行产品CMF设计与探讨。

4.运用计算机辅助技术制作多种设计效果图、视频及模型，并完成版面制作。

（四）任务清单

任务清单如表2-3-2所示。

表2-3-2　任务清单

序号	名称	内容	要求	数量
1	绘制产品深入设计草图	从不同侧重点绘制产品设计创新过程中重要的创新点，通过这种方式推敲产品的结构、使用方式、形态、颜色、材质搭配等	以手绘或计算机辅助的方式绘制若干产品深入设计草图，以尽可能快速、接近真实的表现力表现产品设计创新点，便于团队成员沟通、推敲	多张
2	运用计算机辅助技术制作多种设计效果图	绘制效果图、细节图、使用状态图、配色图、功能示意图、三视图、爆炸图等二维效果图	效果图制作应注重比对真实尺寸、材料质感，力求表现接近真实的细节、机构、使用状态	多张
3	运用计算机辅助技术制作三维动画	制作产品三维动画	运用软件先把三维模型构建出来，再进行视频渲染，力求展现产品各个角度的外观、结构，甚至使用过程	2条
4	运用增材制造技术辅以手工装配，制作外观模型	制作产品展示模型	通过现代快速成型技术辅以手工拼装，组合完成模型制作	2个
5	根据不同展示需求，制作设计版面	制作广告版、细节版等版面	根据产品特征和不同需求，制作广告版面和细节版面	多张

第四节　实战程序4：产品实现

产品实现是指将设计方案落地实现的过程，涉及制造、测试等各方面。这些步骤需要根据产品特点和目标市场进行具体规划和执行。在产品实现的过程中，需要考虑很多因素，包括技术难度、成本、时间和资源管理等。

在此需要说明的是，由于产品的生产过程往往需要市场、研发、销售、采购、生产等多个职能部门的合作，涉及的相关知识和方法过于专业和复杂，同时因为篇幅限制，本书在介绍产品后续的落地过程中，主要以企业案例为主进行简要阐述，无法对产品生产程序中的各类复杂问题进行一一说明，敬请谅解。

一、知识点

（一）产品功能与结构的实现

1. 产品功能设计与实现

（1）功能设计的目标

产品设计的首要条件是满足功能性，其次是经济性、安全性、省材性、审美性、创造性和社会性等，可见功能设计在产品设计中的重要性。功能设计是科学新技术的综合应用，是将最新技术转化为实用产品的过程，是把理想中的“蓝图”转为实际产品的任务。实现这个目标需要使用“专有技术”和专用“语言”（如图纸、计算机语言等），将思维中的“形态”转为实际的“物”，即实际的产品。因此，功能设计的目标是一种创造、一种转化，或者说是一种实现。

（2）功能设计的要点

功能设计的要点如图2-4-1所示，其中物质功能中的“技术功能”和“使用功能”是实现产品功能设计的重要一环，它不仅直接影响产品质量的好坏和使用价值，还是现代科学技术的集中体现和反映。作为设计师，不只应对产品结构和功能实现的技术手段及方法有一定深度的熟悉和掌握，更应对产品技术功能这个设计要素准确地把握和熟练应用。从另一个角度考虑，技术功能设计要求把握住产品的质量和运动的实现以及能量的传递和应用。

（3）产品的基本构成

产品，从现代意义上讲，是工业化生产出的物品，因此可以说，产品是人们运用创造性思维和现有材料与技术进行巧妙组合而生产出的“物”。这个物，无论其结构、形态多么简单或复杂，都是人造物，都有着最基本的特征和要素，有着共性的特点和结构。从广义上来说，任何产品都可归纳为由动力源或动力源作用点、执行元件、传动系统、控

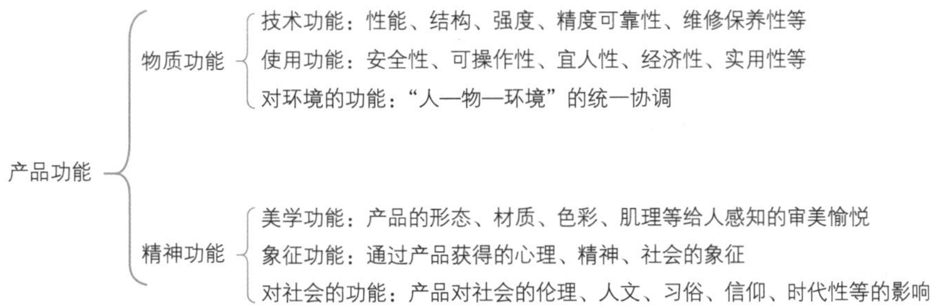

- 产品功能
  - 物质功能
    - 技术功能：性能、结构、强度、精度可靠性、维修保养性等
    - 使用功能：安全性、可操作性、宜人性、经济性、实用性等
    - 对环境的功能：“人—物—环境”的统一协调
  - 精神功能
    - 美学功能：产品的形态、材质、色彩、肌理等给人感知的审美愉悦
    - 象征功能：通过产品获得的心理、精神、社会的象征
    - 对社会的功能：产品对社会的伦理、人文、习俗、信仰、时代性等的影响

图2-4-1　功能设计的要点

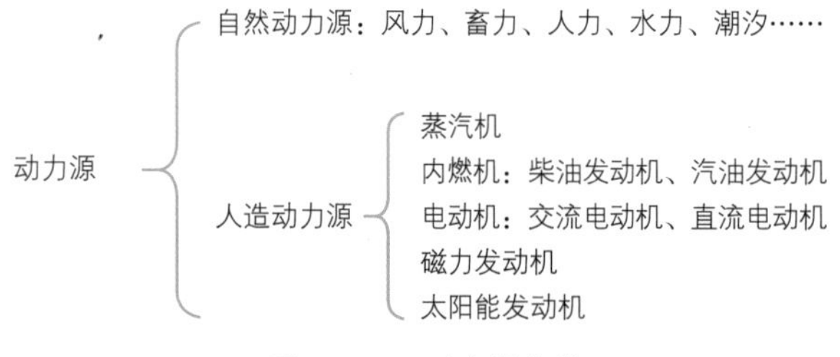

图 2-4-2　动力源分类

制系统、支撑系统五大部分组成。

①动力源

动力源或动力源作用点，是为某产品或机械、机器提供能量或动力的装置，如图2-4-2所示。

②执行元件

执行元件是指直接与外界被作用物体接触，且完成最终所需动作与做功的器件，如人们常见的车轮、车厢、座椅面、钳口、刀刃、锯条、料斗、屏幕、喇叭、镜头、麦克风等。

③传动系统

传动系统是指用于传送气体、液体、电子、光子、力、能量、转矩、功率等，以及转换其形态的器件、零部件或由其构成的装置，如机械传动中的轴、键、销、带传动、链传动、齿轮传动、凸轮、连杆机构和构件；汽、液传动中的管道、油、汽等；光、电传输中的电缆、光缆及光导纤维等。

④控制系统

控制系统是指调节和控制各种介质及构件运动状态、能量、速度、大小等变化的元器件和零部件及其构成的装置，如机械中的弹簧装置、变速器、制动器、离合器、手柄、踏板机构等；还有各种阀门、开关、控制元件等。

⑤支撑系统

支撑系统是指支撑整个机体及各个零部件，使之相对静止或运动的各种支架及承重的支撑装置，如轴承、壳体、箱体、梁、座、架、台、板、栏、柱等构件及其组成的系统。

（4）科技对功能设计的影响

工业发展史是一个不断进取、探索、改革和更新的历史。蒸汽机的发明、内燃机的更新和改革促进了机械工业的发展，液压技术和电子技术的发展推动了机械工业的飞速发展，使产品变得更加小巧、高效、可靠，且结构更加轻、薄、短，满足了人们多样化的需求。科技领域的创新发展和相互渗透，将机械、微电子、液压等技术有机结合，以及新材料、新工艺的综合应用，使得工业产品迎来了全新的技术革命。因此，作为设计师，需要持续关注和学习新技术，以便能够把握时机，创造更多创新产品。

2. 产品结构设计与实现

结构设计是产品实现的重要因素之一，设计者既要构想一系列关联零件来实现各项功能，又要考虑产品结构紧凑、外形美观；既要安全耐用、性能优良，又要易于制造、降低成本。因此，设计者需要了解不同方面的专业知识，包括常用的设计软件、材料知识，基本的模具知识，常见的机械加工方法、产品表面处理知识等。

在企业的实际项目中，产品的结构设计主要涉及前壳结构设计、底壳结构设计、装饰件结构设计、按键结构设计及其他零件的结构设计等，要求设计团队按时并细致完成，不允许马虎了事，因为如果结构设计不好或时间太长，就会影响整个产品的开发进度，甚至造成项目中止、模具报废等严重后果。

（1）产品结构设计的分类

①壳体、箱体结构

工业产品，如仪器仪表、家电、工具及设备或产品构成部件等，通常都需要外壳，外壳发挥其定位、支撑、防护、保护、装饰以及其他作用。外壳一般分为壳体和箱体，其中壳体的特点是容纳内部组成部件且厚度较薄，如电视机壳、手机壳等；箱体具有包容、支撑等结构功能，相对封闭，如汽车变速箱、计算机主机箱等。壳体或箱体的主要功能包括容纳、定位、支撑、防护、保护、装饰和其他功能，如装甲车的防御能力、汽车的安全和舒适性、音响系统的音质等。

②连接与固定结构

连接与固定结构是产品设计中常见的重要结构。连接的目的是将产品的各个部件固定在一起形成整体，可分为不可拆固定连接、可拆固定连接和活动连接等类型。固定结构的主要功能是将产品的部件位置固定不变。在设计过程中，各种连接与固定结构都需要满足可靠、工作稳定、简单、耐久及便于加工制造等要求。根据具体需求，对每种结构还有一些特殊的要求，如不可拆固定连接需要达到一定的连接强度和封闭性，可拆固定连接需要考虑拆卸方便、快速并保护主体部件不受损坏，活动连接需要考虑工作稳定性和使用寿命，固定结构需要考虑固定的可靠性和开启方便性等。

③连续运动结构

运动结构装置是很多工业产品、设备的核心结构和实现设计功能的基础结构装置，也是产品设计中比较复杂、专业要求比较高的设计任务，通常需要由产品相关专业设计师或结构设计工程师配合工业设计师完成。在机械设计中，通常将实现特定运动的结构装置依据其结构特点命名为相应的机构，如齿轮机构、链轮机构、连杆机构等。运动机构种类繁多，常用运动结构的功能与种类包含运动功能和相应机构的产品设计，对设计师的专业设计水平要求较高，特别是运动系统比较复杂的产品，如汽车、机床、包装机、印刷机等。

④密封结构

密封结构在产品设计中应被纳入总体结构设计的考虑范畴。不同产品对密封的功能和要求不同，主要分为两类：一是依靠封闭实现功能或进行工作的产品，二是容纳、储存、传输物料的产品。对于第一类产品，密封的主要功能是保证产品可靠工作、实现产品设计功能和效率；对于第二类产品，密封的主要功能是防止泄漏。产品故障往往是由于密封出现小毛病的，因此密封结构的重要性不能被忽视。不同产品对空间封闭的要求不同，需要综合考虑各种因素，统筹协调、策划，以满足产品的要求和效果，并控制成本。

⑤安全结构

安全结构是为了保护产品在工作或使用中出现的特殊或意外情况时人身安全和产品安全而设计的，如汽车的安全气囊、ABS系统等。安全结构的基本功能是在出现意外情况时提供保护的，但实现保护的程度、效果及保护范围取决于具体产品的工作特点、使用环境和安全结构设计的策略等。对于汽车的安全结构设计问题，保护的对象包括司乘人员的人身安全、车辆的安全和附属装置的安全等，保护方式和措施包括安全带、安全气囊、前挡风用钢化玻璃等。安全结构设计的策略制定取决于可用安全措施及其效果、加工制造成本、发生意外的概率及相应的影响程度等。主要设计策略按保护程度分为提示警告、有限保护和完全保护。

（2）产品结构设计的原则

产品结构设计的原则是在进行结构设计时遵循的基本思路及规则，这些基本规则让产品结构设计更合理，无论是塑胶产品还是五金产品，产品结构设计的总原则包括选用恰当的材料、选用合理的结构、简化模具结构和控制成本。

①选用恰当的材料

所有产品都是由材料构成的。设计产品时，首先考虑的是材料的选用，材料不仅决定了产品的功能，还决定了产品的价格。在选择材料时，需要根据产品应用场所、市场定位和功能来选择。日常消费类电子产品应选用强度好、易处理、不易生锈、易成型的材料，如塑胶材料选用PC、ABS、PC+ABS等，金属材料选用不锈钢、铝、锌合金等；应用于食品行业，要选用无毒无味、耐低温、耐高温的材料，如饮料瓶子选用PET，食品包装袋选用PP、PE等，饮水用的杯子材料选用PP、PC等；高端产品在材料选用上优中选优，低端产品尽可能降低成本。最终的材料选择取决于公司实际情况和供应商间的配合。

②选用合理的结构

产品结构设计不是越复杂越好，相反，在满足产品功能的前提下，结构越简单越好。越简单的结构在模具制作上就越容易，在生产装配上也越轻松，出现的问题越少，如结构设计中常用的固定方式有螺丝固定、卡扣固定、双面胶固定、热熔固定、超声波焊接固定等。一般来说，螺丝固定最可靠，应优先选用；卡扣固定方便简单，但固定可靠性不高，可结合螺丝选用；双面胶固定、热熔固定等应用于特定的场所。产品结构设计时不允许有多余的结构，多余的结构意味着浪费设计时间、增加模具加工难度、浪费材料。

③简化模具结构

产品设计完成后需要模具来成型，在进行产品设计时就要保证产品能通过模具制造出来，产品结构设计再可靠但模具实现不了或很难实现都是不合格的结构设计。应尽可能掌握模具的基本结构、产品的成型方法、出模方式等，只有这样才能尽可能简化模具结构。

④控制成本

成本是产品最核心的一部分，成本的高低在很大程度上决定了公司的利润程度，控制成本从产品设计开始阶段就要考虑到。首先，在选用材料、外形建模和产品结构设计时，要在满足功能和外观的前提下，尽可能选择价格低廉的材料和简化结构以节省成本；其次，在表面处理和供应商选择上，也应根据产品定位和质量要求采用合适的处理方法和选择价格最优的厂商；最后，应对新产品开发进度进行有效的管控，尽可能缩短项目时间，避免浪费时间和赔偿违约金。

（3）产品结构设计的特点

①产品结构设计特点之连接

连接是产品结构设计的主要特点之一。常用的连接方式主要有机械连接方式、黏结方式、焊接方式三种。机械连接方式有卡扣连接、螺丝连接、键销连接等。卡扣连接一般用于强度要求不高的产品，卡扣还经常用于螺丝的辅助固定结构。螺丝连接一般用于两个零件之间的连接与固定，是连接与固定的首选方式。键销连接一般用于轴类及圆盘类零件之间的连接。黏结方式有双面胶黏结、胶水粘贴等。双面胶黏结一般用于小平面零件之间的连接与固定，胶水粘贴则适用各个方面。焊接方式又分为超声波焊接、机械能焊接、电能焊接等。焊接一般用于不需要拆卸零件之间的连接与固定。

②产品结构设计特点之限位

除了连接，产品结构设计还需要限位。限位就是防止移动。例如，要将一个标签纸贴在壳体上，首先要找到贴标签纸的地方，结构设计时一般会在壳体上切一个标签纸位置，标签纸位置限制标签纸贴的地方，这就是限位。再如，前壳与后壳如果只有连接结构，没有限位结构，就会造成装配错位。因此，在前壳与后壳的左右上下方向都要有可靠的限位结构。常用的限位结构有止口、反止口等。

③产品结构设计特点之固定

产品结构设计最后的特点就是固定，有了连接与限位结构，为防止松脱，还需要固定结构。固定与连接是息息相关的，大部分结构既有连接功能，又有固定功能，如螺丝连接、黏结连接等。对于带有运动状态的产品，也需要将运动部分与非运动部分的连接部分限位并固定好，如笔记本电脑上的转轴等。

（二）模具开发与实现

模具开发与实现是制造产品所必需的重要步骤。模具通常是指用于生产大批量零件或产品的工具或设备，它们在制造过程中扮演着关键的角色，模具开发通常包括结构手板设计制作、模具设计与加工、样品测试以及后续的调试改进等过程。模具开发与实现需要充分考虑产品的特性和生产要求，同时需要对材料、工艺和成本等因素进行综合考虑，以确保最终生产出来的产品具有较高的质量和竞争力。

1. 结构手板设计

结构手板就是在没有开模的前提下，根据产品的结构图纸做出一个或几个产品出来。

手板的主要作用包括检验结构可行性、给用户提前体验产品、进行功能测试以及降低直接开模的风险。首先，手板可以直观地体现结构设计的合理性和装配难易程度，并提前让客户体验和提出修改意见，为产品的宣传和推广提供支持。手板还可以在未开模之前进行功能测试，从而缩短测试时间，帮助产品尽早上市。对于复杂的产品，结构手板尤其重要，它可以在开模之前发现设计上的不合理性，降低模具制造风险，从而减少损失。

结构手板的制作方法目前主要有激光快速成型和数控加工中心加工。激光快速成型是将三维图纸输入到专业的成型机器里，通过塑料一点点堆积而成的一种手板制作方法。激光快速成型速度快但表面粗糙、强度低，加工出来的手板强度差，小型零件难以加工。数控加工中心加工是通过数控机床对原料进行铣、车、钻、磨等方法加工，做出与三维图纸一样的产品。数控加工中心加工精度高，表面经过处理后与模具制作产品表面一致，但加工时间长、加工难度大，有些部位需要手工加工。

2. 模具设计与实现

模具，按字面理解就是制造模型的工具，是按特定形状成型，具有一定形状和尺寸的制品的工具。在日常生活及社会各领域中，到处可见模具产品的踪影，生活中绝大部分产品都需要模具来制作。模具生产技术水平的高低，在很大程度上决定着产品的质量、效益和新产品的开发能力。应对整个模具制作过程进行跟进，及时与模具制造方沟通，督促模具厂按时按质完成。

（1）塑胶注射模

在产品设计中，接触最多的就是塑胶模具，塑胶模具中又以热塑性注射模最多。通过人力或传送装置将塑料输送到注塑机的料筒内，塑料受热呈熔融状态，然后在螺杆或活塞的推动下，经喷嘴和模具的进料系统进入型腔，充分冷却后，物料在型腔内硬化定型，这个成型过程所需的成型工具称为注射模。塑胶注射模产品随处可见，日常用品如水桶、洗脸盆、桌椅、衣架；大多数电子产品的外壳及部分内部零部件，如手机、电视机、计算机、电风扇；文具用品中的圆珠笔、铅笔盒、订书机；交通工具中的汽车仪表板、导流板、保险杆；医疗器具、航空器零组件、各式各样产品的附件等。

塑胶注射模的特点包括以下几点：一是可以大量生产塑料产品；二是塑胶产品价格比五金产品便宜；三是生产速度快、价值高；四是设计灵活，可变性高；五是零组件替换容易；六是保养简单。

（2）模具设计流程

如图2-4-3所示，这里以塑胶产品为例，简要阐述模具设计的一般流程。

①接收塑胶产品结构图并检查

在接到客户发过来的塑胶产品图时，要仔细检查图纸是否遗漏尺寸，二维图是否对应，三维图的单位是否准确等。除此之外还要与客户沟通确定以下几个问题：一是这个塑胶产品在模具中是一模几穴？模具决定了产品的大小，也决定了生产的可行性；二是这个塑胶产品的材料是什么？塑胶材料有没有指定的牌号？这决定了模具成型部分的加工尺寸；三是产品的进胶方式及进胶位置。这一般决定了模具的种类；四是行位对外观的影响、塑胶产品分模面位置、处理倒扣的方式等。

②模具装配图设计

模具装配图设计是最重要的环节，直接决定以后模具加工的工作量。模具装配图设计一般分为八

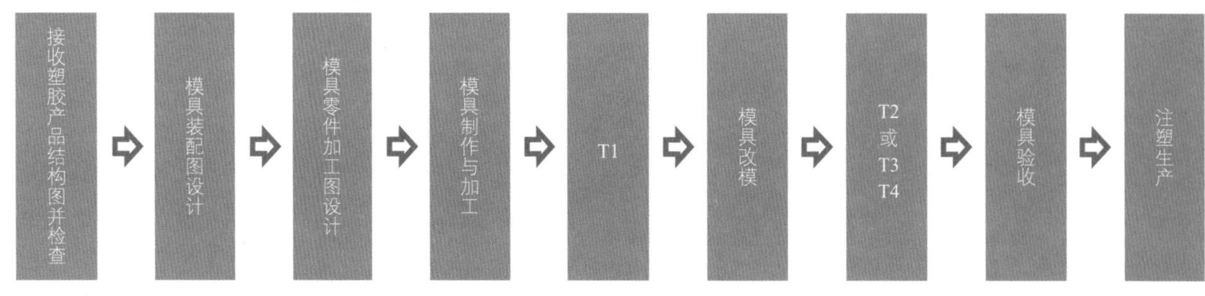

图 2-4-3　模具设计流程

步：一是摆放产品；二是设计公、母模仁大小；三是设计抽芯机构，没有倒扣可不用设计；四是设计模架大小；五是设计浇注、顶出、冷却、加热系统；六是追加辅助零件、辅助设置；七是审核，追加图框、标题栏、零件序号、材料明细表、标注尺寸；八是图纸打印。

③模具零件加工图设计

模具零件加工图设计包括模仁零件加工图、模板零件加工图、辅助零件加工图、电极和线割加工图。

④模具制作与加工

模具制作与加工是通过各种加工设备对模具各部件进行精细加工制作。模具加工水平是衡量一个模具厂实力高低的标准。模具加工分为传统机械设备加工和先进加工设备加工。传统机械设备有普通铣床、车床、钻床、磨床、刨床等。先进加工设备有火花机、线切割、CNC 加工中心、CNC 磨床等。精密模具的制作还需要更精密的机器设备，如镜面火花机、高精度慢走丝线切割机、高速 CNC 加工中心、精密 CNC 车床等。

⑤T1 阶段（第一次试模）

第一次试模是模具制作完成后第一次试生产胶件，是检验模具制作是否满足要求的必经环节，俗称 T1。检讨时要细致，并将检讨内容记录在相应的表格里。检讨的步骤为：首先逐件检查单个零件有没有满足设计的要求；其次检查壳体零件装配有没有满足设计的要求；再次检查壳体与电路板装配有没有满足设计的要求；最后检查整机功能是否满足设计的要求。

T1 之后就是修改模具，再精密的模具制作也难免要修改，模具经过修改后就是第二次试模，不管产品经历几次试模改模，其最终目的是得到合格的塑胶产品。不过，频繁试模改模不仅浪费大量的时间，还会造成模具到处是烧焊的痕迹，严重的会造成模具报废。

⑥注塑生产

注塑生产是最后的环节，模具验收完成后就可以进行注塑生产了。模具从开始使用到报废的总时间称为模具的寿命，模具的寿命是根据模具使用材料、模具设计水平、制作加工水平来决定的。如果产品的产量很大，一般都要做好几套同样的模具，称为复模。复模有两个作用：一是新旧交替，这套模坏了，用另一套模，这样就不会耽误注塑时间；二是两套模同时注塑，缩短总注塑时间。

3. 手板样机制作

手板样机制作简称样板，是在模具完成之后制作的，是客户试产前的样件确认。模具制作完成之后，通过模具注塑出零件，然后组装成整个产品。样板的主要作用是检验产品是否满足客户要求，样板制作可以是几个，也可以是几十个，在样板制作过程中，还可以检验产品能否试产的可行性。

样板可以用作整机测试，测试的结果给品质部门提供品质要求的数据参考。样板还给生产部门提供流水线作业的工序安排。在设计流程中，样机会小批量地生产，并进行试销，获得用户的反馈后，再进行最后的调整。

（三）产品开发的后续工作

1. 相关标准与认证

试产之前，研发部门要召集各部门相关人员开新产品内部发布会，给各部门人员讲解产品的构成和功能，以及生产的装配顺序、对品质的要求等。

品质部门根据产品发布会的要求制定具体的品质细节，开发部门要给品质部门提供生产标准。生产部门根据产品发布会的要求制定具体生产工序安排、夹具的制作等，开发部门要给生产部门提供新产品生产标准及其他资料。

2. 产品生产成本核算

在产品的开发后期阶段，需要对产品的生产成本进行核算。产品的生产成本包括零部件成本、装配成本和间接成本。零部件成本是指产品的零部件可能包括从供应商那里购买的标准件，如电机开关、电子芯片、螺栓等。其他零部件是定制件（非标件），即根据制造商的要求由钢板、塑料或铝材等原料制成的。一些定制件在制造商自己的工厂生产，而另一些定制件可能由供应商根据制造商的设计要求进行制造。装配成本是指一般产品都由各部件组装而成，组装的过程会产生人工成本、设备和工具成本。间接成本涵盖所有其他方面的成本，包括支持成本和其他间接分配。

支持成本包括原材料处理、质量保证、采购、运输、安装、设计、设备及其维修产生的开支，这些是制造产品所必需的支持系统，而这部分成本在很大程度上取决于产品的设计，然而，由于这些成本通常由多种产品分担，因此把它们全部归为间接成本。间接分配是生产中不能直接对应于某种特定产品却又必须支付的成本，如保安人员的工资、建筑和场地的维护成本都属于间接分配，因为这些成本是由不同产品共同承担的，所以难以直接分配到某种具体产品。

一般来说，企业的采购部门在产品发布会之后就要准备试产物料，开发部门要给采购部门提供新产品物料明细（Bom）表。Bom表是接收客户订单、选择装配、计算累计提前期、编制生产和采购计划、配套领料、跟踪物流、追溯任务、计算成本、改变成本设计不可缺少的重要文件。

3. 生产签样

生产签样是结构工程师签署生产用的对照样板，品质签样是签署品质检测用的对照样板。对照样板只要一经签署，就具有产品标杆的作用，生产部门生产出来的产品要与签署的对照样板一致。产品结构工程师在签署对照样板时尤其要谨慎并能承担相应的责任，如果生产签署的样板出现差错，就会造成生产出来的产品报废，给公司造成严重的损失。

4. 生产跟进与生产技术支持

生产跟进与生产技术支持到生产现场去了解产品生产状况，包括装配过程、品质检测、功能测试等。尤其是在产品试产阶段，出现的问题比较多，结构工程师及相关技术人员要能对生产中出现的问题提出解决方法，对生产中不良的生产方式及时检讨及纠正。

（四）总结

产品实现阶段涉及多门学科的专业知识，也需要多个职能部门的配合，不是单靠设计师独立完成的。因此，学生需要重点了解市场、研发、采购、生产等知识，在平时的项目中，积极地与不同技术人员学习和沟通，积累更多的实践经验，才能在今后的实际生产过程中更好地配合技术人员，完成产品的开发与实现。

二、实战案例：人本造物（广州）产品设计有限公司——减震独轮车

本实战案例以人本造物（广州）产品设计有限公司的减震独轮车设计为例，来简要展示产品开发与技术实现的相关物料和过程。这款减震独轮车主要出口国外，目标用户为热爱极限运动的专业人士，它基于结构和功能的创新达到很好的减震效果，设计的巧妙之处在于将车的电池和机身融为一体，给减震器的位置节省了空间和生产成本，有效地减少骑行时的颠簸和震动，提高了骑行的舒适性和稳定性，深受专业人士好评。

1. 产品设计表达

根据产品调性和使用环境的特殊性，制作相应的产品效果图、细节图及应用场景图，如图2-4-4至图2-4-11所示。

图 2-4-4　产品效果图

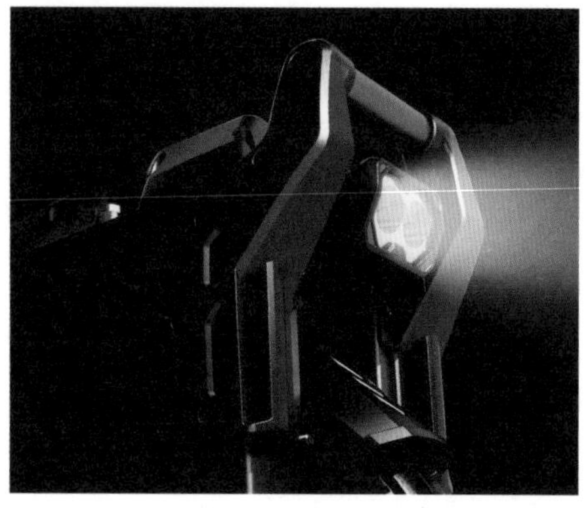

图 2-4-5　产品细节图 1

图 2-4-6　产品细节图 2

图 2-4-7　产品细节图 3

图 2-4-8　产品细节图 4

图 2-4-9　产品正视图

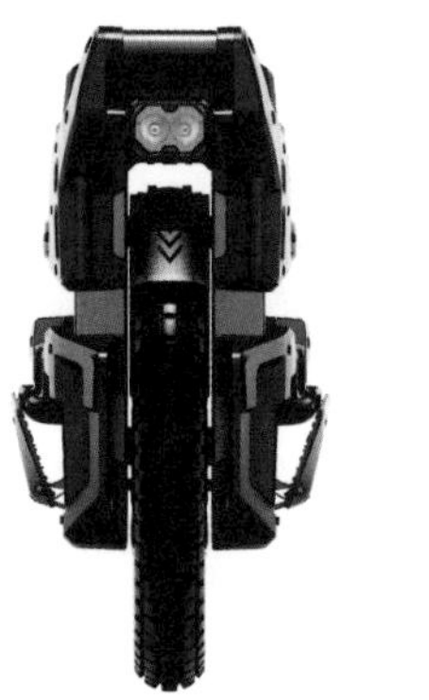

图 2-4-10　产品侧视图

图 2-4-11　应用场景图

2.产品CMF设计

根据野外环境特点，选择骑士黑、丛林绿和沙漠灰作为产品配色方案，基于户外运动的需求选择合适的生产工艺和制作材料，制作产品CMF标准，如图2-4-12、图2-4-13所示。

骑士黑

丛林绿

沙漠灰

图 2-4-12　产品配色方案

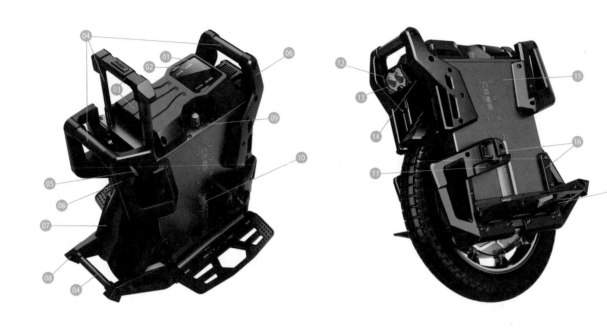

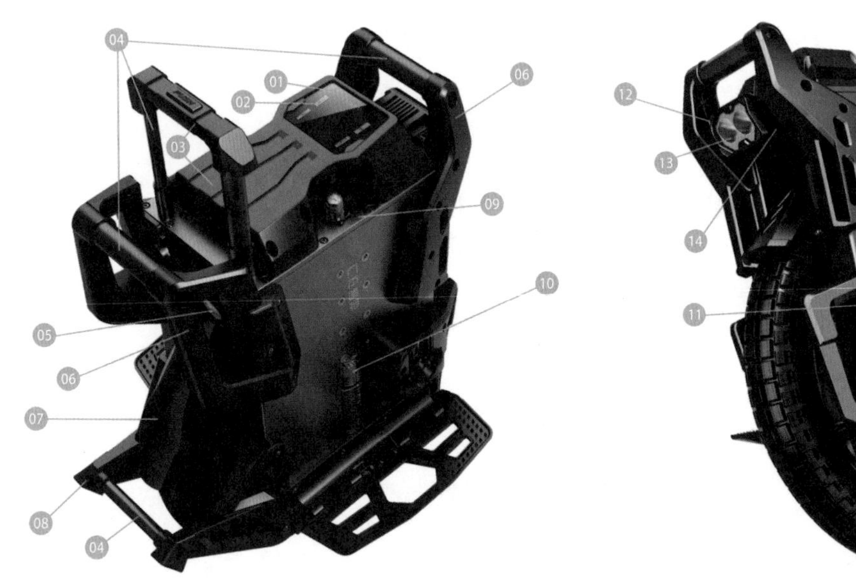

01 零件：显示屏盖子
材料：亚克力
工艺：亮面
颜色：PANTONE Process Black

02 零件：按键
材料：ABS+PC
工艺：磨砂
颜色：PANTONE Process Black

03 零件：控制盒/拉杆
材料：ABS+PC
工艺：磨砂
颜色：PANTONE Process Black

04 零件：金属管
材料：型材铝
工艺：表面磨砂细纹
颜色：PANTONE Process Black

05 零件：尾灯导光件
材料：PC
工艺：半送明红色磨砂
颜色：PANTONEred032C

06 零件：提手
材料：尼龙加纤
颜色：PANTONE Process Black

07 零件：挡泥板
材料：PC
工艺：表面磨砂细纹
颜色：PANTONE Process Black

08 零件：停车支架
材料：尼龙加纤
颜色：PANTONE Process Black

09 零件：电池盒
材料：金属
工艺：表面磨砂纹
颜色：PANTONE Process Black

10 零件：减震器
材料：金属
工艺：亮面
颜色：PANTONEred032C

11 零件：勾脚调节垫
材料：发泡胶
颜色：PANTONE Process Black

12 零件：大灯前盖
材料：PC
工艺：磨砂
颜色：PANTONE Process Black

13 零件：灯杯
材料：PC
工艺：电镀银

14 零件：大灯后盖
材料：金属
工艺：表面磨砂蚀纹
颜色：PANTONE Process Black

15 零件：电池盒
材料：镁合金
工艺：表面磨砂粗纹
颜色：PANTONE Process Black

16 零件：前勾脚/停车架
材料：尼龙加纤
工艺：亮面
颜色：PANTONE Process Black

17 零件：脚踏板
材料：镁合金
工艺：表面磨砂粗纹
颜色：PANTONE Process Black

图 2-4-13　产品 CMF 标准

3. 产品功能与结构的实现

根据车体构造，确定合理的生产尺寸、选择合适的生产工艺、采购适配的配件，制订硬件方案（图2-4-14至图2-4-18），以确保产品能实现最大化的减震功能。

·三星 INR21700-50E电池：120颗
·双层控制器，铝基板热传导
·使用铜条、铜柱加速导电、散热
·整体式7071航空铝合金车身
·电池仓两侧设有防撞吸能盒
·内置隐藏式推杆
中置法向减震37毫米
·12毫米弹簧预载调节
·18段压缩阻尼调节
·18段回弹阻尼调节
·杆径：37毫米
·行程：80毫米
·镁合金材料
·轮毂、边盖加宽加厚
·额定功率3000瓦
·峰值功率7000瓦
·油封防水工艺
·夹跳装置高度可调
·多角度可折叠镁合金踏板
·稳定停车支架
·外置蜂鸣器
·双充电口最大支持15安培
2000流明 18瓦双大灯
·转弯、制动双色高亮后警示灯

图2-4-14　减震独轮车的生产工艺及配件

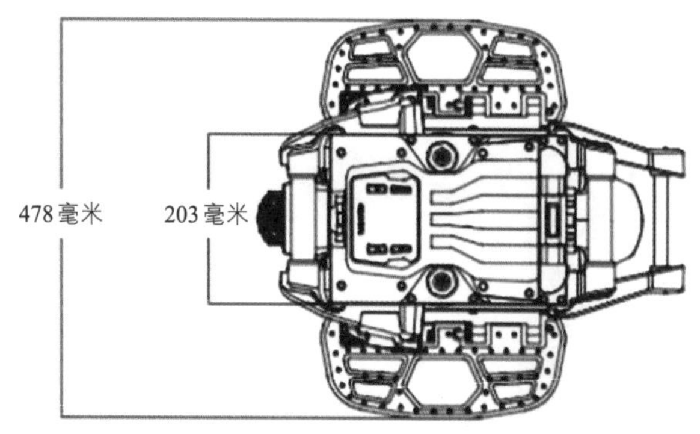

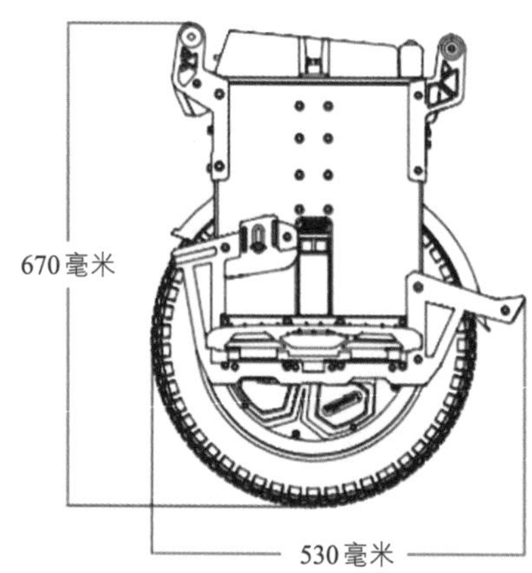

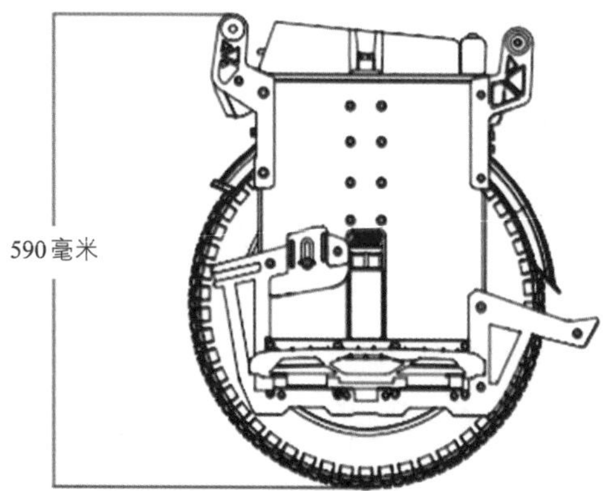

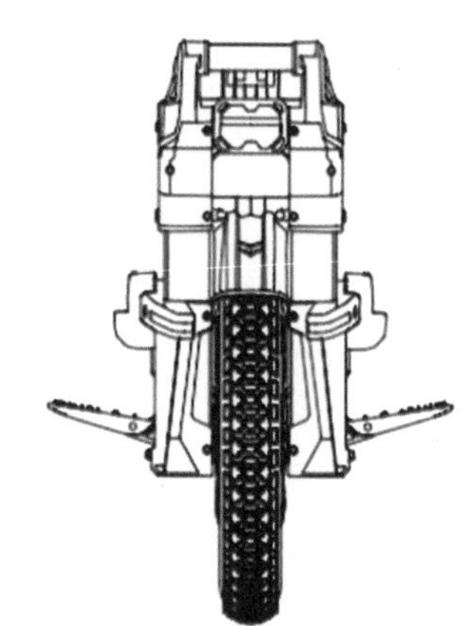

图 2-4-15　生产尺寸

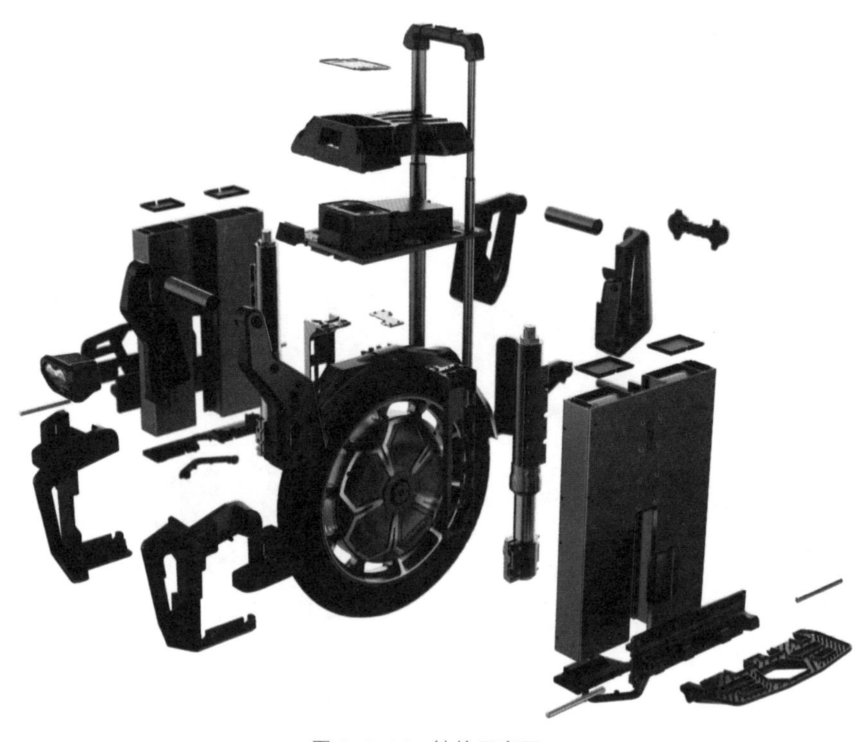

图 2-4-16　结构示意图

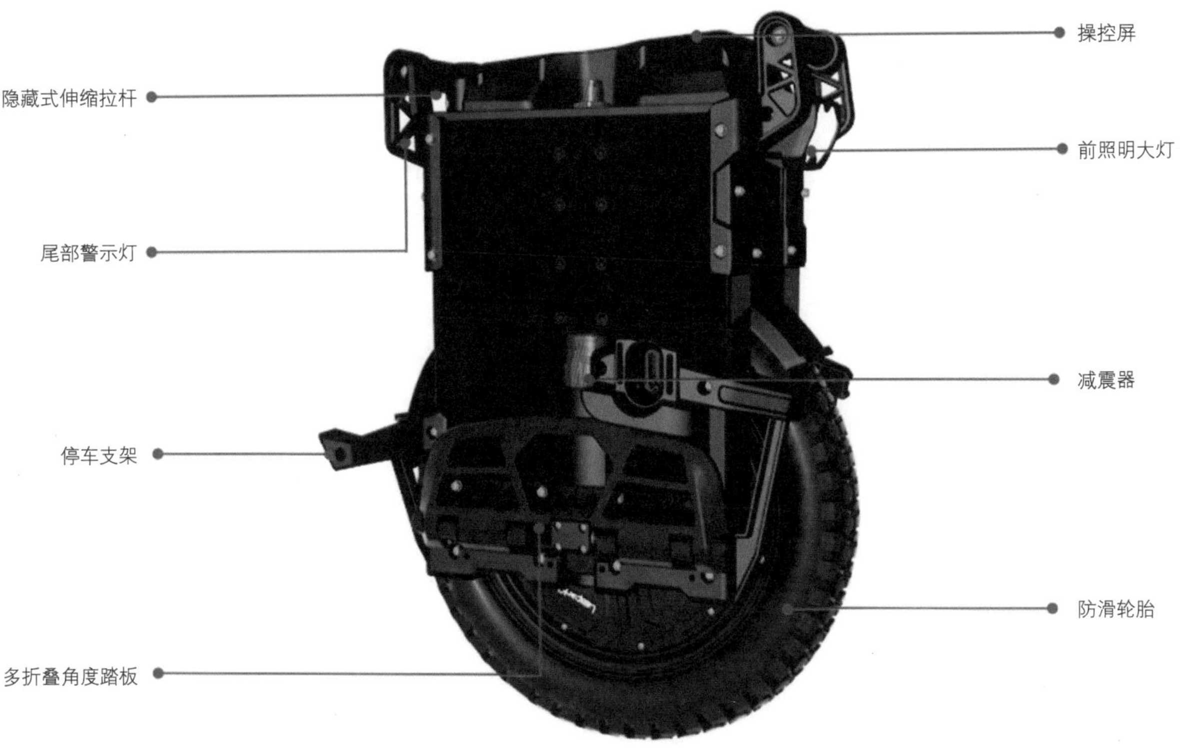

图 2-4-17　功能示意图

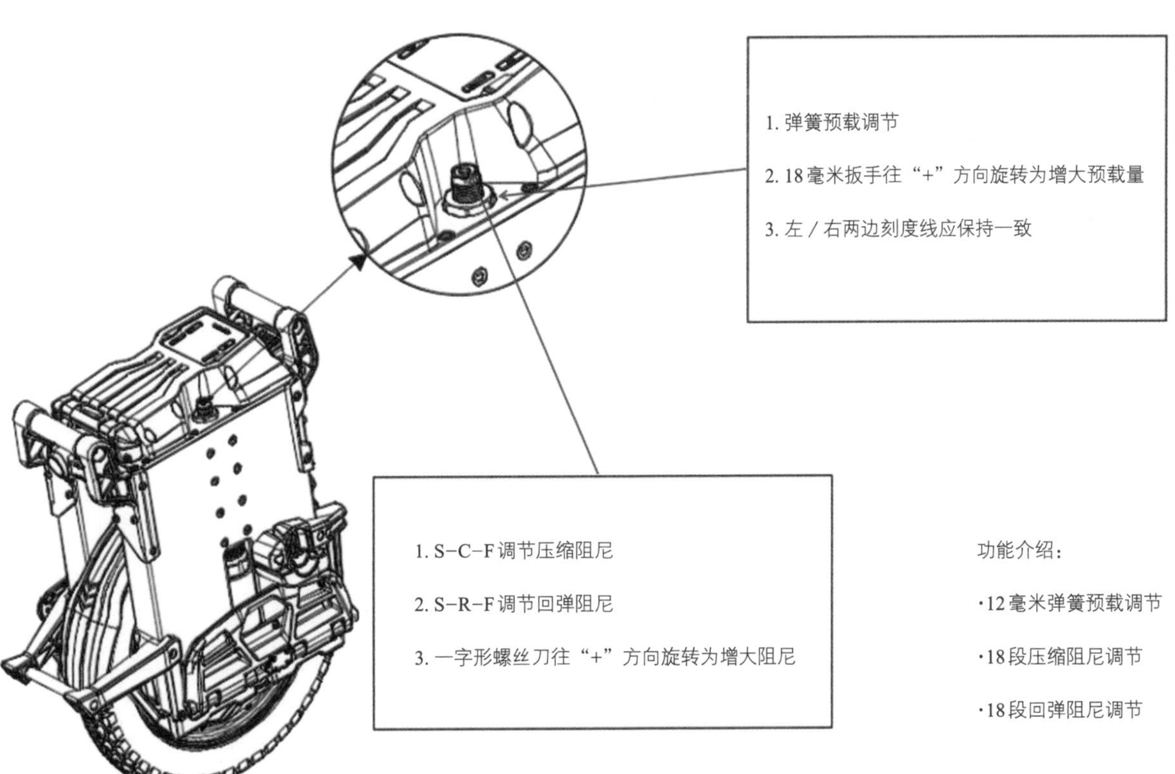

1. 弹簧预载调节
2. 18 毫米扳手往“+”方向旋转为增大预载量
3. 左 / 右两边刻度线应保持一致
1. S-C-F 调节压缩阻尼
2. S-R-F 调节回弹阻尼
3. 一字形螺丝刀往“+”方向旋转为增大阻尼
功能介绍：
·12 毫米弹簧预载调节
·18 段压缩阻尼调节
·18 段回弹阻尼调节

图 2-4-18　功能及硬件方案

三、实训任务：产品实现

（一）实训目标

1. 知识目标

（1）了解产品功能设计的要点、基本构成等基本知识。

（2）了解产品结构设计的基本知识和原则。

（3）了解模具开发与实现的基本知识，常用的塑胶注塑模的一般流程。

（4）了解产品开发后续中标准制定、成本核算、生产签样等知识。

2. 能力目标

能够根据项目需求进行基本的产品结构设计。

3. 价值目标

通过复杂的产品实现过程，培养学生协作学习的团队合作意识、求真务实的科学精神和精益求精的工匠精神。在实际生产过程中帮助学生熟悉行业规范，以养成良好的设计师修养和职业道德素养。

（二）重难点分析

产品实现阶段每个环节都涉及非常多的专业知识与经验，不同材料、不同功能模块的产品都可能需要很多不同行业、企业的通力合作。通常，这部分工作由专业工程师、模具工程师等专业技术人员与团队完成，设计师需要了解相关知识并配合相关专业技术人员，因此，需要积极与不同技术人员学习、沟通，同时积累更多的实践经验。

（三）实训步骤

1. 根据产品功能设计的要点，选择合适的功能模块。

2. 根据产品需求，分析适合的产品结构方式并确定实现方式。

3. 明确零部件采购或生产开发模具等，核算产品生产成本。

4. 确定生产签样并进行开发加工。

（四）任务清单

任务清单如表2-4-1所示。

表2-4-1　任务清单

名称	内容	要求	数量
完成产品实现的经验报告	收集产品实现过程中所有文件、数据。比较分析，形成产品实现的经验报告，思考如何改进设计，以便于加工生产或降低成本	这一阶段应尽可能与生产加工不同环节的技术工程师深入地沟通，了解产品功能与结构实现、模具开发与实现以及生产后续工作对于产品实现的影响。了解不同加工工艺、结构材料对产品成本的影响。总结经验，使今后的产品设计能更加符合低成本、环保或其他项目需求	1份（Word、PPT、PDF等格式）

第五节　实战程序5：推广营销

产品设计的推广营销是将产品、品牌及企业向消费者进行宣传和推广的过程，包括形象系统、推广策划、终端呈现、价值传播等多方面的内容，需要根据产品的特点和目标市场进行具体规划与执行，同时需要考虑消费者需求、竞争环境、预算、时间和资源管理等因素。由于推广营销通常由专业的市场推广策划部门或团队完成，本节主要以企业案例为例，简要阐述产品推广营销的要点。

一、知识点

（一）形象系统

在企业或品牌进行推广宣传的过程中，虽然推广的是一款具体的产品或服务，但是其中蕴含着品牌理念、企业形象等多种因素，是消费者对品牌产生忠诚度、对企业建立信任与依赖度的重要渠道。因此，在推广过程中，如何系统地维护、体现或提升品牌形象、企业形象，是设计师需要努力实现的目标。设计过程中应深入了解品牌理念、企业理念，并通过设计帮助传达其理念，树立其良好形象。

社会学家、经济学家哈耶克认为“形象”是宇宙及人类社会“外在秩序”之形状与“内在秩序”之象征的统一，是自然科学、社会科学、人文科学的最高范畴。“形象”是人与人、国与国之间的沟通方式，形象具有超越地域、文化、语言的沟通能力，具有强大的信息表达能力，并且可以发挥极大的品牌整合力量。形象是一个既系统又抽象的概念，在做产品规划、品牌推广的过程中，应该把产品形象、品牌形象、企业形象作为一个整体，系统化思考并制定策略。

1. 企业形象

企业形象又称为企业形象识别系统（Corporate Identity System，CIS）。它是现代企业走向整体化、形象化和系统管理的一种全新概念，是企业运用整体的传达系统，将企业的理念及特性进行视觉化、规范化和系统化，来塑造公众认可、接受的具体评价形象，传达给企业内部或大众，并使其对企业产生认同感，从而创造最佳的生产、经营及销售环境，促进企业的生存和发展。

企业形象识别系统是企业大规模化经营而引发的企业对内对外管理行为的体现。当今国际市场竞争激烈，企业之间的竞争不再是产品、质量、技术等方面的竞争，已发展为多元化的整体竞争。企业欲求生存必须从管理、观念、形象等方面进行调整和更新，制定长远的发展规划和战略，以适应市场环境的变化。现在的市场竞争，首先是形象的竞争，推行企业形象设计，实施企业形象的竞争战略，使企业形象表现出符合社会价值观要求的一面，就必须进行形象管理和设计。企业形象系统庞大而复杂，其中，品牌形象和产品形象往往与消费者直接相关。

2. 品牌形象

（1）品牌的基本概念

品牌是指消费者对产品及产品系列的认知程度，是人们对一个企业及其产品、售后服务、文化价值的一种评价和认知。品牌能够表达六层意义，包括属性、利益、价值、文化、个性和使用者。属性是品牌给人带来的第一印象，如劳斯莱斯能够体现出昂贵、制造优良、工艺精良、耐用等特点；利益是属性转化而来的功能或情感利益，如“耐用”可以转化为“我可以几年不用换车”，“昂贵”可以转化为“这辆车可以展示我的身份地位”；价值是品牌所代表的制造商的价值观，如劳斯莱斯强调高性能、安全和威信；文化象征了一定的文化背景，如梅赛德斯代表英国文化中的绅士、高贵和传统；个性代表了品牌本身的独特气质，如劳斯莱斯可以使人想到一位有绅士风度的老板或一座高贵的宫殿；使用者代表了品牌所吸引的消费者类型。

（2）品牌的作用

建立品牌会产生成本，包括包装费、标签费和法律保护费等，还要承担该品牌不受欢迎的风险。即便这样，销售者仍然使用品牌，这是由于品牌能为他们带来以下好处：一是品牌得到法律保护，防止竞争者仿制、假冒；二是品牌能够吸引品牌忠诚者，促进消费者重复购买，并且在市场营销中具有较大控制力；三是品牌能够细分市场，促进产品组合决策，使新品更容易进入市场；四是优秀的品牌能够建立公司形象，宣传公司的质量、规模和理念等。

（3）品牌认知的成功条件

品牌认知的成功条件：包括品牌化的产品个性；品牌提供的产品其整体的个性或风格；品牌化的价值必须符合消费者的需求。

（4）品牌形象系统设计

品牌形象系统设计，即品牌视觉形象识别系统（Visual Identity System，VIS或VI），包含基础系统、应用系统、导视系统等。基础系统包含标识设计、标准色彩、标准字体、辅助图形、视觉图像等，这些是一个品牌从0到1建设的重要组成部分。应用系统包含办公系统、广告系统、数字媒体系统等，系统化设计可以帮助品牌统一规范化落地。VI系统设计的主要目的是使消费者能够快速认知和记住品牌，并且通过VI系统的一致性传达出品牌的核心价值观和形象。

首先，品牌标志是VI系统设计的核心之一，通常是图形和文字的组合，具有独特的形象和意义，在品牌营销中扮演着非常重要的角色。在开展VI系统设计时应注意以下要点：一是VI系统设计需要考虑到品牌的定位、目标用户、市场环境等因素，在确保品牌标志能够清晰地传递品牌的形象和价值的同时，还需要注意到品牌标志的可读性、可识别性和可复制性，以便在各种媒介上应用；二是在VI系统设计中需要仔细选择和搭配不同的颜色以展现出品牌的个性和特征，同时，还要确保品牌在不同媒介的应用中色彩的一致性，避免造成混淆和误解；三是注意品牌中形象和字体的整体性，形象包括产品的整体外观、设计风格和视觉表现等方面，还需要选择合适的字体进行设计，以确保文字信息的易读性和可识别性；四是在进行VI系统设计时，需要考虑到不同媒介上的应用规范和标准。

只有通过全面、细致的VI系统设计，才能够有效地塑造品牌形象，提高品牌认知度，从而获得更好的市场竞争力。

3.产品形象

（1）产品形象的概念

产品形象是实现企业总体形象目标的具体表现，是以产品设计为核心而展开的系统形象设计，是以产品作为载体，使产品的功能、结构、形态、色彩、材质、人机界面以及依附在产品上的标志、图形、文字等元素能够为精准传达企业理念而进行的设计开发。通过产品形象设计，将产品的设计理念、原理、功能、结构、构造、技术、材料、造型、加工工艺、包装、运输、品牌产品的展示、营销手段、广告策略等进行一系列统一的策划、设计，使产品内在的品质形象与外在的视觉形象及社会形象形成统一性，以便最大限度地获得消费者个体或某个社会群体的认同感，起到提升、塑造和传播企业形象的作用，使企业在经营信誉、品牌意识、经营策略、销售服务、员工素质、企业文化等诸多方面显示企业的个性、造就品牌效应，在激烈的市场竞争中脱颖而出。

（2）产品形象的作用

产品形象由产品的视觉形象、品质形象和社会形象三方面构成。产品的视觉形象包括产品造型、产品风格、产品包装等，是人们对形象的认知部分，通过视觉、触觉和味觉等感官能直接了解到产品形象诸如产品外观、色彩、材质等，属于产品形象的初级层次；产品的品质形象是形象的核心层次，包括产品规划、产品设计、产品生产、产品使用与服务，它是通过产品质量体现的，人们通过使用产品，对产品的功能、性能、质量以及在消费过程中所得到的优质服务，形成对产品形象的体验；产品的社会形象包括社会认知、产品社会评价、产品社会效益、产品社会地位等，是物质形象外化的结果。良好的产品形象可以使品牌、企业获得更多的经济回报，也能使整体形象得到提高并不断扩大影响力，甚至促进社会发展。

（3）产品形象认知的成功条件

产品形象认知的成功条件为：以产品为载体，体现企业的精神理念和企业文化；具备惯性的风格形式；能成为消费者心目中的理想选择。

（4）产品形象系统设计

产品形象系统设计（Products Identity System，PIS）是以产品设计为核心而展开的系统形象设计。企业产品形象设计是一个企业转变的基本要素和企业产品价值体现的基本标准。一个优秀的PI定义，需要具有造型语言、风格、人机、符号界面、细节、色彩与图案、材料七大要素。产品形象识别系统的建立流程主要包含以下几步：一是深度了解企业文化，解析企业愿景；二是充分了解同类竞品的显著特征；三是规划产品线，确立目标；四是寻找对应的供应链，确定能做什么；五是建立形象符号，与企业理念有关；六是对规划的产品线进行拓展；七是定义形象颜色体系，如高端、低端、主色、辅色；八是对具体明星产品进行细节设计；九是对不同工艺的处理方法进行规划设计；十是形成最终的报告册和PI手册。

产品PI作为服务于品牌个性的手段，很多时候需要用性格特征或消费者所倾向的个性和品位等来定义产品特征，使产品看起来既各不相同，又都能表达同一种理念和同一种价值观，进而获得持同样观点的消费者的认同。

系统化地对企业形象、品牌形象、产品形象进行思考并制定相应形象策略，是实现高效、高质量推广策划的重要前提。

（二）推广策划

推广策划是指在产品的推广过程中制定一系列为达到预期销售目标而设计的活动，涉及市场调研、品牌定位、目标受众的定义、推广渠道的选择、推广内容的制定以及预算控制等方面。目的是通过有效的推广策略，吸引目标受众的注意力和兴趣、促进产品销售、提高品牌知名度和美誉度，从而在市场竞争中获得优势。图2-5-1所示是推广策划的实施内容。

成功的产品推广策划需要综合考虑产品本身的特点、目标市场的需求和趋势以及推广渠道的可行性和效果等因素，并综合运用不同的策略和技巧，让目标受众对产品产生兴趣和认同，从而促进销售并提升品牌价值。

（三）终端呈现

产品的终端呈现是指产品在最终销售和使用的环节中，展示给消费者的实际形态和特征。通常包括产品的包装、标签、外观、品质、功能等方面的展示，以及产品在零售店铺中的摆放和展示方式等。直接影响消费者对产品的感受和印象，好的终端呈现能够增加产品的吸引力和购买欲望、提高产品的竞争力和市场份额。为了确保产品的终端呈现能达到最佳效果，企业通常需要进行精心的规划和设计，包括确定最佳的包装和标签设计、制定合适

1
2
3
4
5
6
7
明确目标受众：
了解其需求、偏好和购买习惯等信息，为制订精准推广计划奠定基础。
确定推广渠道：
选择合适的推广渠道，如广告、促销、公关、社交媒体等，让产品被目标受众知晓。
制订推广计划：
根据预算制订推广计划，并通过数据分析和监控来控制推广成本，确保推广效果最大化。
市场研究：
了解市场需求、竞争对手、市场规模和趋势等信息，为制定推广策略提供依据。
定位品牌形象：
制定相应的推广策略，传达产品的核心价值。
制定推广内容：
包括广告文案、宣传语、海报、视频等，让目标受众更加深入了解产品的特点和优势。
落实推广策略：
推广策略落实到实际操作中，确保推广活动的顺利实施。

图 2-5-1　推广策划的实施内容

的产品陈列策略、培训零售店铺的销售人员等。

以下几种方式可以有效提升品牌形象和产品形象：一是确保产品终端的设计、装饰和陈列与品牌形象一致，包括使用品牌的标志、颜色、字体和风格，以及传达品牌的核心价值观和个性；二是创造优质的用户体验，产品终端应提供舒适、便捷的购物环境，帮助消费者轻松找到他们需要的产品，并提供专业的服务和支持，以增加消费者的满意度，树立品牌形象；三是产品终端应明确展示产品的独特卖点和价值，通过展示产品的功能、优势和特点来吸引消费者的注意，如使用口号、广告语和产品描述等方式突出产品的特征；四是提供互动体验，产品终端可以通过互动展示、试用或演示来增加消费者的参与和体验，加深消费者对产品的了解，并增强产品形象的鲜明度；五是产品终端应使用优质的陈列和包装，以展示产品的优势和品质、提升产品的感知价值、增加消费者的购买欲望；六是通过使用数字屏幕、交互式展示和虚拟现实等技术，创造更具吸引力和创新性的展示方式以吸引消费者、提升品牌形象和产品形象的现代感与科技感。

终端呈现强调产品后端的用户体验，注重用户在购买产品时的使用场景体验和购买交互体验。终端呈现是销售力创新的重要内容。

终端呈现的关键方法及工具主要包括产品动态视频、店铺终端形象系统和物料系统等。产品动态视频可以生动表达产品信息，帮助消费者快速剖析产品，通过动态呈现品牌价值；店铺终端形象系统能提升体验、促进销售，营造沉浸式销售体验空间，提升消费者驻留时间及转化率；物料系统能放大产品优势，交互体验突出产品核心功能，增强技术说服力。

1. 产品动态视频设计

随着5G时代的到来，传统的线上销售渠道如电视购物、传统电商、直播带货等逐渐被打上了社交电商的符号，产品动态视频展示成了推广营销中的一种有效形式。动态视频通过精心设计，可以吸引消费者的注意力并促使他们停留在产品页面上、帮助消费者了解产品的功能和特点、更加生动地感受到产品的使用场景和效果，从而增加对产品的认知度和兴趣，提高浏览时间和转化率，也可以提高品牌的知名度和美誉度，扩大品牌影响力。

产品动态视频主要包括新品上市综合视频、创意视频／商业电视广告和电商爆品视频三种类型，其在设计之初就应该明确播放渠道、视频特征等，以精准投放市场，吸引目标消费者。表2-5-1展示了松下的新品动态视频，通过洞察产品属性和销售情景，重新构建了内容重点和产品调性，引起消费者的使用感受共鸣。

产品创意视频／商业电视广告的特点如表2-5-2所示，以樱雪AI智慧厨电系列广告为例，展示了如何通过创意视频抓住年轻用户群体不爱烹饪的痛点，打造差异化卖点，引起消费者共鸣。同时凸显了产品功能利益点，展示了产品不能看到的工作过程，能更好地说服消费者。

产品电商视频的特点如表2-5-3所示，以飞

表2-5-1 新品上市视频

新品上市综合视频	
播放渠道	发布会、新品推广、双微
渠道特点	观看人群相对精准，需要辅助销售
视频特点	1. 全面展示产品特点及优势 2. 解析技术原理，突出利益点 3. 有一定的诞生逻辑或研发理念

表2-5-2 产品创意视频

播放渠道	电视、插片广告、双微
渠道特点	接触面广、吸引瞬间注意、留下关键记忆点
视频特点	1. 内容精准，极精简 2. 创意形成传播性 3. 突出产品关键利益点

表2-5-3 产品电商视频

播放渠道	电商平台、短视频平台、自媒体
渠道特点	产品周期短、观众观看时间短、手机观看
视频特点	1. 内容精准，突出1个核心和印象点 2. 时长不超过60秒 3. 20个镜头左右可满足

利浦全球净水产品电商视频为例，展示了不可见的净化过程，打造了产品的差异化卖点。

产品视频对于线上销售力的提升最为关键，在进行产品线上推广的活动中，需要围绕用户价值、使用价值，选对匹配渠道的视频类型，方可打造产品的差异化卖点，形成核心竞争力。

2.店铺终端形象系统

店铺终端形象系统（Space Identity System，SI），可以理解为品牌VI（品牌视觉）在店面终端部分的三维延伸，它演化出空间导视、品牌宣传、陈列规划、动线体验、仓储收纳等空间和道具设计，通过将不同的技术和系统组合起来，以创建一个更强大和更完整的系统。SI系统旨在帮助企业有效展示其产品，提高产品在市场中的曝光率和销售额。

如传统的家具卖场往往是货架式的陈列，如今家具门店越发注重SI系统，让消费者沉浸式体验整套家具的质感和使用方式，进一步刺激了消费者的购买欲望。从卖货到贩卖体验，从传统的货物上样到空间场景的模拟，体验与感受成为线下销售渠道的核心。

线下终端销售力的构建需要店面空间的SI系统配合产品展示物料系统，接下来通过美的中央空调的案例进一步理解SI系统的构建。

中央空调行业传统的展示方式主要有四个特征：一是体现了极强的专业性和值得信赖的品质感，但产品特点展示不清晰；二是站在产品开发者的角度去沟通，展现的几乎都是“工业化设备数据”，消费者看不懂；三是体验模式往往都是产品铺陈，缺少了消费者导向的利益点体验（设备安装后的生活场景）；四是缺少“家”的联想与舒适度。

实际生活中，对消费者来说，“应该选几组产品”“使用后家是什么样子”“后期怎样维护”“怎样操作”是其关心的核心痛点问题。基于上述分析，如图2-5-2所示，得出了以参观体验过程中的心理动态为依据的设计流程及价值点模型。根据该模型，此次美的中央空调的SI系统设计将从以下几个层面进行：一是更注重情感的调性，二是更科学的购买流程体验，三是更易懂的产品沟通语境，四是更合理的产品展陈结构。

通过梳理，重新进行了规划：如图2-5-3所示，按照购买流程，将店面切分为四大板块；如图2-5-4所示，多角度展示了SI系统的整体效果；如图2-5-5所示，五步实现自主选购，卖场设计通过更为简洁的选购流程，让购买变得简单；如图2-5-6所示还原了真实的使用场景，以此吸引消费者；图2-5-7、图2-5-8体现了通过增加安装、售后、设计板块服务，进一步促进成交。

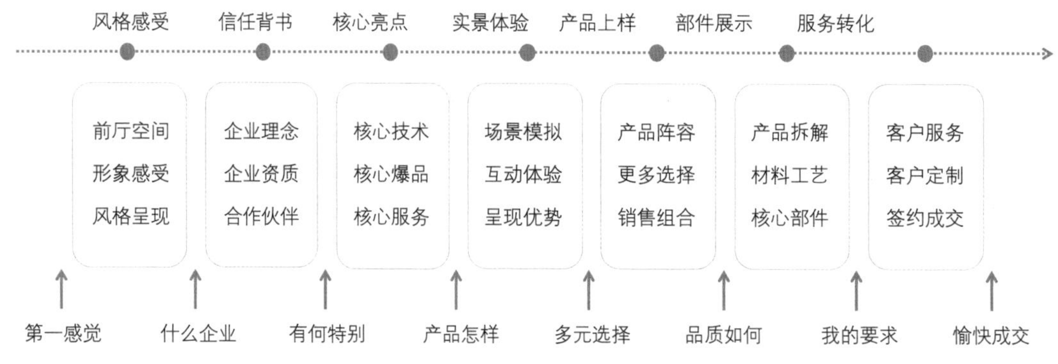

图2-5-2　以参观体验过程中的心理动态为依据的设计流程及价值点模型

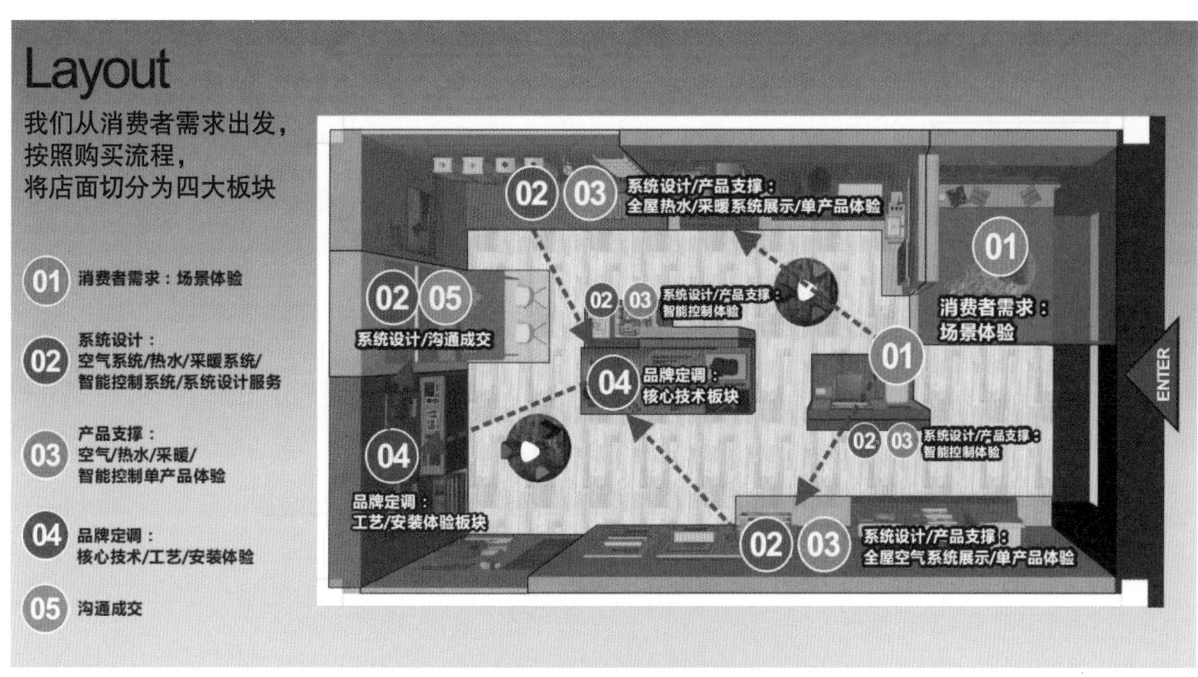

图 2-5-3　店面四大板块

空调出风口，实机体验

能看见森林的“大窗”，具有环境代入感

轻松的家居氛围，凸显家的舒适

步入式橱窗，森林别墅般的客厅场景，让顾客感受到舒适的温度与森林般清新的空气。

图 2-5-4　SI 系统整体效果

1.根据户型，选择合适的主机

2.设计一套系统，输入生活数据，自主计算冷量及室内机数量

3.根据计算结果，选择室内机

4.根据装修，选择风管机面板

5.根据自己的需要，加选新风机

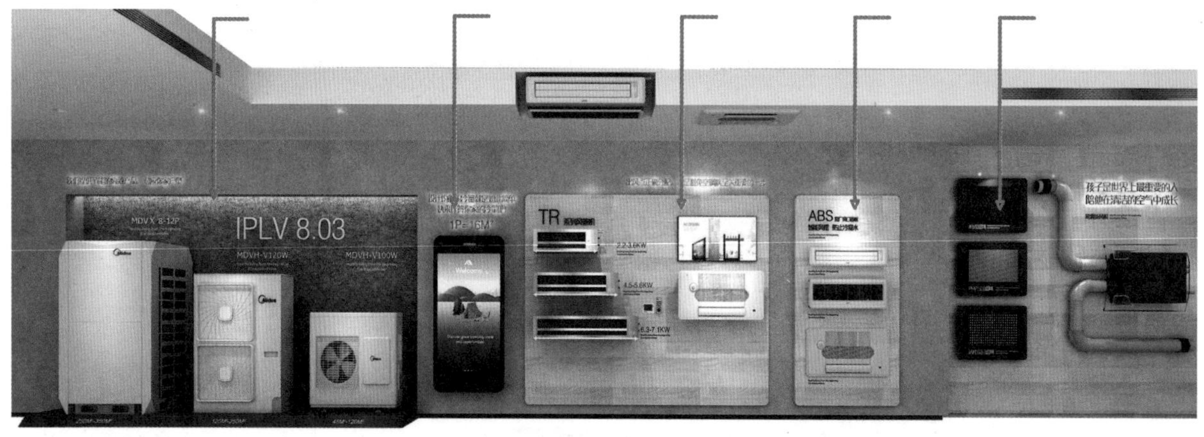

图 2-5-5　选购流程

ENERGY SAVING

75%

与洗衣机配合，展现生活阳台使用场景

适合的户型说明

120M²-250M²

图 2-5-6　还原使用场景

图 2-5-7　售后体验 1

图 2-5-8　售后体验 2

3. 产品展示——物料系统

物料系统是指用于产品展示和宣传推广的各种物料、设备和工具的整合系统，即把复杂难懂的产品技术，通过动态、体验等生动有趣的方式，让消费者体验到该技术带来的利益点。物料系统大致分为技术体验区、产品主推位、独立体验物料和动态演示板四类，其优势如表2-5-4所示。

表2-5-4 物料系统分类及优势

类别	适合场景	优势	图例
技术体验区	企业展厅、大型专卖店	满足全品类技术展示，成为企业技术的殿堂	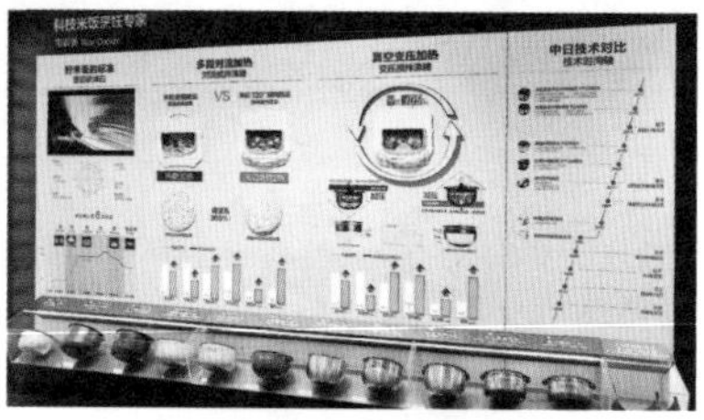
产品主推位	专卖店、重点销售终端、商超	凸显明星单品的产品优势，定向促销	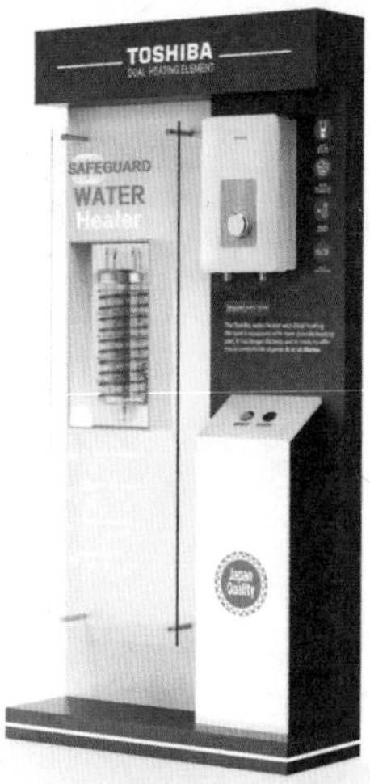
独立体验物料	专卖店、重点销售终端、商超	凸显明星单品的产品优势，摆放灵活	
动态演示板	专卖店、重点销售终端、商超	成熟便宜，直观易懂，适合全区域铺开	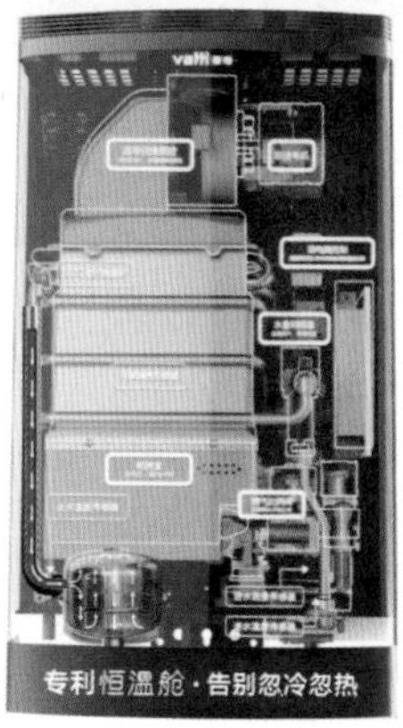

物料系统中包含辅助道具分别为专柜模特位、全息投影演示道具、实机改造面板、视频台卡、动态演示道具等，如图2-5-9至图2-5-14所示，专柜模特位主要用于明星产品位、技术原理呈现、突出核心利益点；全息投影演示道具主要用于3D立体化呈现、原理解析和吸引眼球；实机改造面板主要用于改造实机、呈现内部零件和技术原理可视化；视频台卡主要用于视频演示、产品技术原理呈现和展示核心利益点；动态演示道具主要用于动态灯光模拟和直观呈现技术原理。

生动的物料系统是企业技术研发部门的福音，也是消费者选择产品的“动态说明书”，通过物料系统，让产品自己“说话”，进一步帮助门店提高市场转化率以及市场竞争力。图2-5-15和图2-5-16所示为OPPO全线门店体验道具案例，体现了物料系统对于产品展示的重要性。

图2-5-9　专柜模特位

图2-5-10　全息投影演示道具

图2-5-11　实机改造面板

图 2-5-12　视频台卡

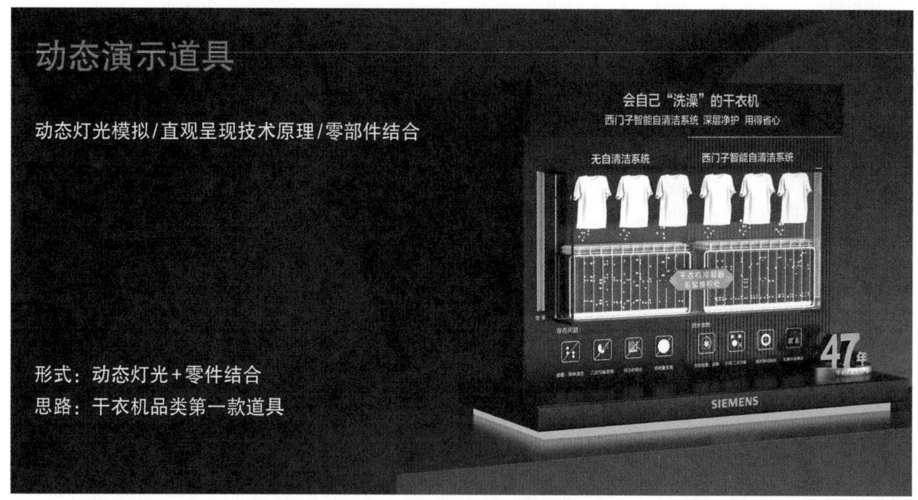

图 2-5-13　动态演示道具 1

图 2-5-14　动态演示道具 2

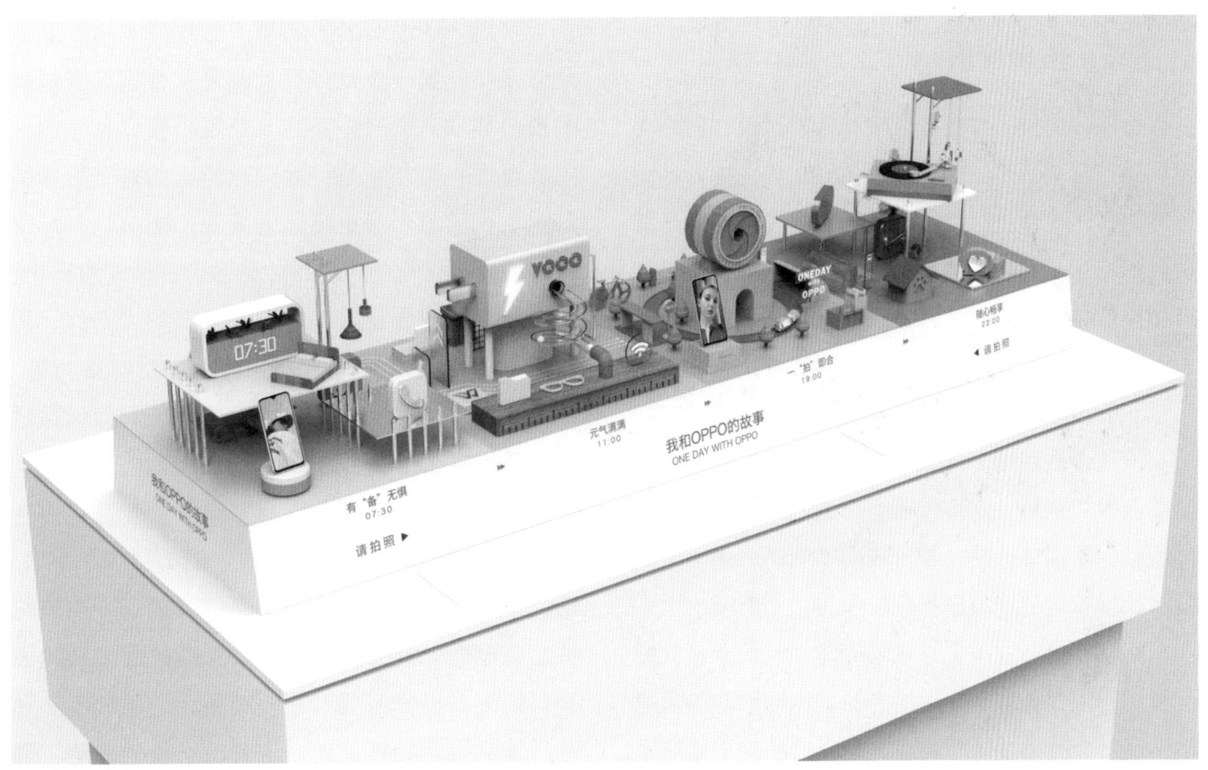

图 2-5-15 核心动态

图 2-5-16 体验道具展示

（四）价值传播

价值传播是一种营销策略和传播过程，旨在向目标消费者传达产品的独特价值和优势、提升品牌影响力及企业形象。价值传播不仅关注产品本身的功能和特点，还关注企业的品牌和价值观，通过将产品推广与企业形象结合，可以提高品牌价值和消费者认知度，建立消费者对企业的情感，有助于巩固企业的市场地位，提升商业价值。

价值传播包括多种渠道及媒体的推广传播：电商渠道推广销售、众筹传播、新品发布会、品牌推广活动、新媒体传播、整合传播等活动。这里主要以新品发布会的推广进行分析探讨。

新品／产品发布会旨在向媒体、行业专家、投资者等介绍公司最新推出的产品。这种活动通常包括演示新产品的功能和特点、分享产品的市场前景以及和参与者交流讨论。新品／产品发布会通常是公司营销策略的一部分，旨在提高公众对新产品的认知度和兴趣，从而促进销售和增加收益，同时提升品牌内涵、提升企业形象与影响力。

策划一场成功的新品／产品推广类活动通常分为四步：第一步是分析大背景，根据客户提供的资料和信息，归纳整理，延展出整体创意的方向及调性；第二步是寻找沟通源，即整个方案的创意点；第三步是显性化沟通源，把核心创意落地，成为显性化的内容，并且融合在活动流程中；第四步是体现专业服务能力，如消防、安保、雨雪备案、执行团队介绍、协力及小物料推荐等。下面以东菱品牌战略发布会为例，展示如何通过以上四步打造一场生动的新品发布会。

第一步：分析大背景，主要包括确定宣传主题、准备物料，如图2–5–17、图2–5–18所示。第二步：寻找与客户进行沟通的关键点，主要包括品牌理念、产品核心卖点解读并开展主视觉设计，如图2–5–19、图2–5–20所示。第三步：通过具体的展示物料设计，来营造场景的构建，形成显性化沟通源，如图2–5–21至图2–5–23所示。第四步：通过精心的会场或展场设计来传递产品特点、品牌理念等在策划之初设定的价值目标，如图2–5–24所示。

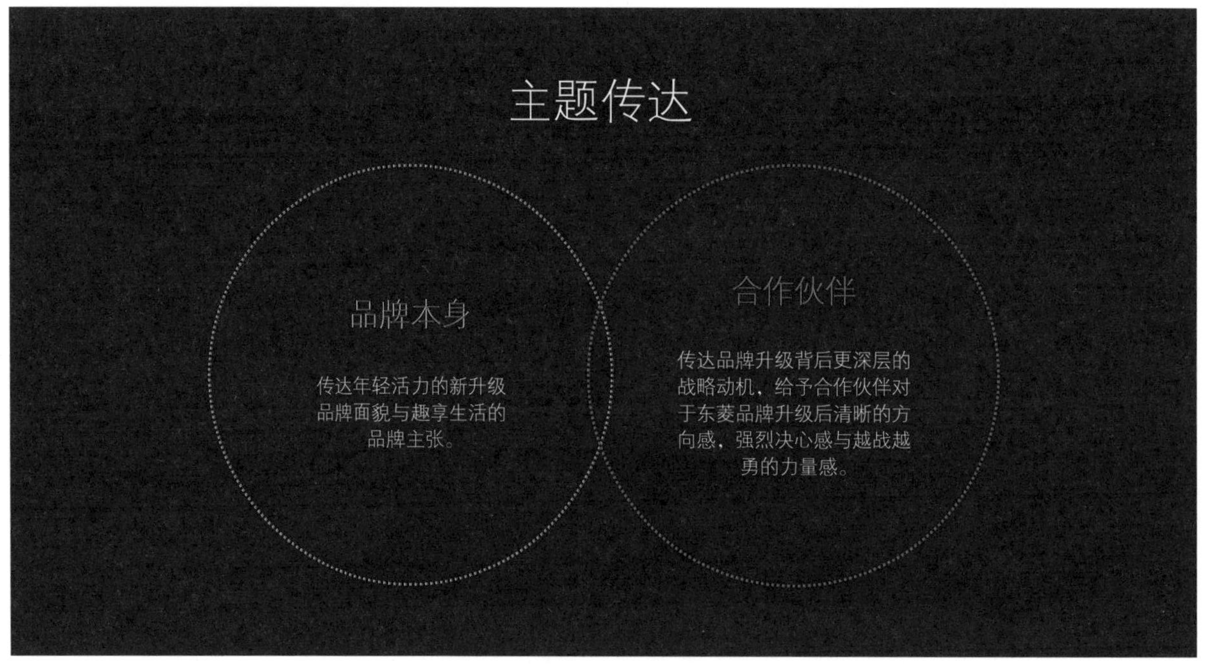

图 2–5–17　主题传达

图 2-5-18　相关物料准备

图 2-5-19　品牌理念、产品核心卖点解读

图 2-5-20　主视觉设计

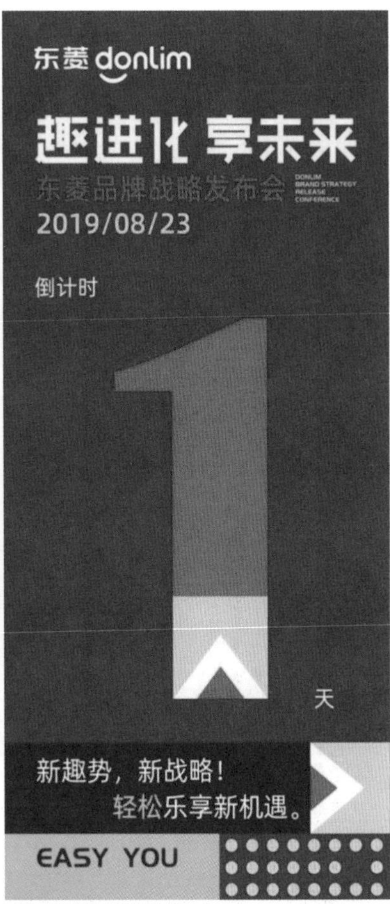

图 2-5-21　前期宣传物料

图 2-5-22　物料系统规划

	品类	卖点	概念传达	奇思妙想
场景一	新品饭盒	免注水加热，70℃自动加温恒温	人设：快乐新趣白领，健康生活新体验，享受家的温暖	新食器时代
场景二	新品暖风机	制冷、制热加湿	人设：乐趣风格白领，享受工作，从温暖舒适开始	热点任意门
场景三	1. 便携果汁机 2. 美式滴漏咖啡机 3. 意式咖啡机 4. 三合一早餐机 5. 面包机	无线榨鲜果饮 私人咖啡馆 咖啡馆级的家用咖啡机 我的mini厨房 6D热风烘烤	人设：亲潮时尚青年，凸显质感享受与生活方式的倡导	脑洞料理站
场景四	1. 日式小烤箱 2. 多功能料理锅 3. 无线料理机	玩美小烤官 一锅多用 走出厨房 超级料理	人设：花式创作青年，享受食物DIY满足感	宅星人派对

图 2-5-23　场景构建

图 2-5-24　会场展示

（五）总结

产品的推广营销涉及广告创意、市场营销、消费者行为学、品牌管理等领域的专业知识，是一个综合性的过程，需要专业的市场推广策划团队完成，个体设计师难以独立完成此环节。因此，学生在学习本节内容时，可深入了解广告创意、定位策略、品牌建设等相关知识，积极与不同部门、不同团队人员学习、沟通，在今后的实际项目中配合宣传策划部门制作推广活动相关物料，积累更多实践经验，以实现不断提高产品销量、提升品牌知名度、提升企业影响力的目标。

二、实战案例：广东东方麦田工业设计股份有限公司——万家乐洗碗机

本实战案例为广东东方麦田工业设计股份有限公司万家乐洗碗机系列新品发布会的推广策划案例。通过前期分析明确推广关键点为“解析用户痛点，直白式突出技术卖点”，主题围绕“中式厨房定制”“洗净力”“杀菌”等产品特性展开，将与市场同类产品差异化作为切入点，让人印象深刻。品牌调性围绕简约、科技、高品质，凸显品牌理念中的专业、智能、科技之美，强调高端智能科技感与品质生活，体现高品质、专业领先的品牌形象。整场策划从万家乐品牌形象系统入手，根据其品牌理念开展后续的推广策划、终端呈现和价值传播，具体包括活动策划、产品包装、视频制作和展示设计等方面，需要多部门紧密无间筹备合作，最终得以呈现精彩的活动。

（一）推广策划

- 技术提炼（图2-5-25）
- VI设计（图2-5-26至图2-5-28）

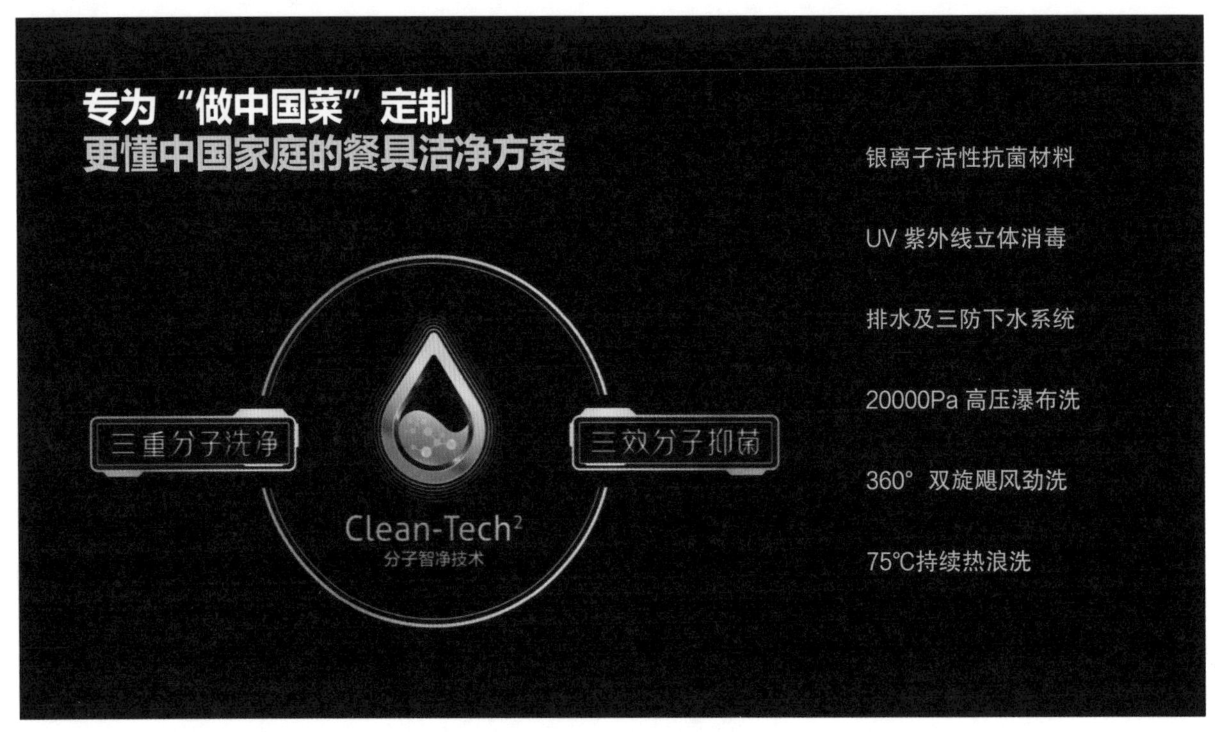

图2-5-25　技术提炼

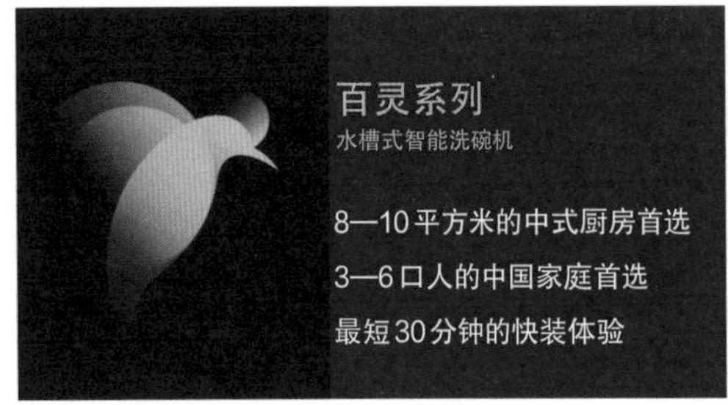

图2-5-26　百灵系列

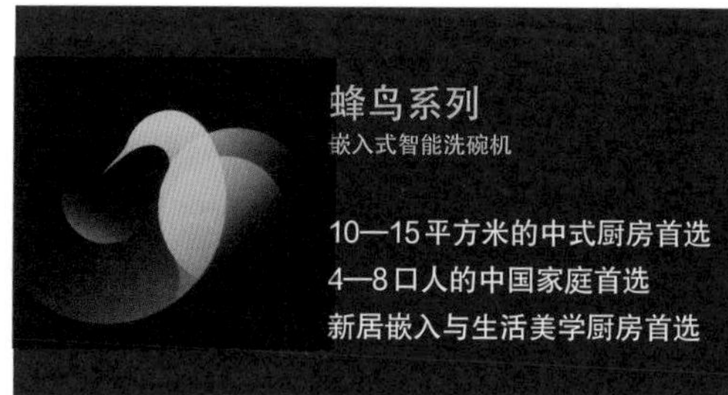

图 2-5-27　蜂鸟系列

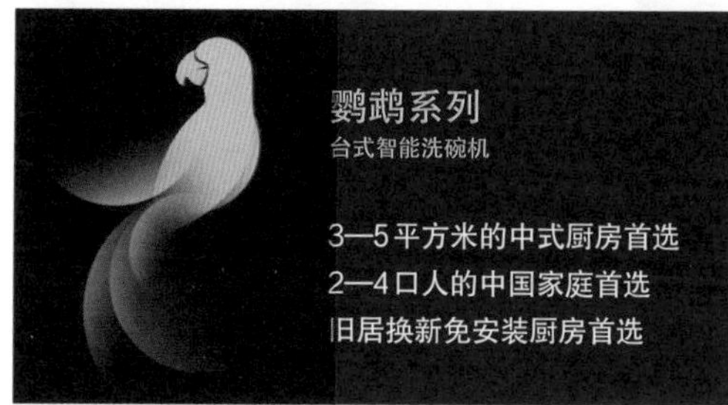

图 2-5-28　鹦鹉系列

（二）终端呈现（图2-5-29至图2-5-31）

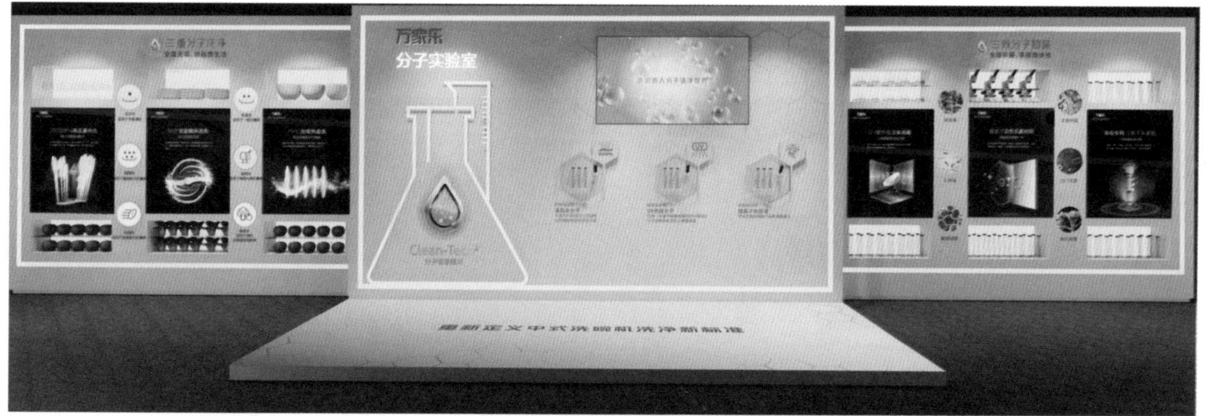

图 2-5-29　终端呈现 1

图 2-5-30　终端呈现 2

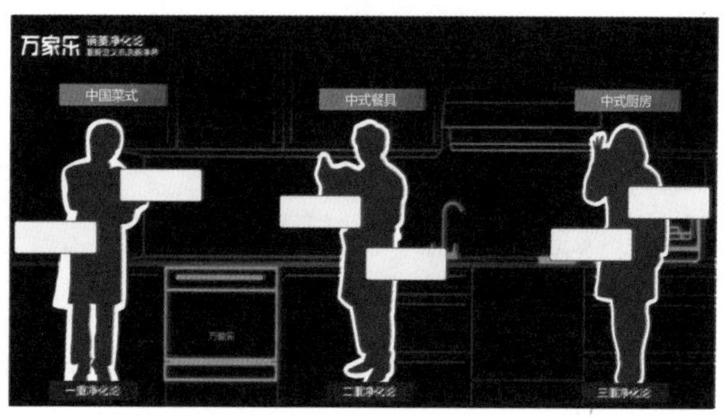

图 2-5-31　终端呈现 3

（三）价值传播（图2-5-32、图2-5-33）

图 2-5-32　以精心的会场布置实现价值传播

图 2-5-33　策划各种活动细节实现价值传播

万家乐新品发布会通过差异化、直击用户痛点的推广策划，吸引了大量消费者，被媒体跟踪报道。发布会后，万家乐在苏宁平台线上销售量迅速增长，并获得行业赞誉和专家肯定。万家乐凭借对国人需求的深入洞察和把握，成为中国洗碗机领域具有影响力的知名品牌。

三、实训任务：推广营销

（一）实训目标

1. 知识目标

（1）了解形象系统概念以及CI、VI、PI等知识。

（2）了解推广策划的目的。

（3）了解终端呈现中SI、物料、产品动态视频等知识。

（4）了解新品发布会等价值传播方式。

2. 能力目标

能够配合宣传策划部门制作推广活动中的相关物料。

3. 价值目标

通过了解产品推广策划的时代性和社会需求，培养学生与时俱进的时代精神和创新意识，以及多部门协同的团队协作精神。

（二）重难点分析

推广营销流程经常由专业的市场推广策划部门团队完成，个体设计师难以独立完成此环节，因此，需积极与不同部门、不同团队人员学习、沟通，能够配合宣传策划部门制作推广活动中的相关物料，积累更多实践经验。

（三）实训步骤

1. 设计全新VI系统或分析品牌原有VI、PI系统。

2. 设计并制作终端呈现中SI、物料、产品动态视频等。

（四）任务清单

任务清单如表2-5-5所示。

表2-5-5　任务清单

名称	内容	要求	数量
设计并制作终端呈现中SI、物料、产品动态视频等	根据项目推广策划中需要的内容完成SI、物料、产品动态视频等，注意表现效果的创新创意	了解本次推广策划的重点并能够在设计时有所体现，整体风格既能符合品牌特征又能够完成提升品牌影响力等目标	多件

第三章　作品案例与分析

第三章　作品案例与分析

本章选取了部分学生作品及企业作品作为案例进行分析，希望通过对比学生作品与企业作品，能够引导学生深入思考与分析，尝试运用本书所学的知识不断提升和改进设计能力，并起到拓宽学生视野、提升审美能力的作用。

第一节　学生作品案例

本节选用广东轻工职业技术学院部分学生作品，希望通过展示不同类型产品的简要设计流程与最终设计效果，给学生以更多参考、启发。

一、案例一：概念产品设计

概念产品设计作为高校中一个特别的课题，通常关注概念性的创新与构思。它将先进科技、新材料、新工艺等内容联系起来，强调学生发现问题和解决问题的逻辑思维能力与创新能力。在突出一定的技术先进性的基础上，概念产品设计力求体现更多的巧妙创意。这种设计是产品设计学习中的重要课题。下面将以“生命通道——高空救援产品设计”的报告为例，分析概念产品设计的过程。

作 品 名：生命通道——高空救援产品设计

设 计 者：梁鸿聪、郭宇萱（广东轻工职业技术学院产品艺术设计专业学生）

（一）设计背景

国际消防技术委员会对全球火灾调查统计表明，近年来，高空火灾的规模在不断上升（图3-1-1）。

设计背景
随着城市化进程加快，高楼大厦不断增加
高空火灾发生次数增加、高空火灾救援难度大

图 3-1-1　设计背景

（二）研究洞察

通过对火灾救援过程的分析，发现高空救援难度极大，例如无法精准定位被困人员、无法快速救援及处理危险品时会遇到困难等（图3-1-2）。同时，对市场上现有的消防产品与救援产品进行对比（图3-1-3），发现存在以下问题：安全性不足、被救援人员可能出现恐惧心理、救援产品高度有限且救援方式效率较低（图3-1-4、图3-1-5）。

（三）产品策略

通过分析，将设计思考的方向定为安全高效，精准开展高空救援（图3-1-6）。经过一系列提案与筛选，确定了一个将无人机与管道相结合的概念（图3-1-7）。

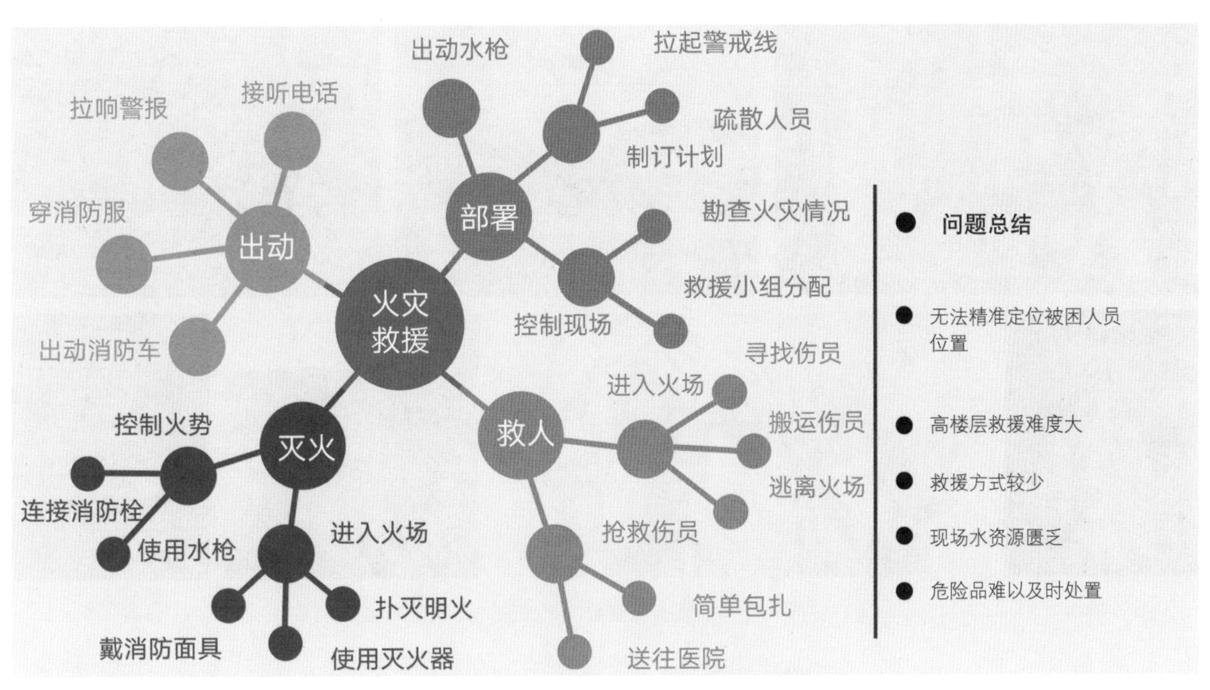

图 3-1-2　高空救援过程中的问题分析

图 3-1-3　现有高空救援产品对比

图 3-1-3　现有高空救援产品对比（续）

图 3-1-4　高空救援主要痛点洞察 1

图 3-1-5　高空救援主要痛点洞察 2

图 3-1-6　设计方向

●解决方案
+
将无人机与管道相结合

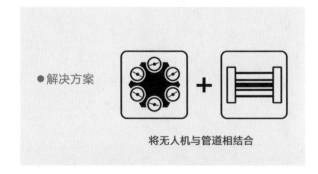

图 3-1-7　产品策略

（四）深入设计

通过草图探索和修改，最终形成了“生命通道——消防高空救援”的设计概念：利用无人机与管道结合的方式解救火灾中的高空被困人员。整个管道由无人机引领，飞向指定的救援位置。每个无人机装备有4片叶片，用于飞行。钉墙的钻头能够将无人机固定在墙面，与无人机相连的管道入口宽度为70—80厘米，能容纳一个成年人进入并滑下。管道出口处螺钉与地面固定，防止管道滑动，并考虑了下滑过程中的缓冲问题。这个设计解决了高空救援时被困人员的恐惧心理，能够高效、快捷、准确地解救更多被困人员（图3-1-8至图3-1-11）。

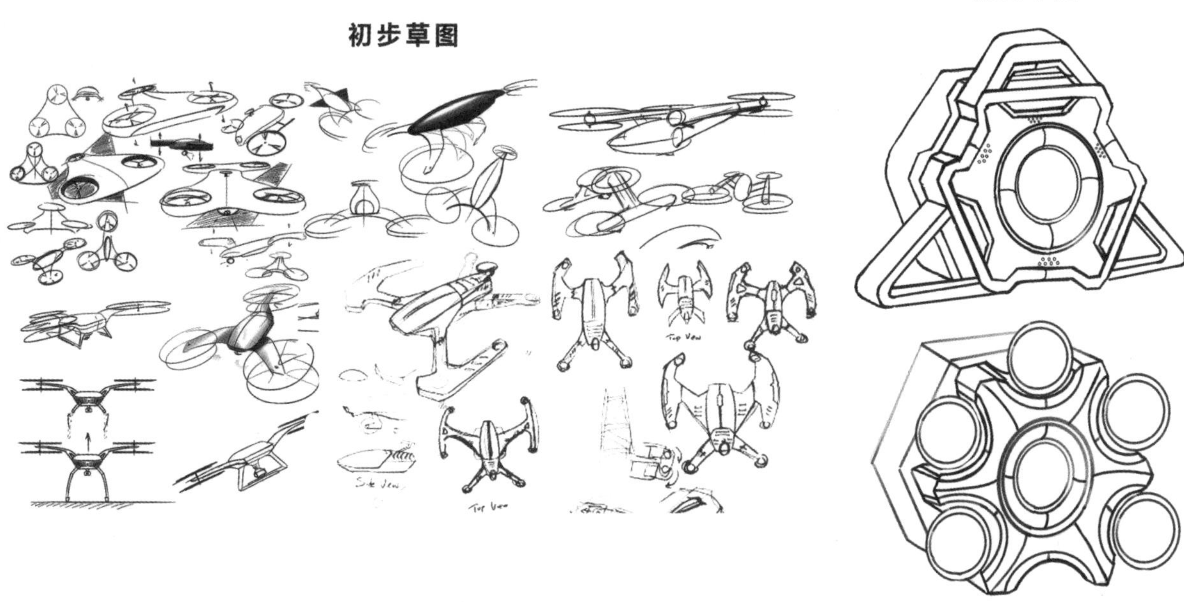

图3-1-8　创意草图

- **高楼救援**
  解救被困高楼火灾现场的人员
- **减轻恐惧**
  减轻人们的心理负担和高楼恐惧感
- **高效快捷**
  提高救援的速度，快速救援更多人
- **安全性高**
  提升了救援的安全性，保障人们的安全

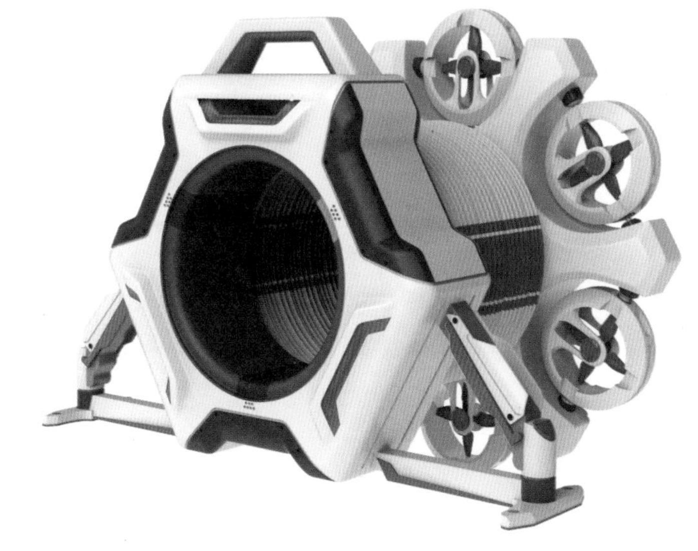

图3-1-9　设计效果图

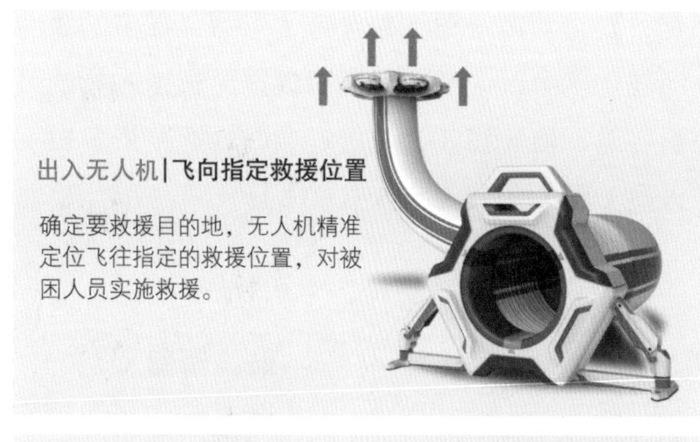

出入无人机|飞向指定救援位置
确定要救援目的地，无人机精准定位飞往指定的救援位置，对被困人员实施救援。

固定无人机
|连接逃生通道
无人机飞到指定的救援位置、固定到墙壁上。

固定出口处|将螺丝打入地面
消防员用螺丝枪在地上钻孔打入螺丝，固定住前端的出口，防止人员下降时机器不稳固。

降落缓冲垫|减轻下落时的速度

人员降落的位置配有气垫，使获救人员安全着陆。

图 3-1-10　使用流程图

图 3-1-11　使用场景图

（五）作品分析

这个概念设计案例展示了一个产品，涵盖了从发现问题、分析问题、解决问题的流程。概念设计并不一定是最优秀或最完美的设计，它是我们在学习设计的过程当中探索设计的可能性、创意和解决问题的过程，对于提升设计思维与创新创意能力非常有帮助。对于学习者来说，可以尝试做一些概念设计，以此提升创新能力。

二、案例二：家居产品设计

随着物质文明的发展和生活节奏的加快，人们对休闲娱乐的需求日益增加。现代人渴望在日常生活中满足更多精神上的需求，对于产品所带来的情感共鸣也越来越重视。在购物过程中，人们开始有意识或无意识地注重产品所提供的心理附加体验。情感消费已成为除产品功能以外重要的消费特征之一。人们对家居用品的需求已经不仅仅停留在功能层面，更强调能够产生情感共鸣的体验。

作 品 名：排列组合的生活——桌面产品整合设计

设 计 者：蔡栩梓（广东轻工职业技术学院产品艺术设计专业学生）

（一）项目背景

当代上班族的办公桌总是被各种文具和杂物占领。随着人们对日常用品审美需求的提高，他们希望办公桌上的物品能够既实用又好看。因此，如何通过设计将桌面常用物品进行功能整合，以满足当代人办公过程中高效、智能、轻便、灵活的使用要求，成为此次课题将要探讨的重点。

（二）研究洞察

通过调研发现，目前办公桌上最常引起混乱的物品是各种充电线，尤其是手机和耳机充电线。此外，桌面上还需要常用的笔、纸（便利贴）、名片、闹钟、音箱及带来舒缓情绪的小盆栽等物品。这些物品的尺寸各不相同，现有的收纳产品各自独立，难以统一整理。通过深入分析，我们得出结论：桌面收纳产品应围绕无线充电这一主要功能展开，并采用模块化的方式将多种桌面产品整合在一起，以实现桌面的整洁和便捷（图3-1-12）。

（三）产品策略

设计者以模块化作为出发点，探寻到以积木作为此次方案的设计灵感，利用积木可以用多种方式组合、拆解、搭配的方式，以此来整合桌面产品的功能，并尝试进行设计创新（图3-1-13、图3-1-14）。

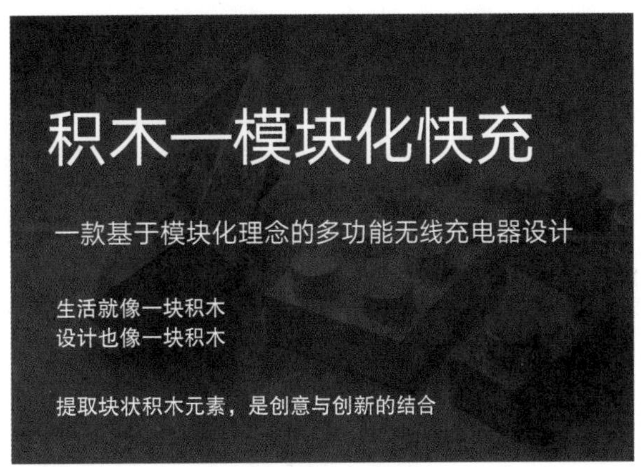

图 3-1-12 研究洞察

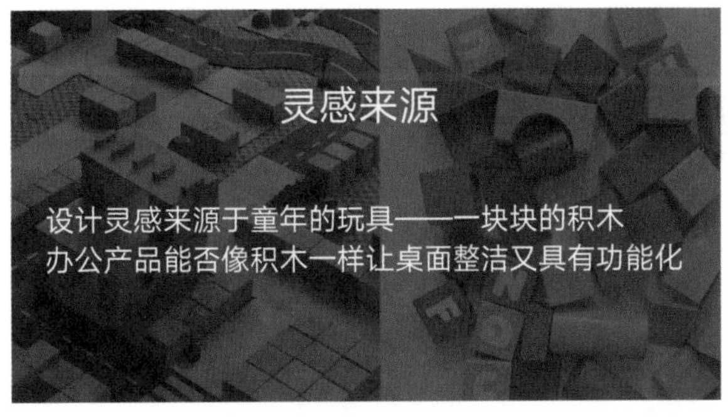

图 3-1-13 产品策略 1

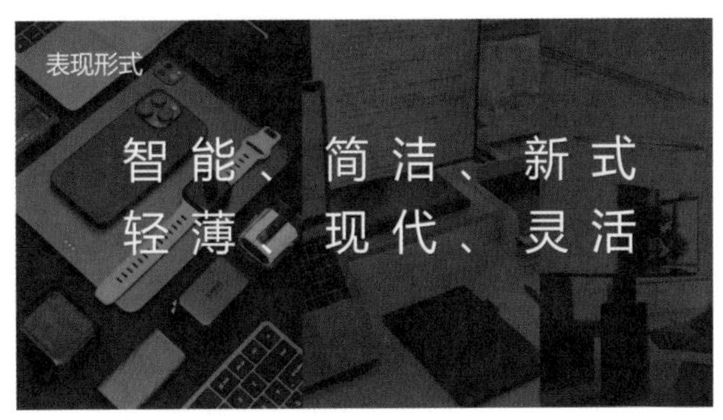

图 3-1-14 产品策略 2

（四）深入设计

这款桌面系列收纳产品是基于模块化理念设计的，主要功能是多功能无线充电器。产品由一个大模块和八个小模块组成，具有智能化特点，并且它们都带有磁吸功能，可以随意组合使用，既可以整体组合使用，也可以单独使用每个模块。其中，一个大模块是无线智能充电器，八个小模块分别是无线充电器、方块磁吸灯泡、蓝牙音箱、闹钟、文具收纳架、波浪夹层收纳架、卡片收纳盒、小盆栽。该设计以童年的积木玩具为灵感来源，提取积木块的外观感受进行设计。设计师设想将办公桌上常用的办公产品像积木一样，在平时可以叠放收纳，同时每个模块可以随意拼装使用（图3-1-15至图3-1-20）。产品设计简洁轻薄，具有智能化特点，旨在提高办公效率。

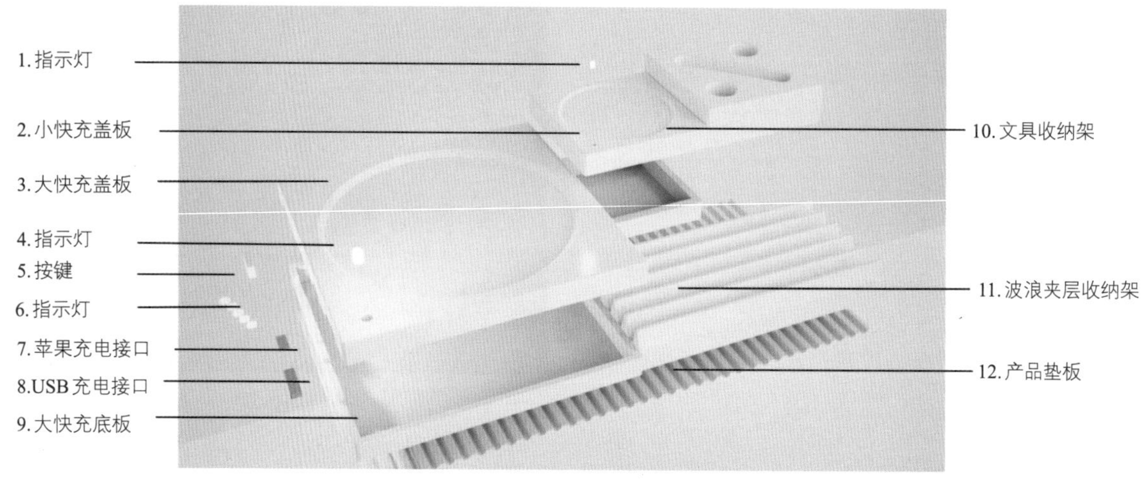

图3-1-15　爆炸图

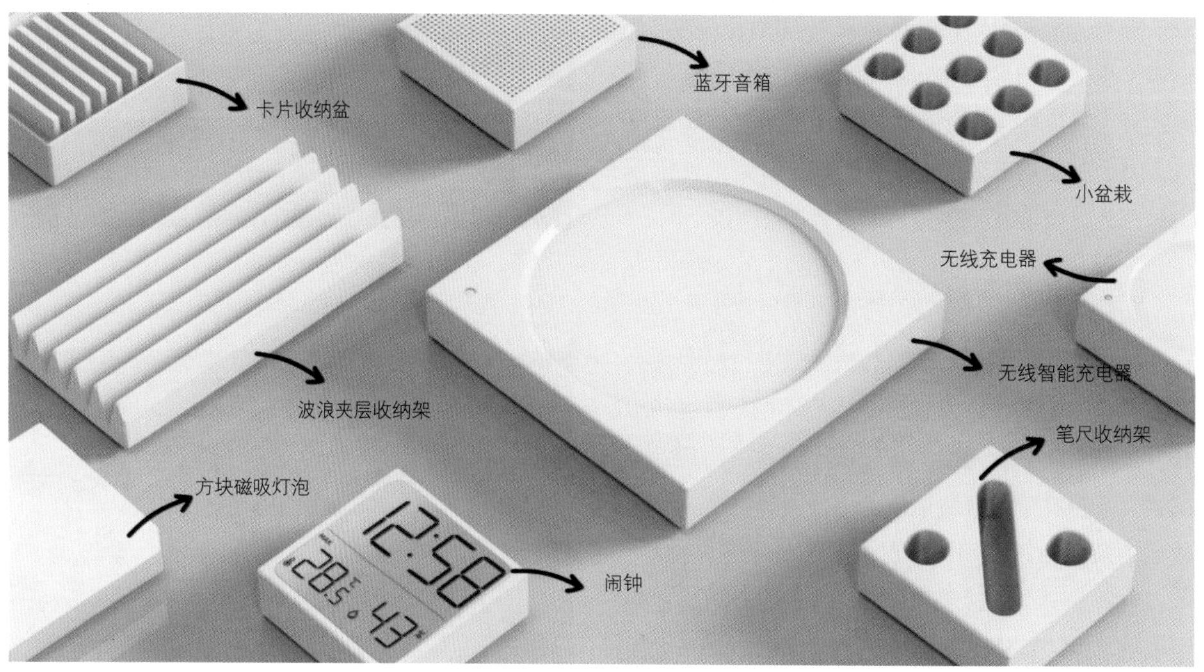

图3-1-16　功能模块说明图

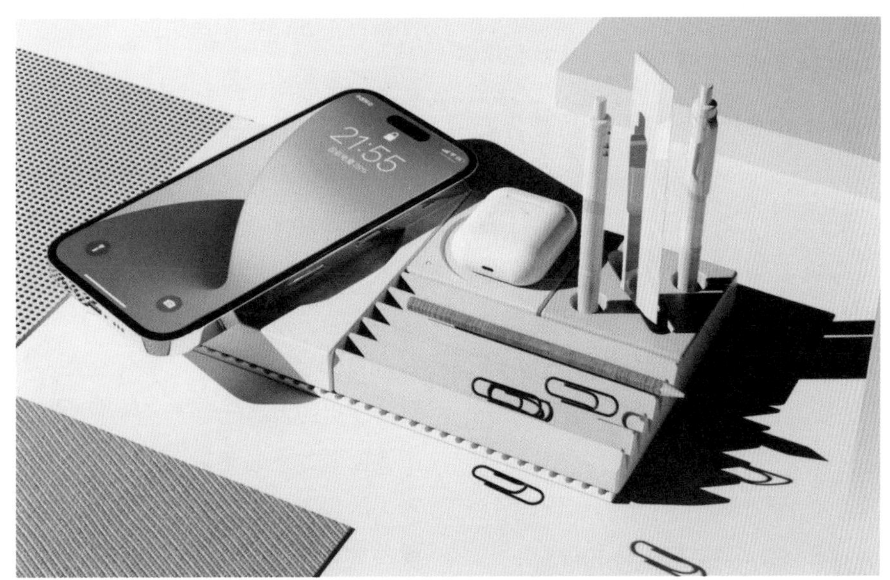

图 3-1-17　使用效果图

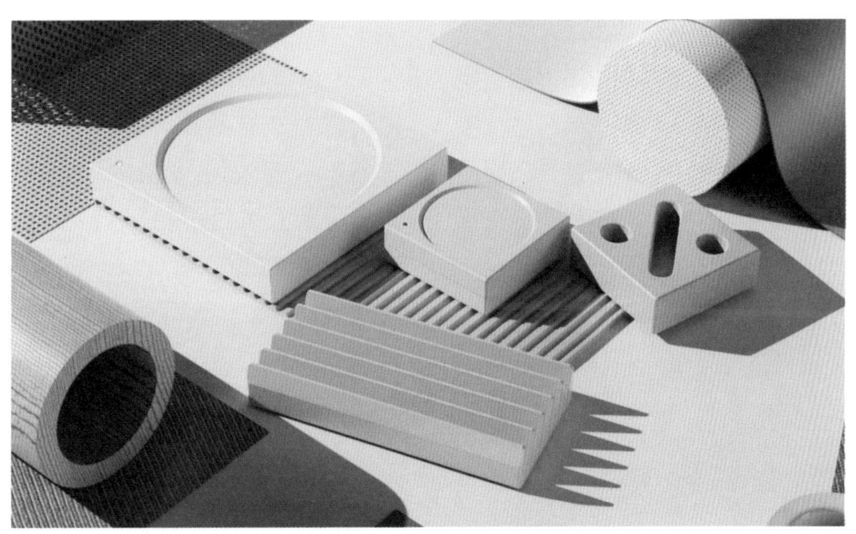

图 3-1-18　设计效果图

图 3-1-19　使用场景图 1

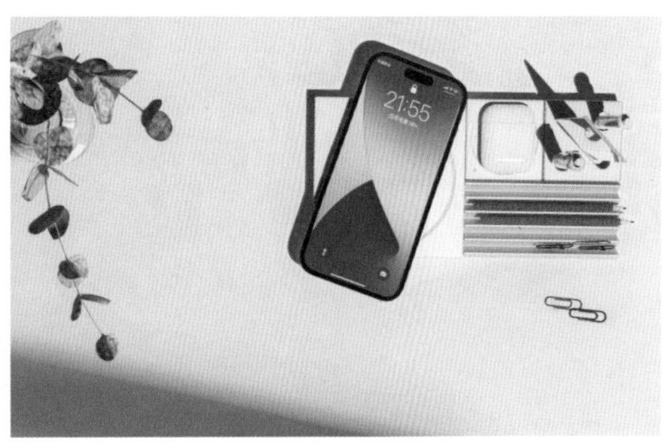

图 3-1-20　使用场景图 2

（五）作品分析

作品“排列组合的生活——桌面产品整合设计”以积木为灵感，充分研究了当代年轻人的桌面物品使用习惯，将桌面常用物品进行整合设计，以模块化的理念将传统文具与电子产品进行整合设计，作品通过磁吸结构，保证了产品多种组合的便捷性与较强的实用性。产品的外观简洁、颜色材质选择符合年轻人的审美，是对当下年轻人桌面办公产品的一次有益探索。

三、案例三：电子产品设计

随着各种先进技术的不断发展，各种各样的电子产品走入了人们的生活，为人们的生活及工作提供了极大的便利。市场上种类繁多的电子产品，通常以技术升级+精准捕捉不同人群需求为特征。因此，在设计电子产品时，应充分了解最新的技术及应用范围。同时，深入挖掘不同用户的需求，精确定位产品功能与使用场景，以保证电子产品设计的先进性与可实施性。

作 品 名：智能陪伴机器人系列产品设计

设 计 者：李军、刘蕊（广东轻工职业技术学院产品艺术设计专业学生）

（一）项目背景

中国早已步入了老龄化社会，然而，老年群体目前使用的大部分电子产品却并非专门为其设计的，主要面向的还是年轻消费群体，未能较好地满足老年人的需求。中国的空巢老人群体正在逐渐扩大规模，其用药、购物、出行等诸多日常生活都受到了一定限制，应得到更多的社会关注（图3-1-21）。

（二）研究洞察

通过调研发现，空巢老人存在一系列问题，如记忆力衰退导致容易遗忘日常用药、生活缺乏照料、情感空虚及缺少亲人陪伴与沟通等问题（图3-1-22、图3-1-23）。

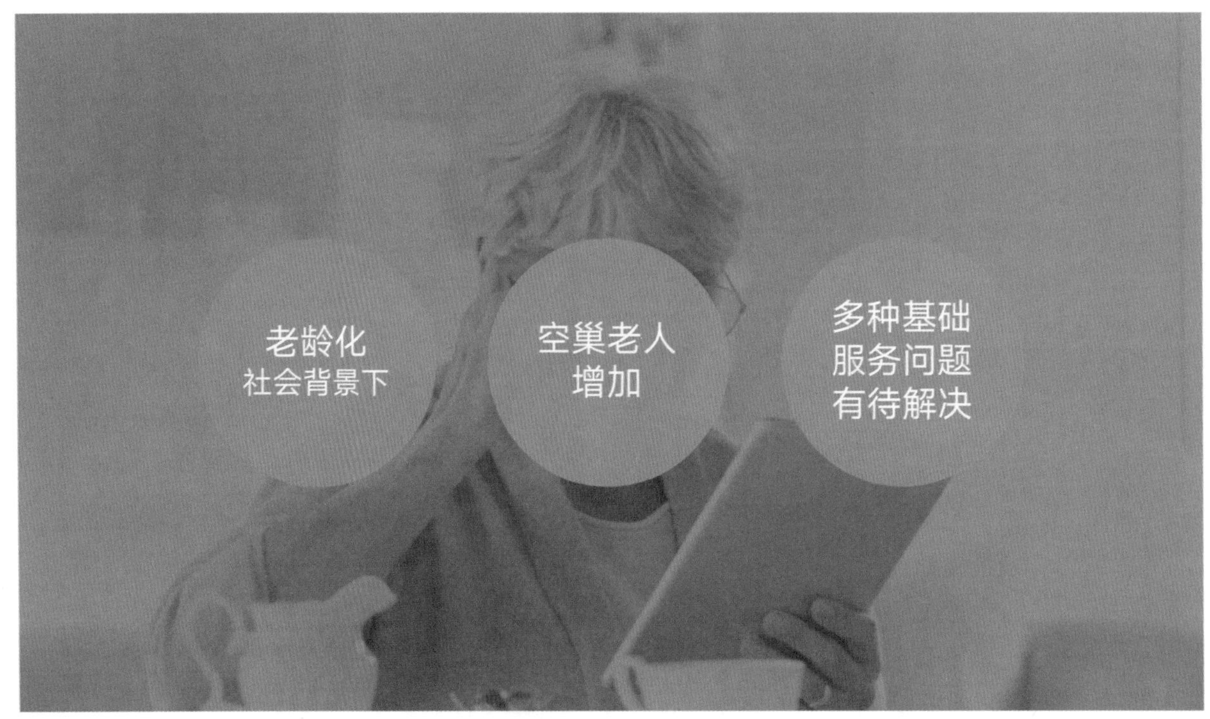

图3-1-21 设计背景

用户画像

基本信息
姓名：关伯
性别：男
年龄：65岁
职业：退休的老职工

用户描述：
对自己的生活现状满意；
关心医疗问题；
担心出现身体状况时，
不能被及时救助。

基本信息
姓名：许奶奶
性别：女
年龄：72岁
职业：退休教师

用户描述：
物质生活富裕；
子女儿孙定居海外；
不能经常相见，
希望及时互相分享生活状态。

图3-1-22　用户画像

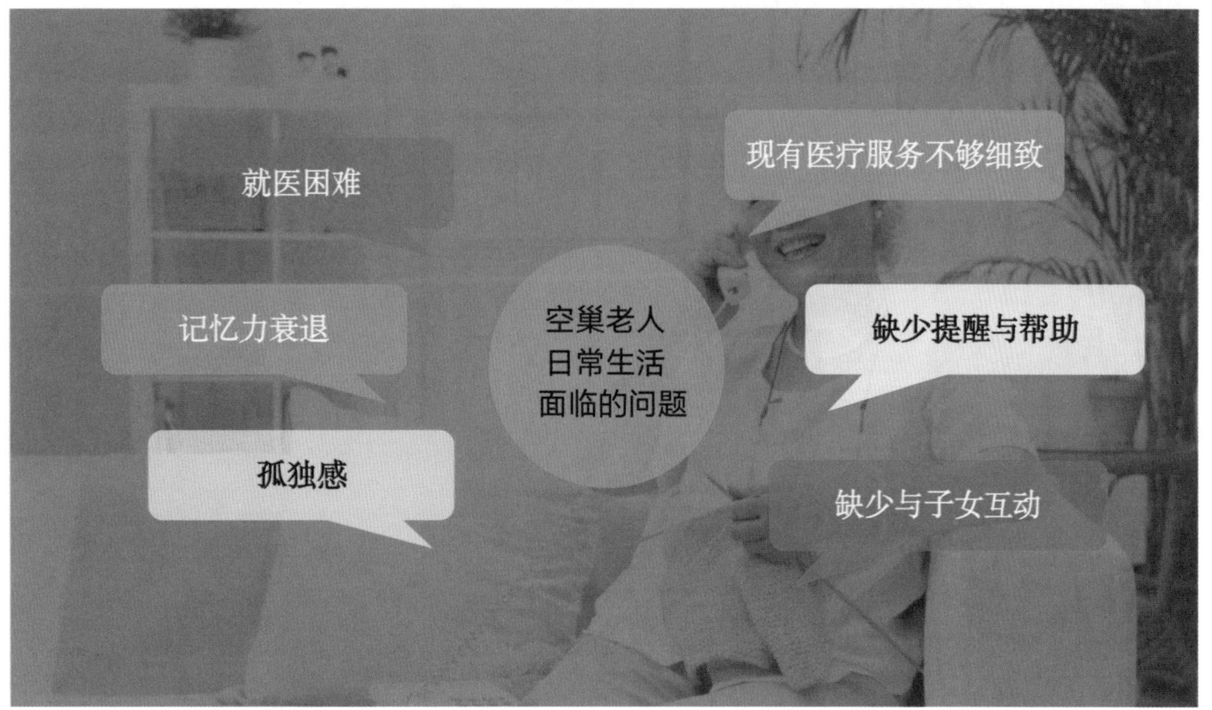

图3-1-23　研究洞察

（三）产品策略

通过对老人生活习惯的了解，可将老人的日常生活划分为以下几个场景：起床（安全用药）、买菜（智能支付与看护）、去公园（视频通话、拍摄、音乐等）及睡眠（健康监控）。对这几个主要环节进行深入分析，展开设计工作（图3-1-24、图3-1-25）。

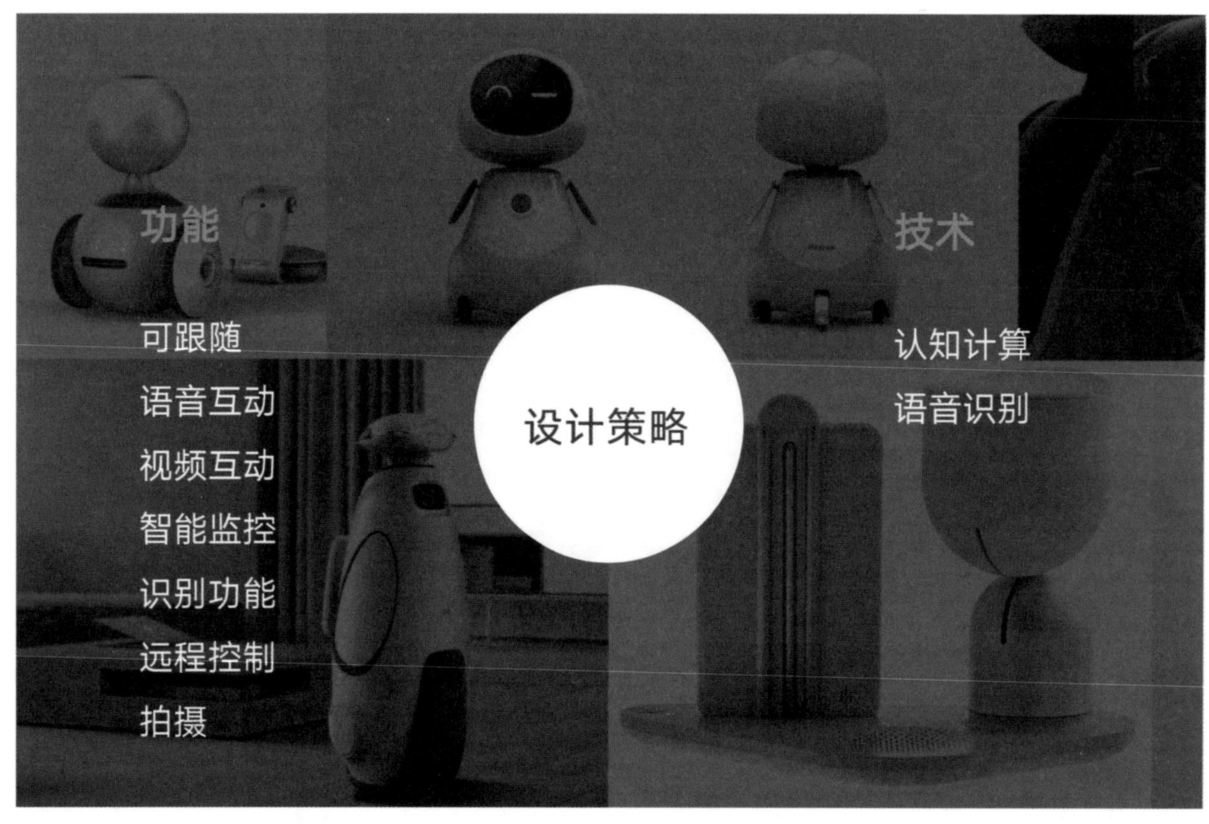

图 3-1-24　设计策略 1

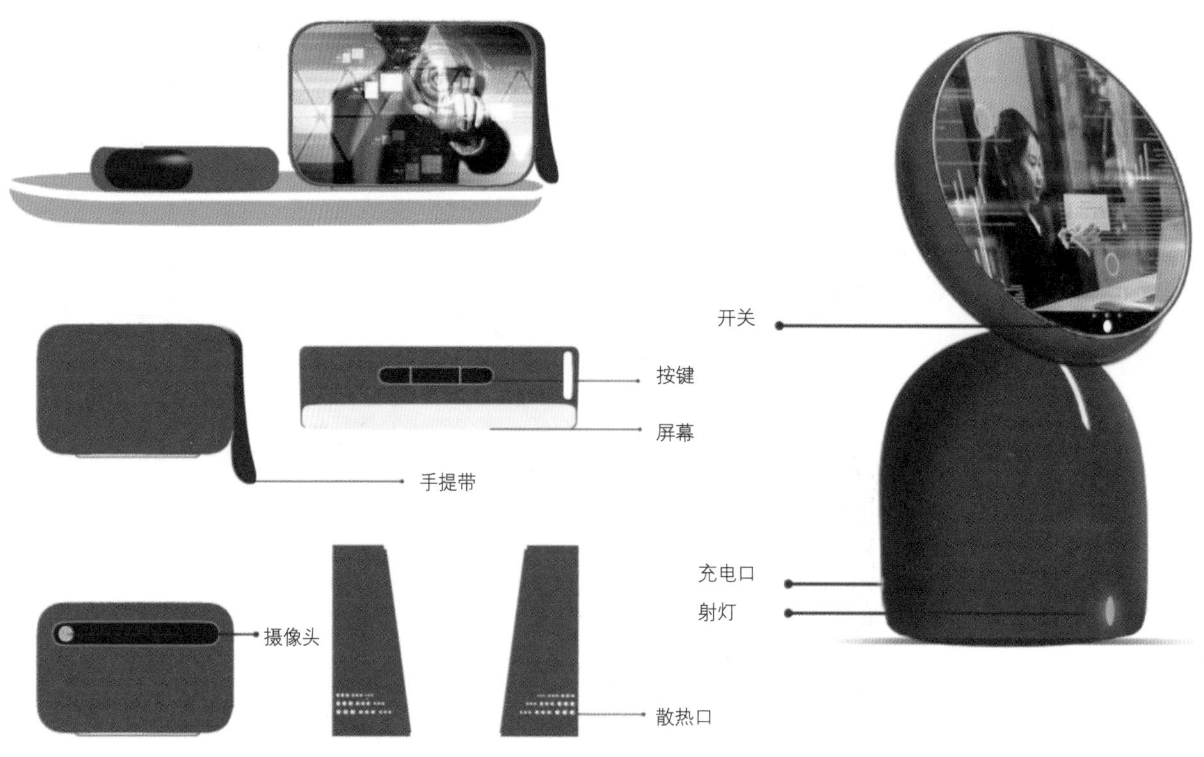

图 3-1-25　设计策略 2

（四）深入设计

通过不断推演，设计了智能陪伴系列产品，主要包括三个产品。首先是智能陪伴机器人，它可以跟随老人，提醒天气、用药、进行视频监控、连接家庭设备、记录各种信息等。其次是智能对话机器人，它方便携带，适合老人在公园散步时进行拍摄、听音乐等娱乐活动，并具备视频通话功能，方便与老人的子女进行沟通。最后是智能监测手表，可以随时监测老人的身体健康指标。这些产品都能够将收集的信息反馈给老人的子女，方便子女了解老人的情况，增加子女与老人之间无声的情感互动，同时给予老人更多日常生活的帮助（图3-1-26至图3-1-32）。

智能陪伴产品系列

图 3-1-26 智能陪伴机器人系列产品效果图

智能陪伴机器人

以极简的线条呈现细节美
以先进技术带来沉浸式交互体验

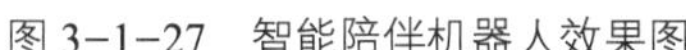

图 3-1-27 智能陪伴机器人效果图

图 3-1-28 智能陪伴机器人使用场景图

智能对话机器人

简约、便携、易操作，
满足多种使用场景

图 3-1-29　智能对话机器人效果图

智能监测手表

自动测量、监控，
实时分享

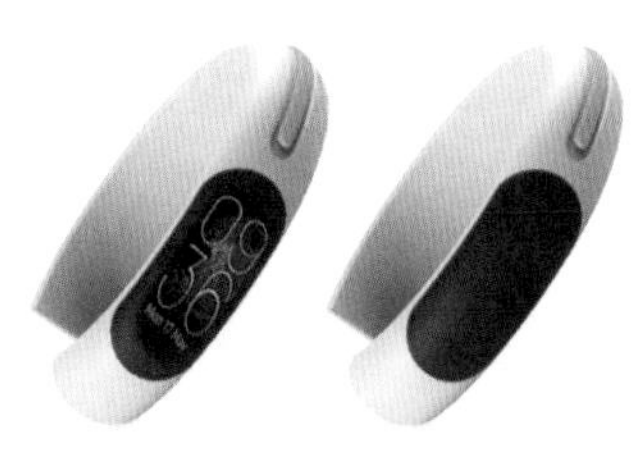

图 3-1-30　智能监测手表效果图

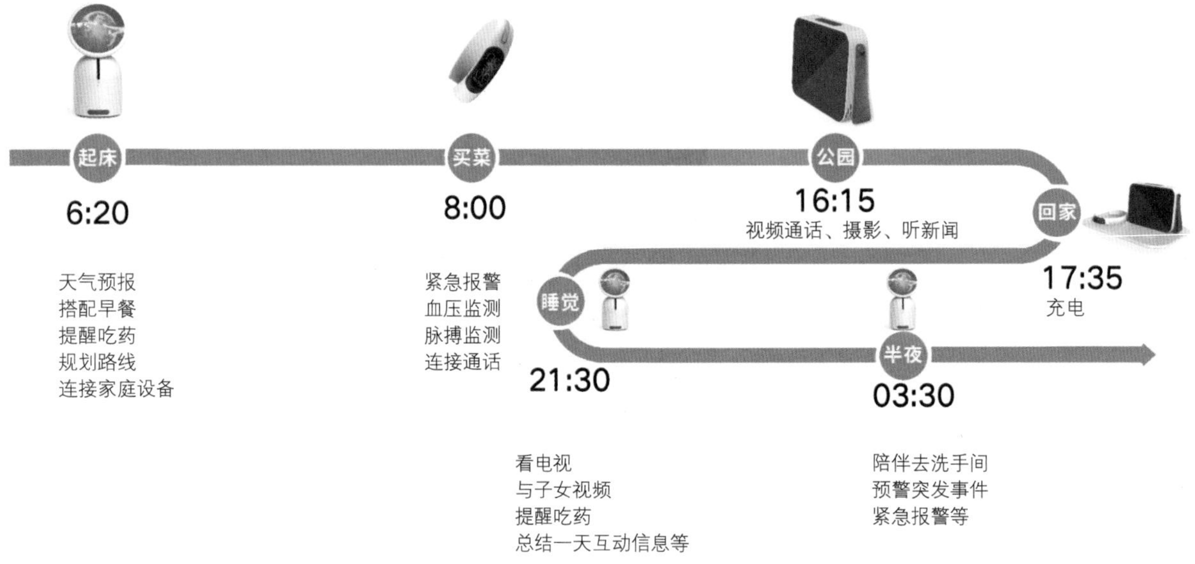

图 3-1-31　系列产品使用流程

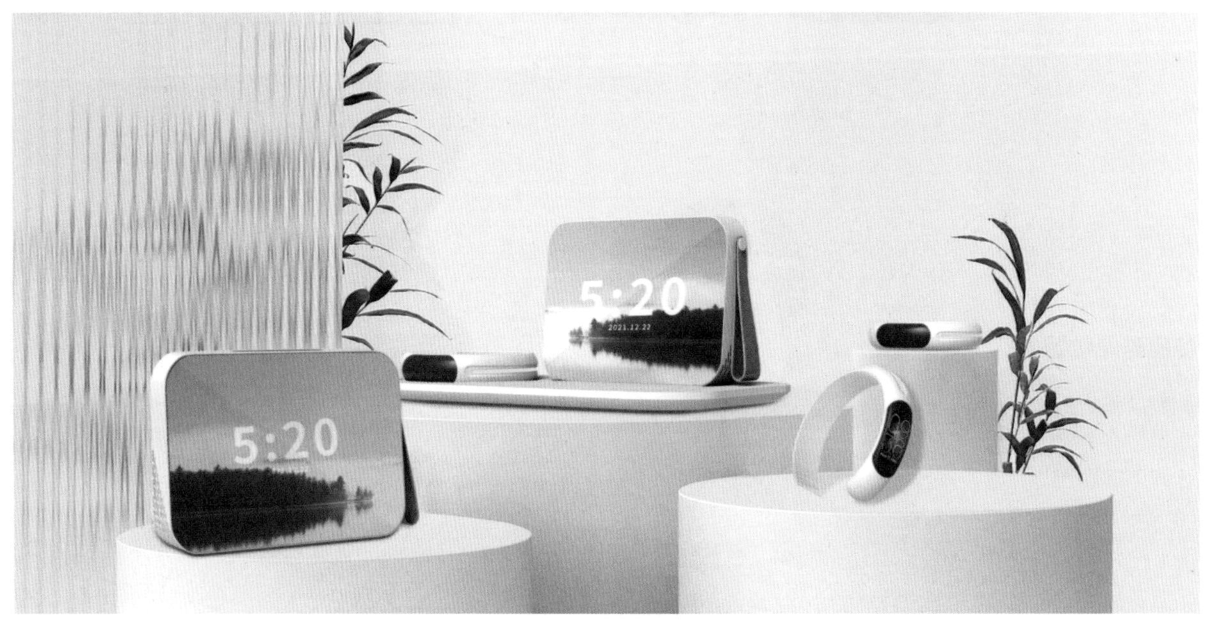

图 3-1-32　系列产品使用状态图

（五）作品分析

产品外观设计符合当下简洁的趋势。通过对老人日常生活场景的分析，总结不同场景下老人面临的问题，通过系列产品的整合设计来探讨帮助空巢老人解决日常生活中的困难，给予老人更多关心的同时让老人的子女可以更加放心，是对当今社会热点问题的积极探索。

四、案例四：家具产品设计

家具作为日常生活必备的用品，经历了漫长的发展过程。从重视功能到重视风格，再到如今智能家居的逐渐普及，家具的设计进入了一个全新的发展方向。因此，当代的家具在设计开发时，应更加注重智能技术的融入，以提供更好的功能与服务；同时，还应根据不同用户对不同风格的喜好，将功能与形式进行恰当的融合。

作 品 名：Baby Cute——积木互动成长床设计

设 计 者：丁淋（广东轻工职业技术学院产品艺术设计专业学生）

（一）项目背景

当代社会，孩子越来越被重视，儿童使用的产品在功能、安全、耐用、环保、情感等方面的需求得到越来越多的关注。然而，随着对儿童的关注增加，我们也应该考虑到能够陪伴孩子的家长。由于现代社会对照顾儿童的需求变得越来越精细，大部分孩子的主要照顾者常常倍感辛苦。因此，在设计儿童产品时，不仅要关注儿童的需求，也要关注儿童照顾者的需求。儿童床作为儿童成长过程中不可或缺的物品，如何更好地服务孩子并照顾到家长的需求，是本次研究的重点。

（二）研究洞察

在带孩子的过程中，家长常常会遇到一些问题，比如孩子玩玩具不愿意入睡或在玩耍时不知不觉入睡；让孩子独自睡在小床上，家长经常因为担心孩子踢被子而受凉，导致半夜不得不起床检查孩子的睡眠情况，从而影响了自己的睡眠质量。长此以往，孩子容易因感冒而生病，而家长则会因为长期睡眠不良而感到疲惫不堪（图 3-1-33）。

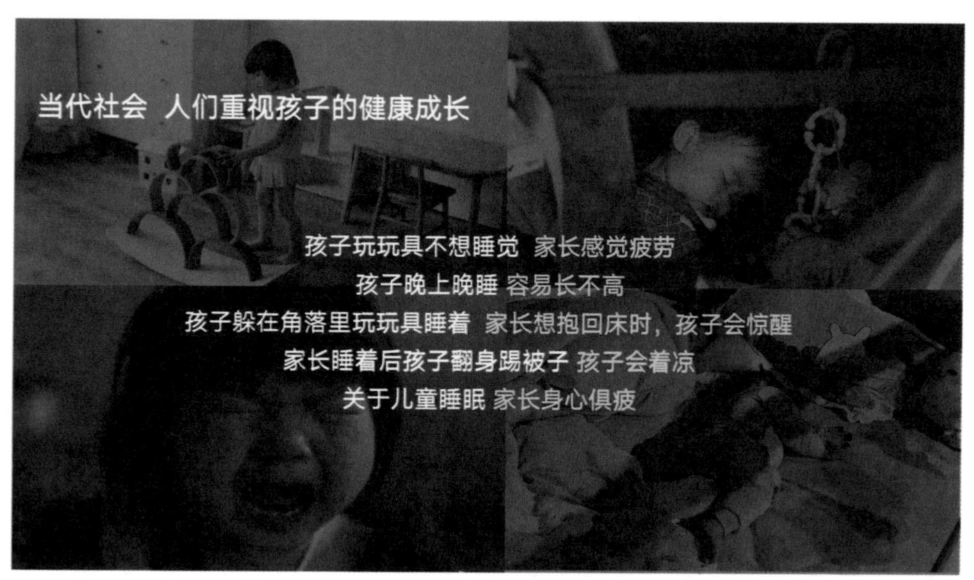

图 3-1-33　研究洞察

（三）产品策略

儿童床可通过结构设计进行加长，使儿童床可以使用更久，实现经济和环保的目标；将玩具与床进行结合，附加提醒功能，用于提醒孩子玩耍时间结束，该睡觉了；床上还设置了保暖功能，让家长在半夜不必担心孩子翻身受凉的问题（图3-1-34、图3-1-35）。

（四）深入设计

《Baby Cute——积木互动成长床设计》以森林中的小木屋为灵感来源。床头和床尾的绿色软垫可以保护儿童的身体免受磕碰。床身可以根据婴儿的成长设置为两种不同长度。在婴幼儿阶段，床尾设有可堆积的积木玩具，在开始堆积木前，提示灯是暗的，当把积木堆成一个组合后，小灯亮起，提醒孩子该睡觉了，希望通过这个功能来帮助孩子养成定时睡觉的好习惯。同时，一点点光亮可以给孩子带来更多安全感，帮助他们快速入眠。灯光可通过父母设置定时开关，在孩子入睡后自动关灯，不会影响孩子的睡眠。床上还设置了“小木屋顶”，内置了探测器和智能暖气，当保温顶的探测器在感应到孩子睡眠中踢被子时，会与周围的环境温度进行匹配，迅速开启智能保暖模式，在保温顶的范围内保持温暖，保护孩子的身体，确保孩子不会着凉，就像睡在保温箱里一样。

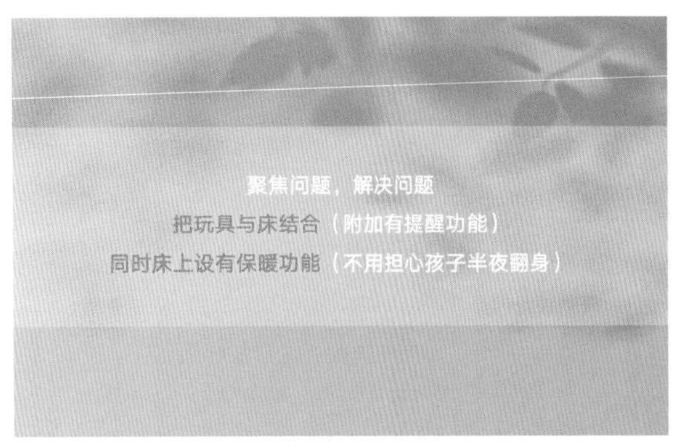

图3-1-34　设计方向

在这样的保护下，孩子会减少因着凉而产生的感冒等问题，同时能够让照顾孩子的家长放心熟睡，既关爱儿童，也关爱照顾儿童的家长（图3-1-36至图3-1-46）。

图3-1-35　产品策略

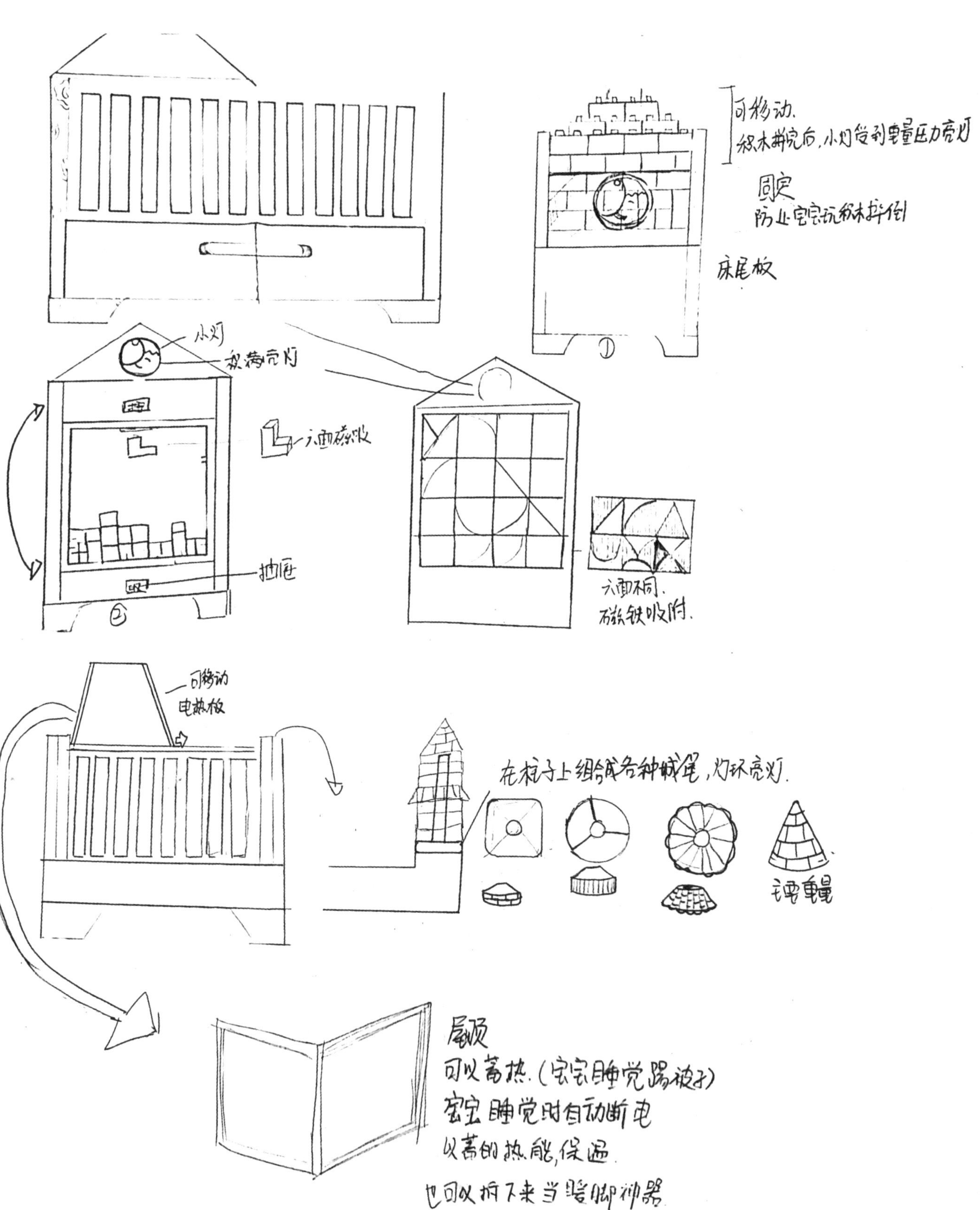
可移动.
积木拼完后,小灯受到重量压力亮灯
固定
防止宝宝玩积木推倒
床尾板
小灯
六面磁吸
抽屉
六面不同.
磁铁吸附.
可移动
电热板
在柱子上组合成各种城堡,灯环亮灯.
屋顶
可以蓄热.(宝宝睡觉踢被子)
宝宝睡觉时自动断电
以蓄的热能,保温
也可以拆下来当暖脚神器

图 3-1-36　设计草图

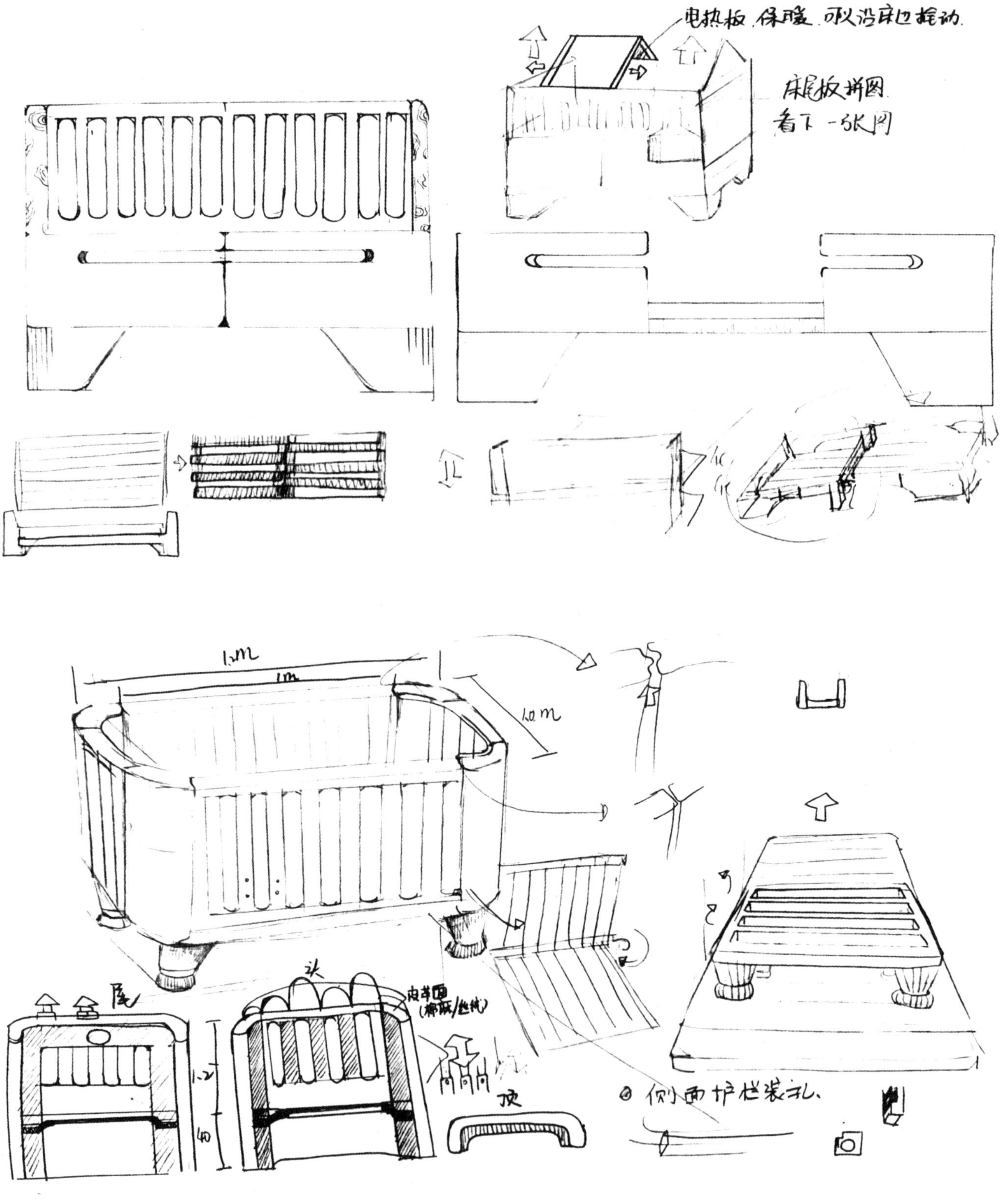

图 3-1-36　设计草图（续）

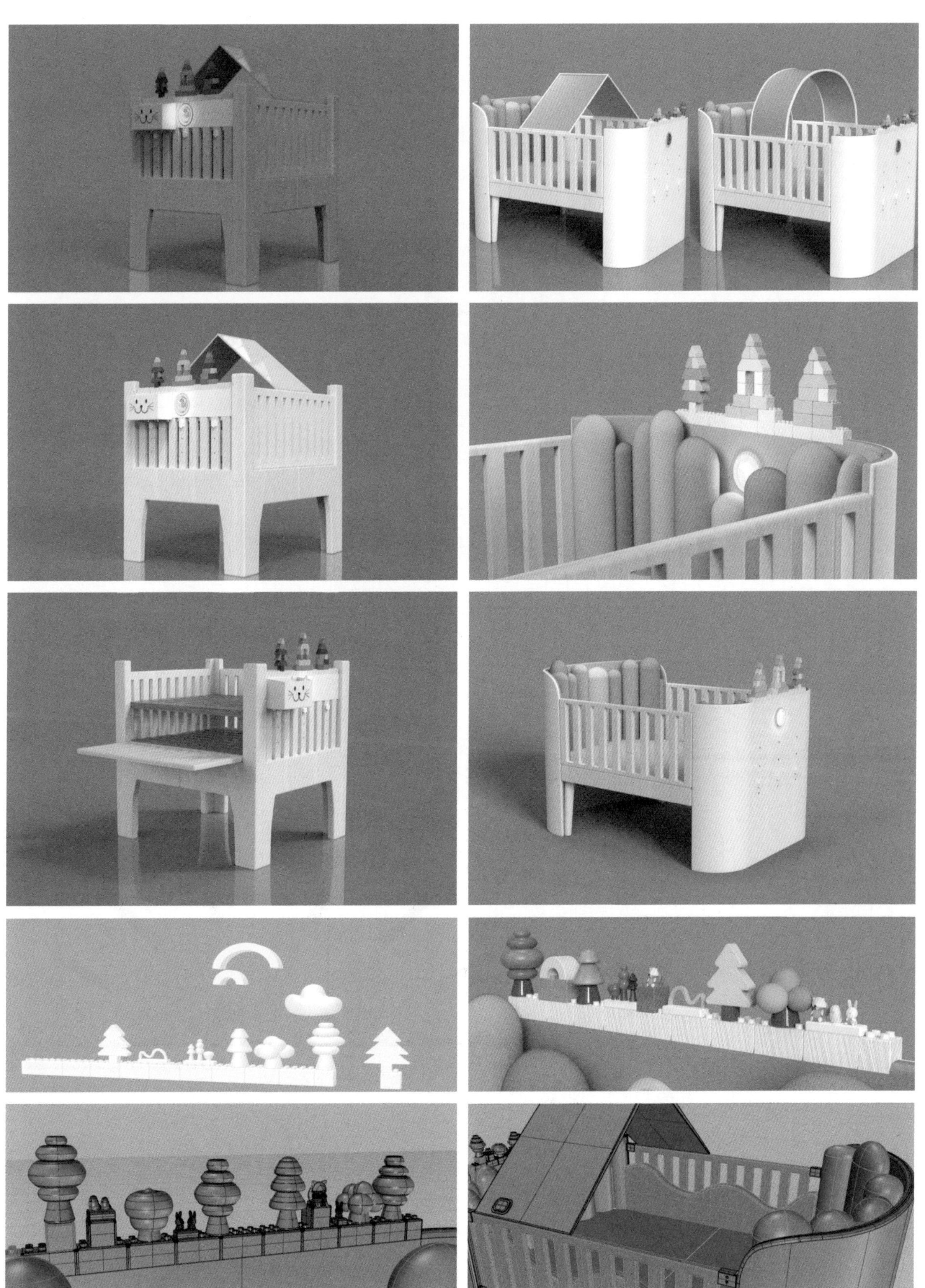

图 3-1-37　设计推敲图

图 3-1-38　积木互动成长床设计效果图

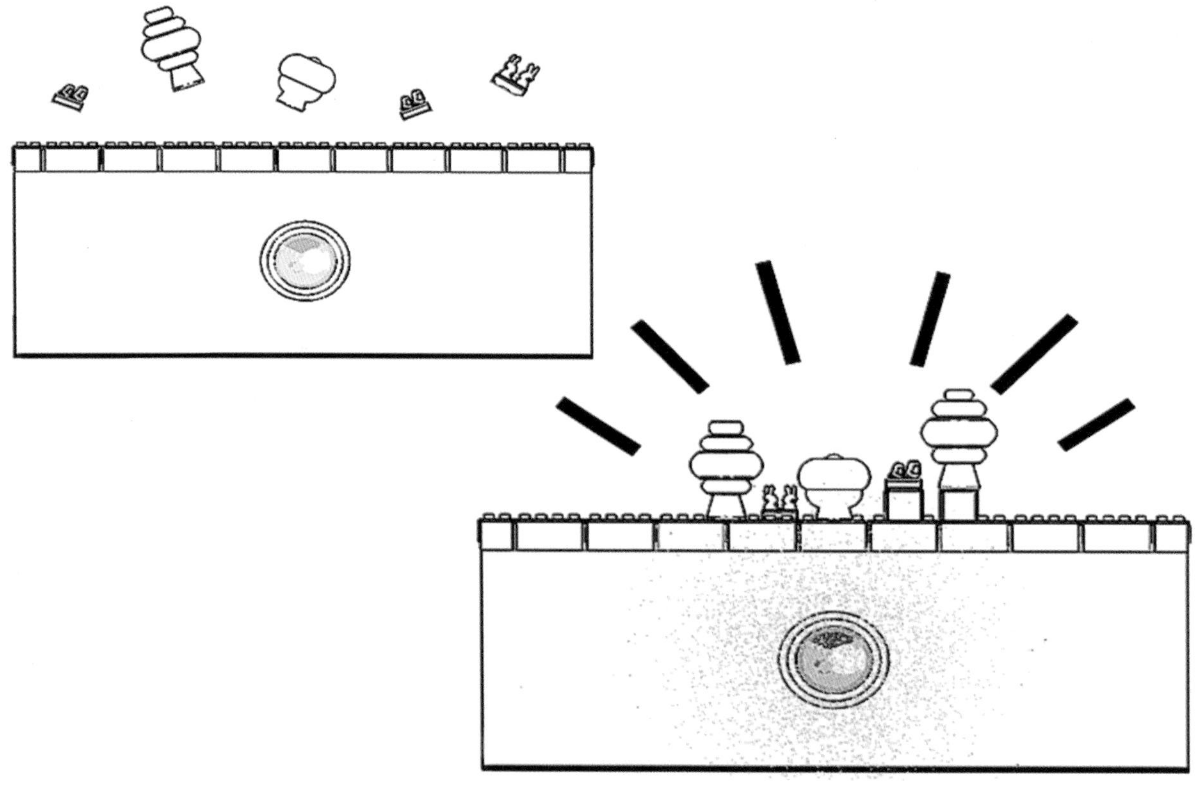

堆积木前，提示灯变暗；当孩子把积木堆成一个组合后，提示灯便亮起，提醒孩子该去睡觉了。

图 3-1-39　积木互动成长床设计说明图 1

孩子翻身，踢被子，人体感应器感应到后，与周围温度匹配，开启智能保暖模式。

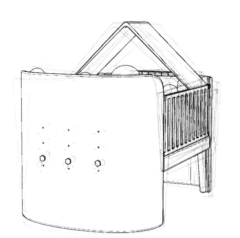

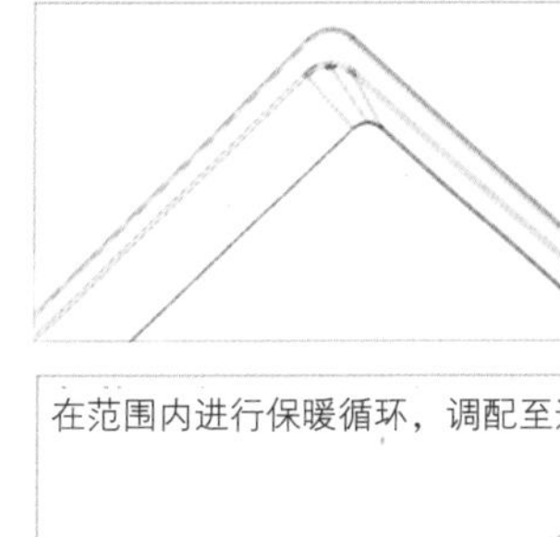

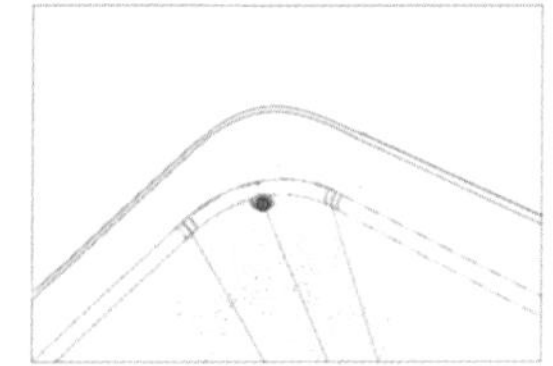

在范围内进行保暖循环，调配至适合孩子能舒睡的温度

图 3-1-40　积木互动成长床设计说明图 1

图 3-1-41　设计细节图 1

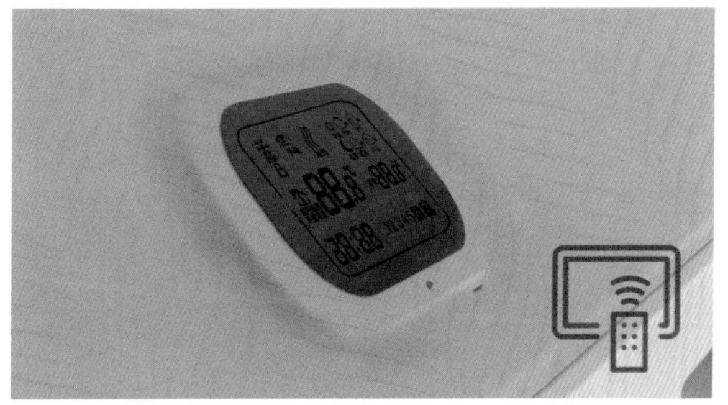

图 3-1-42　设计细节图 2

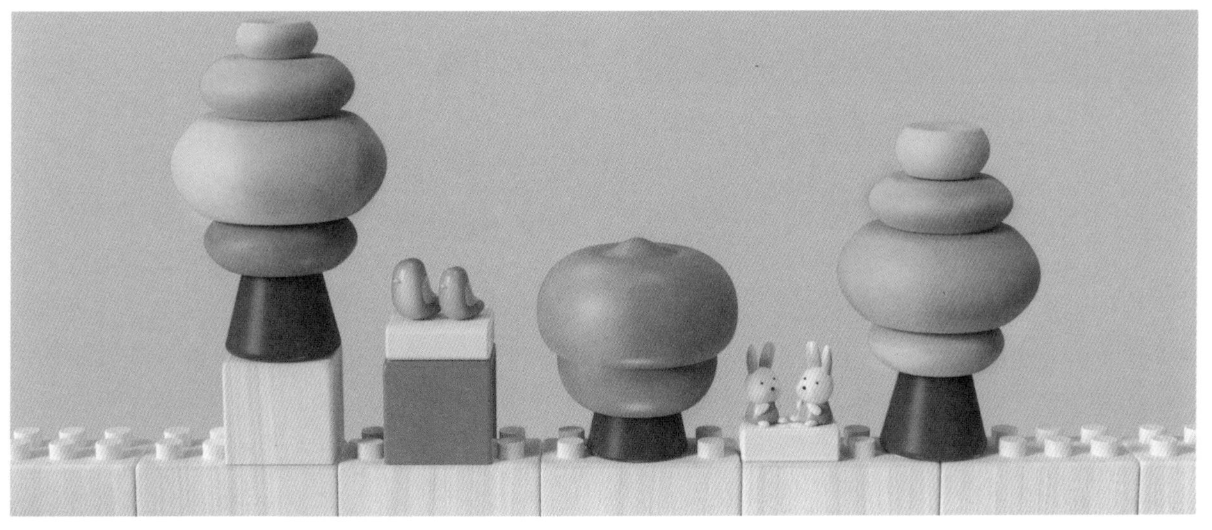

图 3-1-43　设计细节图 3

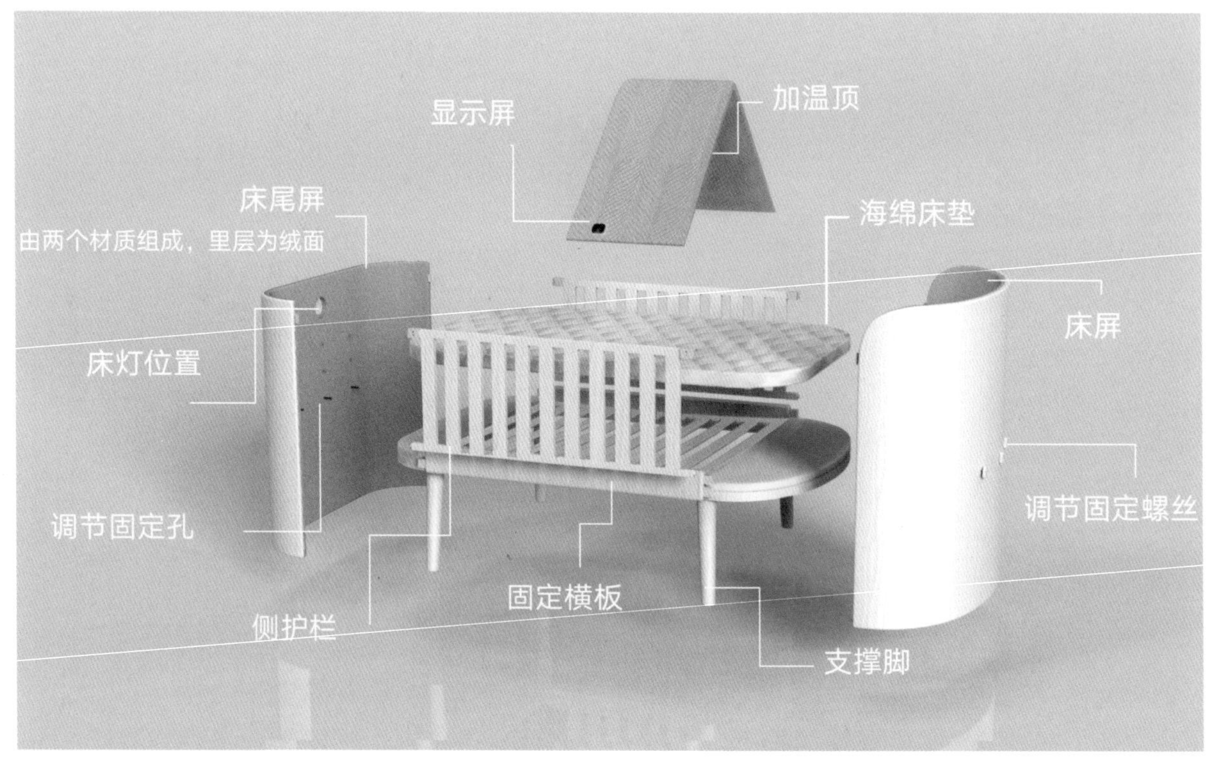

图 3-1-44　积木互动成长床结构说明图

图 3-1-45　使用状态图

图 3-1-46　使用场景图

（五）作品分析

当代社会对儿童的关注越来越高，儿童看护者（这一责任通常由母亲承担）的压力也越来越大。白天照顾儿童的同时，晚上频繁起床检查孩子是否踢被子、是否着凉会严重影响看护者的睡眠质量，增加了他们的身心压力。这一设计作品充分考虑了睡眠阶段儿童和看护者的需求，以人性化的理念和合理的功能设计，解决了这个特殊问题。此外，在产品的外观和材质选择上也充分考虑了儿童的喜好和保护儿童的需要，将儿童成长床设计为一个温馨的“森林小屋”，让孩子真正喜欢这个小屋，同时能高质量地在温暖的环境中入睡。该设计作品探讨的问题是当今的热点问题，解决问题的方式与智能家居的社会发展趋势相一致，是人性化设计的积极尝试。

第二节　企业作品案例

本节选用广东部分设计公司设计的作品为案例，希望通过展示不同类型产品的简要设计流程与最终设计效果，给学生以更多参考、启发。

一、案例一：刀具设计

广东省阳江市是著名的刀具产业聚集地。阳江川页艺术设计有限公司创始人苏志勇先生在对现有刀具产品进行调研时发现，大部分刀具产品无法被回收利用，设计创新度不高，国产厨房刀具缺乏强烈的设计感和可定制的高端个性化产品。因此，作为设计师，苏志勇先生以创造全新、高品质、模块化、可定制的厨房刀具为使命，以“追寻心作，传承美学”为理念，自主研发并创造了“可自由更换配件的环保厨房刀‘极’系列”产品。

该系列产品外观采用极简的几何线条和镂空设计，使其更具现代简约的设计感，并实现了合理减重的目的。同时，该系列产品具有一刀多柄的特点，可以随意变换颜色和花纹，满足不同人对美的需求。产品通过CNC（数控机床）全自动化精密生产，极大地减少了独立配件的误差，使普通消费者也能够进行组装。在产品设计过程中，经历了工艺的不断升级和改良，通过配件的选配，融入大漆等“非遗”工艺供客户定制，实现了产品的可持续升级改进。该系列产品在日本上市后备受关注和好评，荣获了“iF DESIGN AWARD 2023”。

作 品 名：可自由更换配件的环保厨房刀‘极’系列

设计企业：阳江川页艺术设计有限公司

设 计 师：苏志勇

· 研究洞察（图3-2-1）

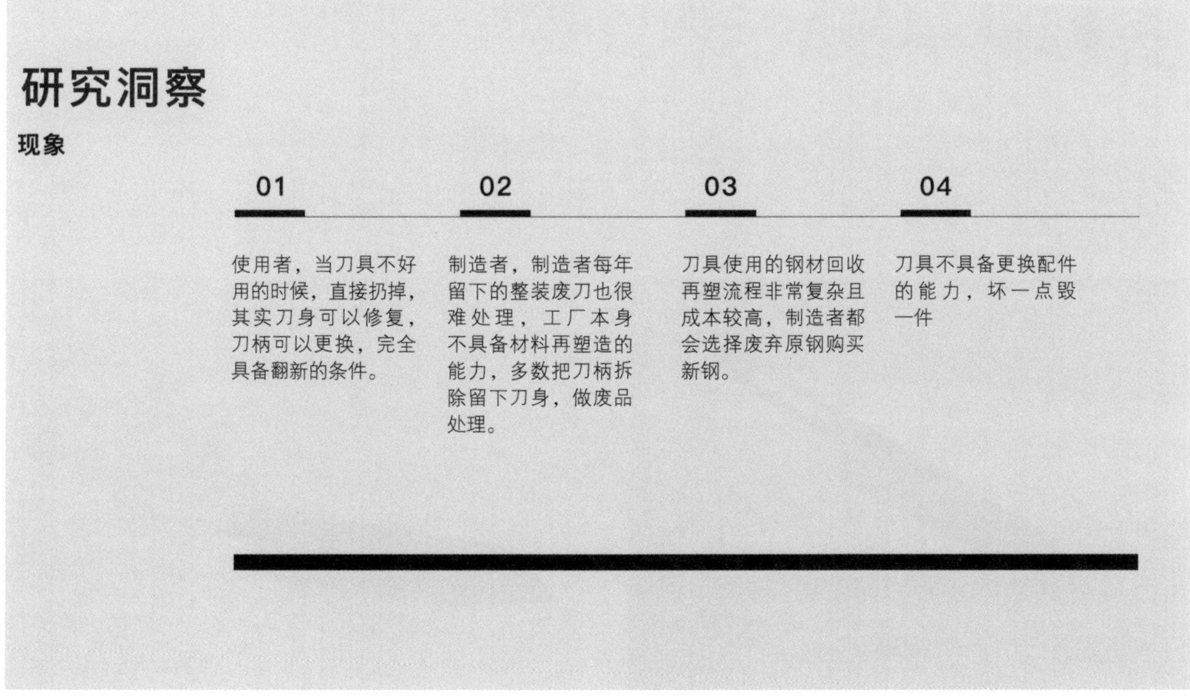

图3-2-1　研究洞察

· 产品策略（图3-2-2）

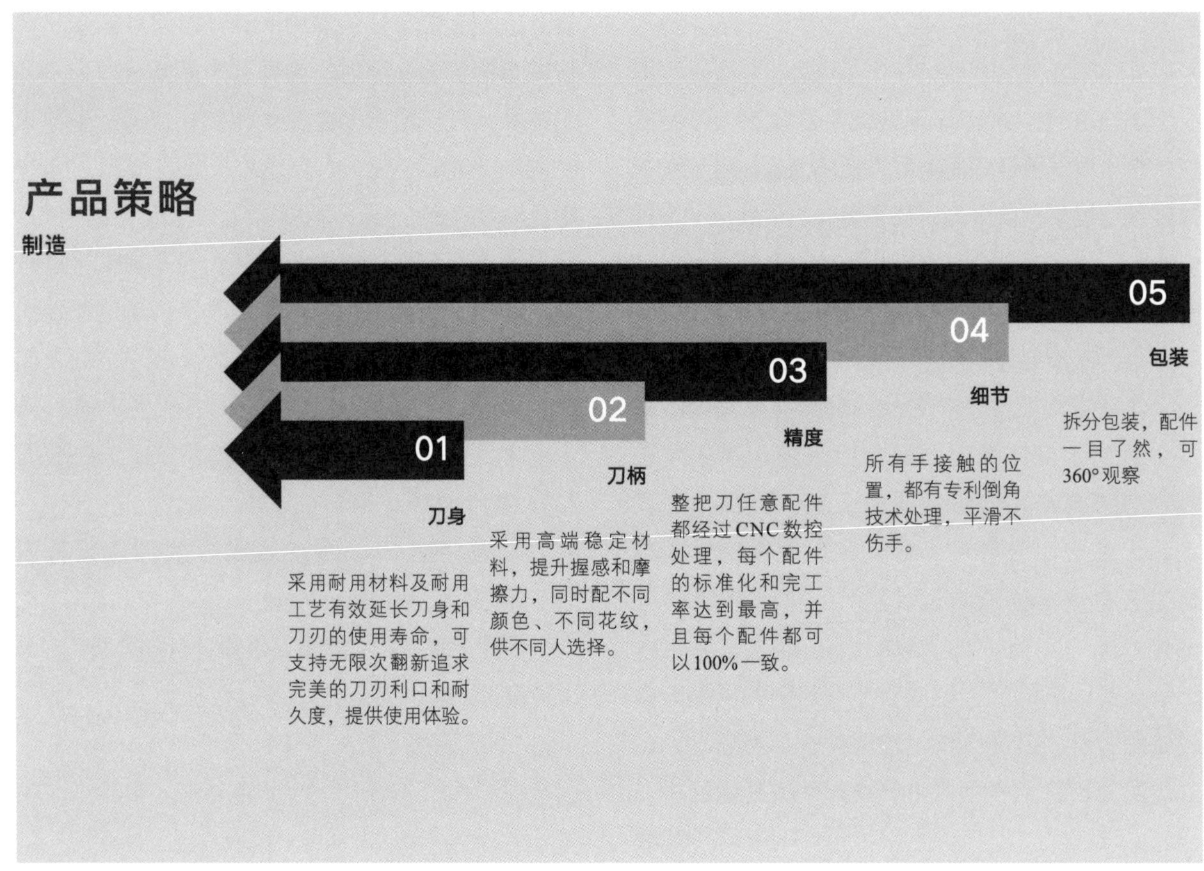

产品策略
制造
05
04
03
02
01
包装
细节
精度
刀柄
刀身
拆分包装，配件一目了然，可360°观察
所有手接触的位置，都有专利倒角技术处理，平滑不伤手。
整把刀任意配件都经过CNC数控处理，每个配件的标准化和完工率达到最高，并且每个配件都可以100%一致。
采用高端稳定材料，提升握感和摩擦力，同时配不同颜色、不同花纹，供不同人选择。
采用耐用材料及耐用工艺有效延长刀身和刀刃的使用寿命，可支持无限次翻新追求完美的刀刃利口和耐久度，提供使用体验。

图3-2-2　产品策略

· 深入设计（图3-2-3、图3-2-4）

图3-2-3　设计效果图

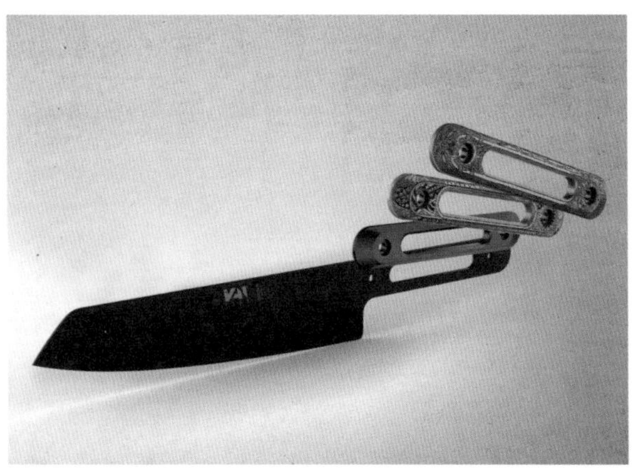

图3-2-4　设计配件图

· 产品实现（图3-2-5至图3-2-8）

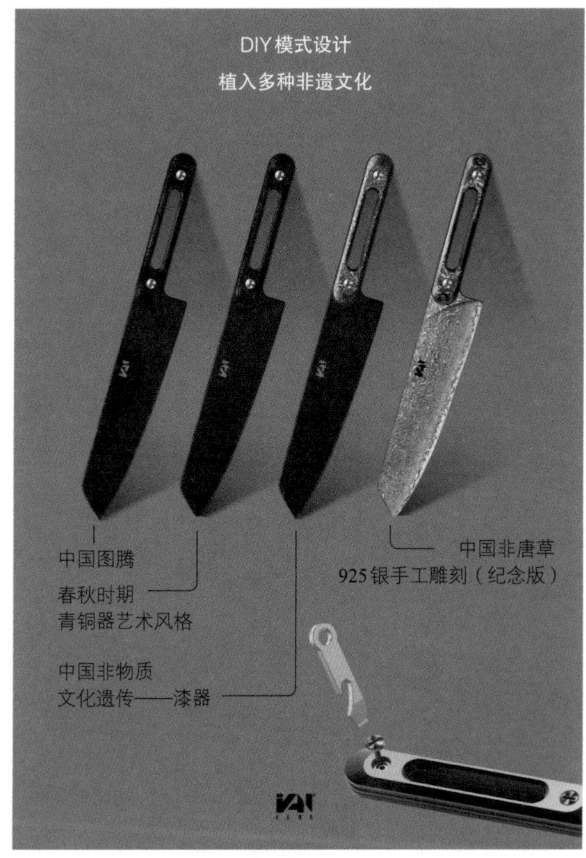

图3-2-5　融入多种元素工艺图1

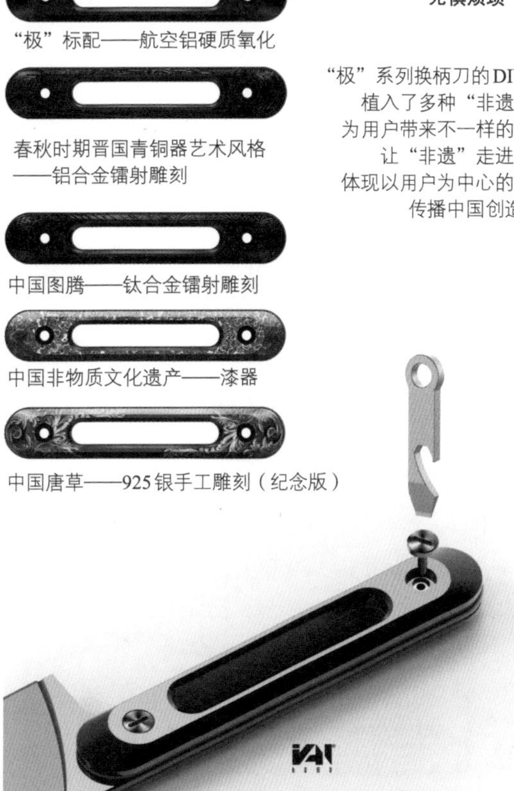

图3-2-6　融入多种元素工艺图2

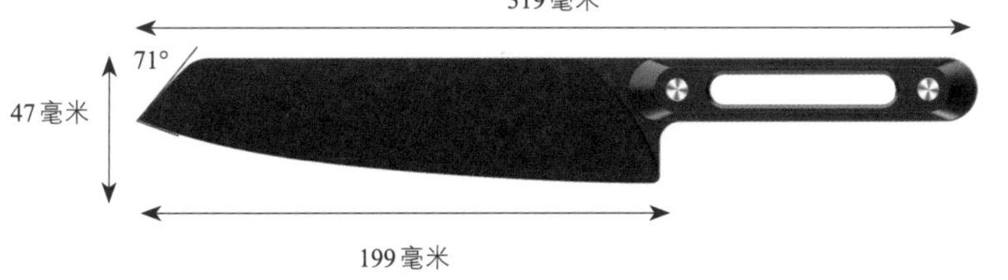

刀刃材料：ZDF-905
刀刃硬度：61 ± 1HRC
刀口角度：24° ± 1°
刀刃表面工艺：镀钛
耐磨锋利度：660（欧标500）
手柄材料：铝合金
产品重量：196.7g

	ZDF-905	
	控制成分	目标成分
C	0.90~0.94	0.92
Si	≤0.80	0.20~0.60
S	≤0.025	
P	≤0.025	
Mn	0.20~0.80	0.45
Ni	≤0.60	<0.40
Cr	13.50~14.50	13.90
Mo	0.40~0.50	0.42
V	0.10~0.30	0.15
Cu	≤0.025	
Co	0.40~0.50	0.46

图3-2-7　生产加工图1

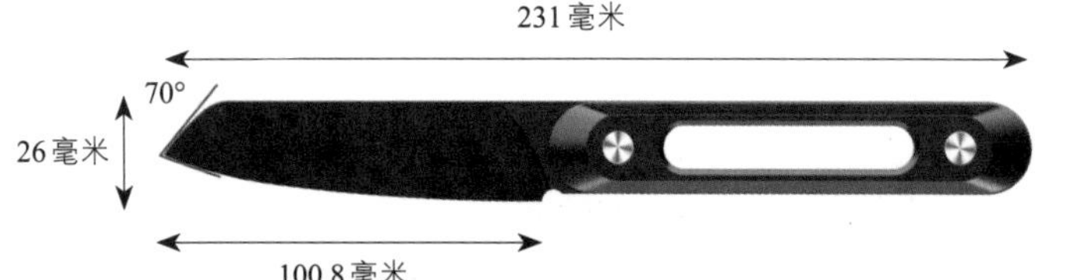

刀刃材料：ZDF-905
刀刃硬度：61±1HRC
刀口角度：24°±1°
刀刃表面工艺：镀钛
耐磨锋利度：660（欧标500）
手柄材料：铝合金
产品重量：124.9g

	ZDF-905	
	控制成分	目标成分
C	0.90~0.94	0.92
Si	≤0.80	0.20~0.60
S	≤0.025	
P	≤0.025	
Mn	0.20~0.80	0.45
Ni	≤0.60	<0.40
Cr	13.50~14.50	13.90
Mo	0.40~0.50	0.42
V	0.10~0.30	0.15
Cu	≤0.025	
Co	0.40~0.50	0.46

图3-2-8　生产加工图2

· 推广营销（图3-2-9至图3-2-11）

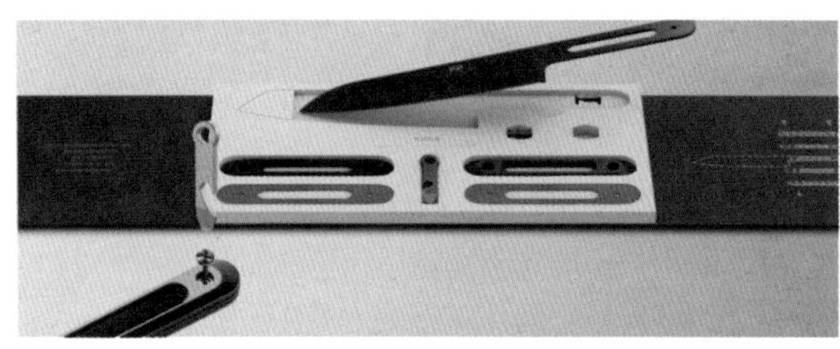

图3-2-9　包装设计

图3-2-10　设计展示

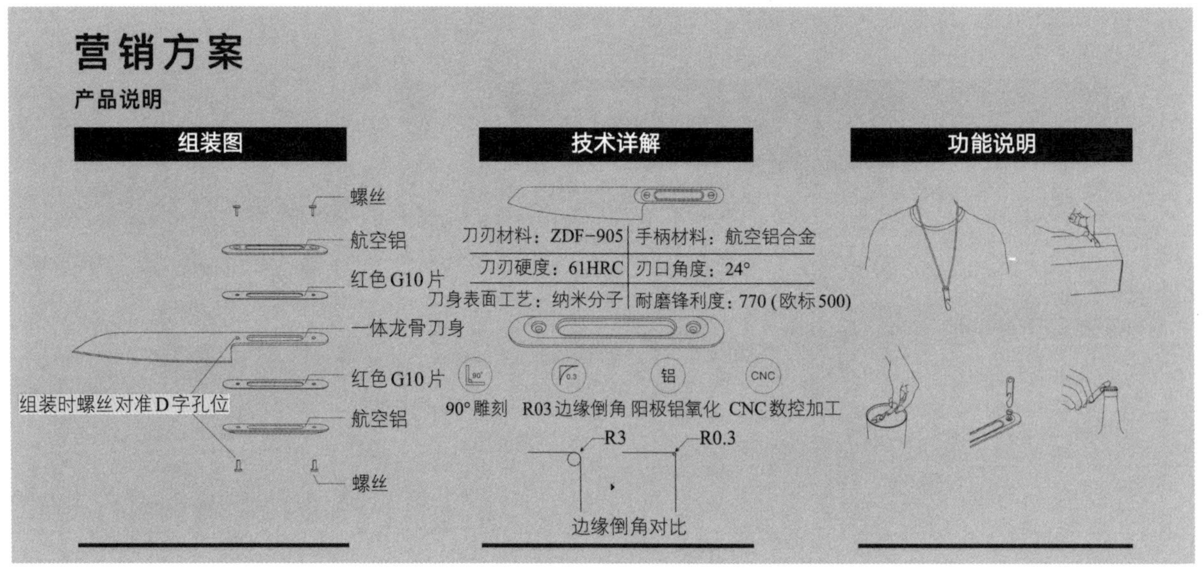

图3-2-11　营销方案

二、案例二：蓝牙降噪耳机设计

本案例是广州人本造物产品设计有限公司设计开发的一款蓝牙降噪头戴耳机。由于其应用于特殊环境且功能需求明确，设计师在了解产品的设计要求后展开了设计工作。该耳机的设计核心要素包括：合理的功能组件结构设计，适应手套操作且具有强反应的按键，采用轻便、防水耐磨的材料，满足多种场景的颜色搭配，刚劲、硬朗的风格设计。

该产品在材料上采用了皮革、织布、金属等组合，使接触头部的耳杯等部位具有柔软舒适感，并在局部具备耐磨防滑性，保证使用的耐久性与坚固性；按键的布局根据使用习惯合理设计，方便戴手套操作并能够给使用者按压反馈。通过大量运用几何造型元素强调力量感，再加上功能性色彩的应用，使得该耳机设计适用于多种场景（图3-2-12至图3-2-18）。

作 品 名：蓝牙降噪耳机

设计企业：广州人本造物产品设计有限公司

设 计 师：朱雍（广州人本造物产品设计有限公司创始人）

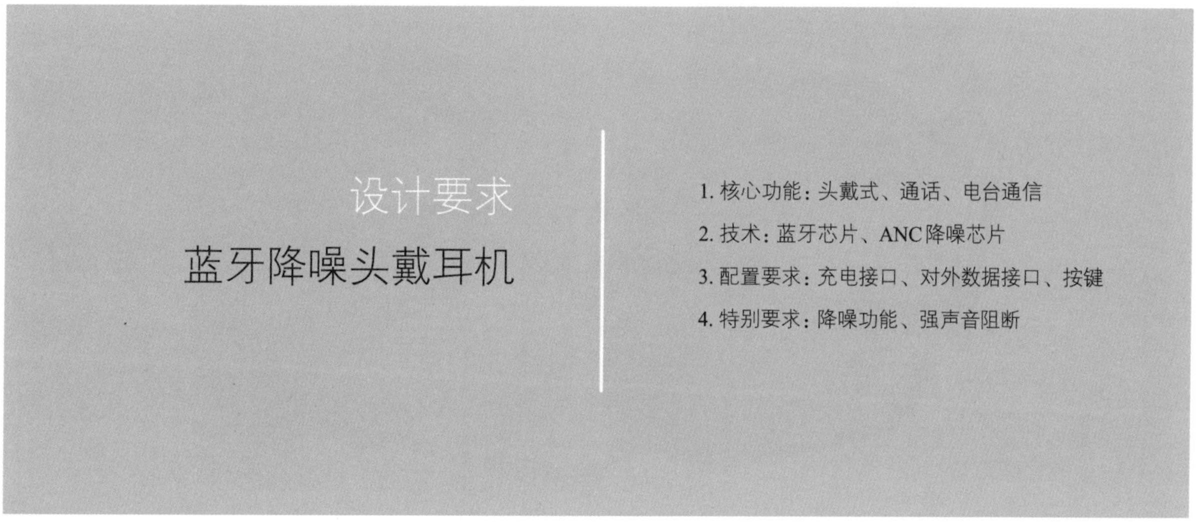

设计要求
蓝牙降噪头戴耳机

1. 核心功能：头戴式、通话、电台通信
2. 技术：蓝牙芯片、ANC降噪芯片
3. 配置要求：充电接口、对外数据接口、按键
4. 特别要求：降噪功能、强声音阻断

图3-2-12　设计要求

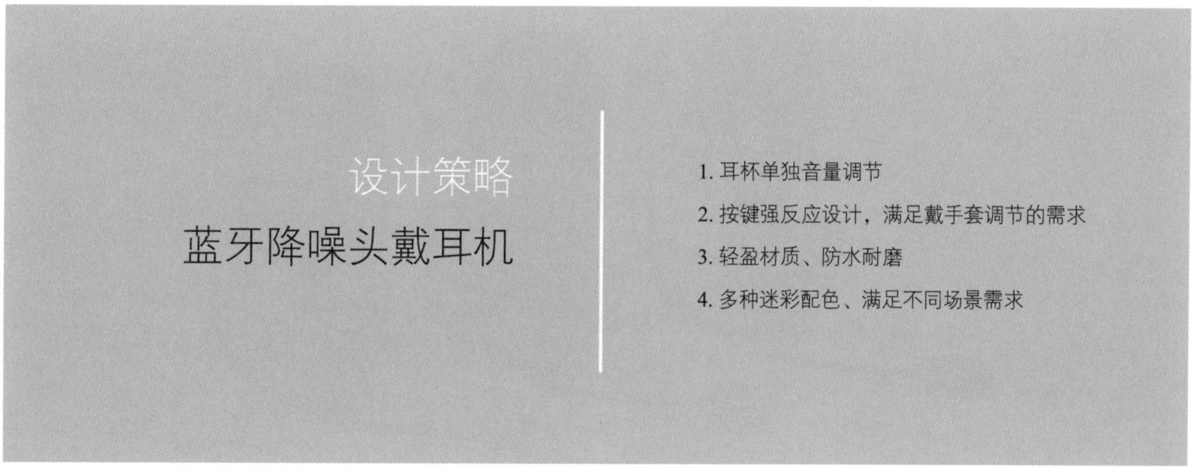

设计策略
蓝牙降噪头戴耳机

1. 耳杯单独音量调节
2. 按键强反应设计，满足戴手套调节的需求
3. 轻盈材质、防水耐磨
4. 多种迷彩配色、满足不同场景需求

图3-2-13　设计策略

图 3-2-14　设计效果图 1

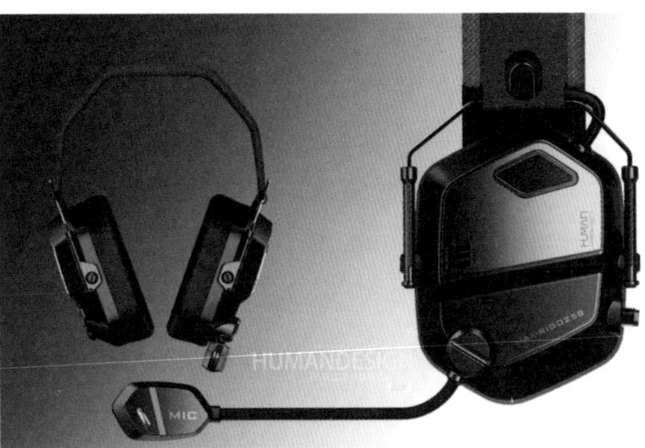

图 3-2-15　设计效果图 2

图 3-2-16　设计效果图 3

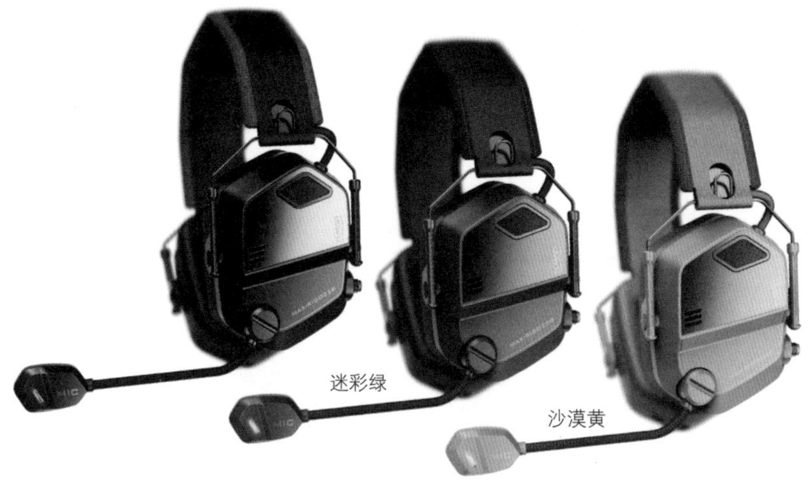

图 3-2-17　设计配色图

01 零件：金属装饰件
材料：金属铝
工艺：阳极氧化
颜色：PANTONE 8400 C

02 零件：按键
材料：ABS+PC
工艺：激光蚀纹 SL–2203 30
颜色：PANTONE Process Black

03 零件：耳机降噪孔分件
材料：ABS+PC
工艺：NCVM/喷涂
颜色：PANTONE Process Black

04 零件：降噪孔防尘网
材料：金属铁网
工艺：表面细纹
颜色：PANTONE 433C

05 零件 ：指示灯导光件
材料 ：PC
工艺 ：半透明灰色亮面
颜色 ：红蓝双色灯

06 零件：亮面标识
材料：激光镭雕 亮面
工艺：塑料下沉一定深度
颜色：金属直接闪出材料原色

07 零件：M12/8 芯连接器

08 零件：耳机外壳/MIC 转轴
材料：ABS+PC
工艺：激光蚀纹 SL–2203 36
颜色：Pantone Black C

09 零件 ：MIC 金属管
材料 ：金属
工艺 ：表面螺纹
颜色：PANTONE 433C

10 零件 Part ：MIC 标识
工艺 Technics ：激光镭雕 亮面

11 零件：MIC 头
材料：ABS+PC
工艺：激光蚀纹 SL–2203 36
颜色：Pantone Black C

12 零件：头弓皮革/耳罩皮革海绵
材料：皮革/皮革+蛋白棉
工艺：缝纫
颜色：PANTONE 426C

13 零件：头弓纺织布
材料：纺织布
工艺：缝纫
颜色：参考样品

14 零件：支臂金属
材料：金属
工艺：抛光亮面
颜色：Pantone Black C

15 零件：支臂橡胶
材料：橡胶
工艺：激光蚀纹 SL–2203 33
颜色：PANTONE 426C

16 零件：线 ϕ5mm
颜色：PANTONE 433C

17 零件：线 SR
材料：橡胶
工艺：激光蚀纹 SL–2203 33
颜色：PANTONE 426C

18 零件：3.5 插孔/Type–C 插孔

图 3–2–18　蓝牙降噪耳机 CMF 标准

三、案例三：砭石经络推设计

砭石经络推设计是针对天然砭石的护理应用而开展的项目。天然砭石富含有益微量元素，通过刮推经络可以有效促进血液微循环和美容塑形。砭石刮痧理疗是中华民族几千年来在与疾病斗争中积累起来的宝贵经验。随着人们对健康生活的重视，市场上出现了多种砭石经络护理产品，其中一些产品还增加了振动和红外功能，以更好地发挥砭石经络护理的功效。通过调研发现，对于高端美容护理的砭石经络护理产品存在一定的市场空间。基于此，该项目以多功能、多部位和时尚个性为主要切入点，设计了高端个性化的砭石经络产品。

该款砭石经络推是一款融砭石理疗、红光理疗、恒温加热和振动按摩为一体的经络疏通推。砭石主体采用25°倾斜设计，符合人体工程学角度，使得推刮更省力。同时铝合金把手提升了产品的质感，容易把握。颈部设置液晶显示，直观显示信息。多挡恒温加热和多挡振动理疗可让皮肤更舒适，有效刺激按摩区域，提升使用者的体验感。砭石经络推的造型小巧，白色或彩色与金属质感搭配，使铲皮颜色具有时尚属性，更符合中高端市场需求（图3-2-19至图3-2-26）。

作 品 名：砭石经络推

设计企业：广州维博产品设计有限公司

设 计 师：黎坚满（广州维博产品设计有限公司创始人）

砭石经络推研究洞察

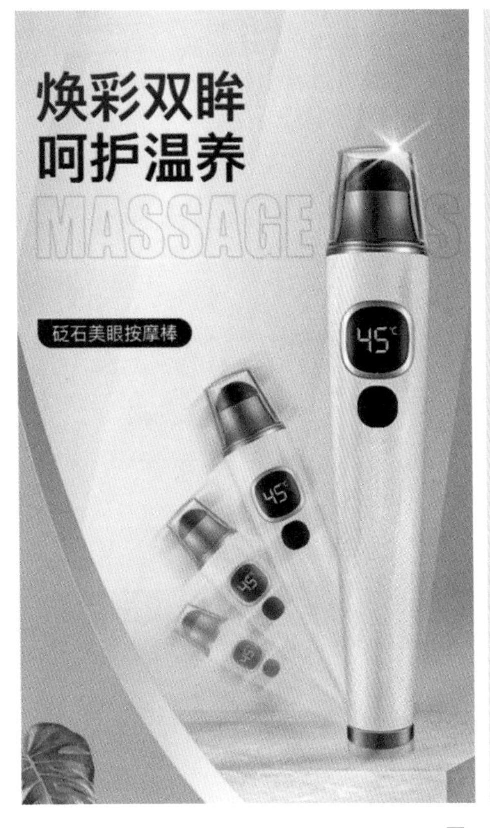

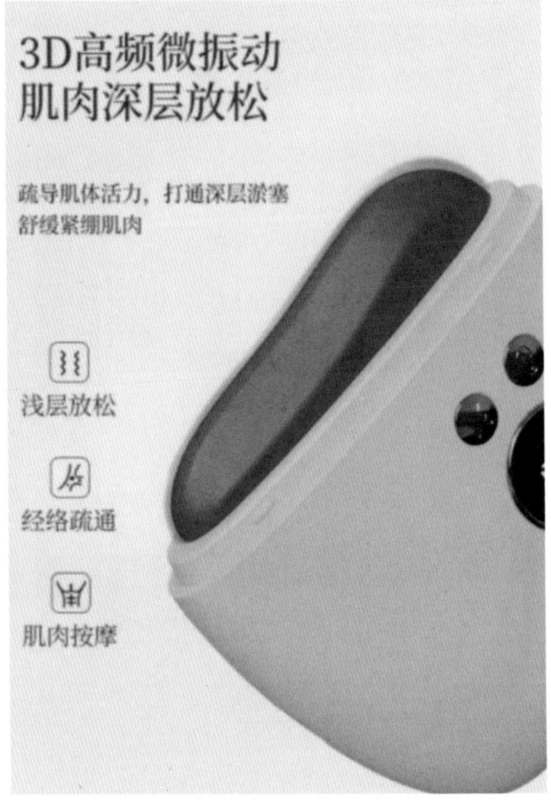

随着人们对健康生活的重视，市场上出现了砭石经络护理产品。这些产品增加了振动功能、红外功能，能更好地发挥砭石经络护理的功效。这类产品价格不贵，针对高端美容护理的砭石经络护理产品具有一定的市场空间。

图3-2-19　砭石经络推研究洞察1

砭石经络推研究洞察

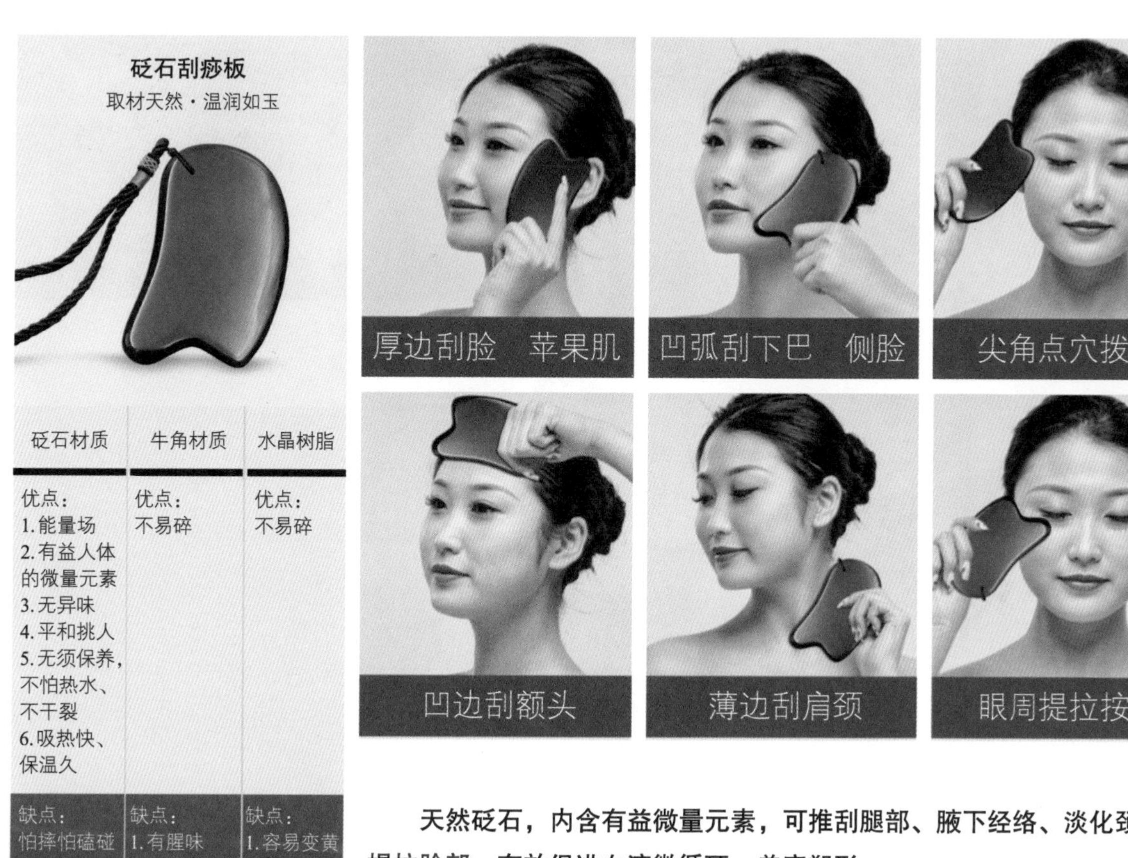

天然砭石，内含有益微量元素，可推刮腿部、腋下经络、淡化颈纹、提拉脸部，有效促进血液微循环、美容塑形。

图 3-2-20　砭石经络推研究洞察 2

砭石经络推设计策略	多功能		多部位		时尚个性
	红光理疗 振动按摩 恒温加热 砭石理疗	+	脸部美容 背部经络护理 腿部放松 便于抓握	+	混合材质 个性颜色 易于清洁 温暖亲和

以多功能、多部位、时尚个性为主要切入点，设计高端、个性化的砭石经络护理产品。

图 3-2-21　砭石经络推设计策略

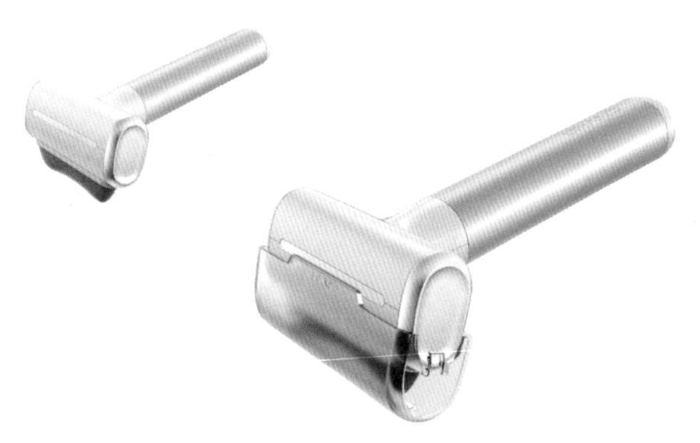
图 3-2-22　砭石经络推设计效果图

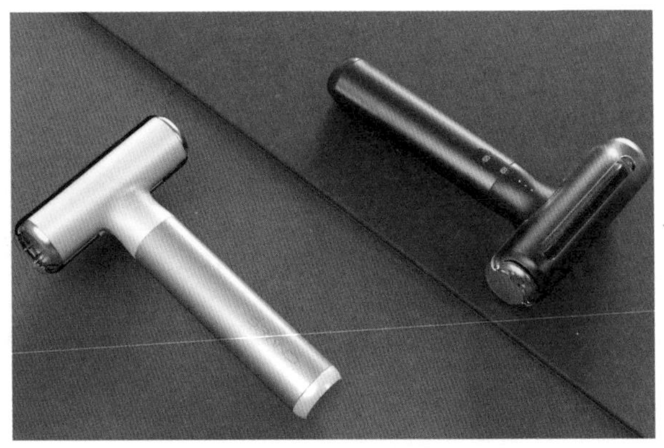
图 3-2-23　砭石经络推设计配色图

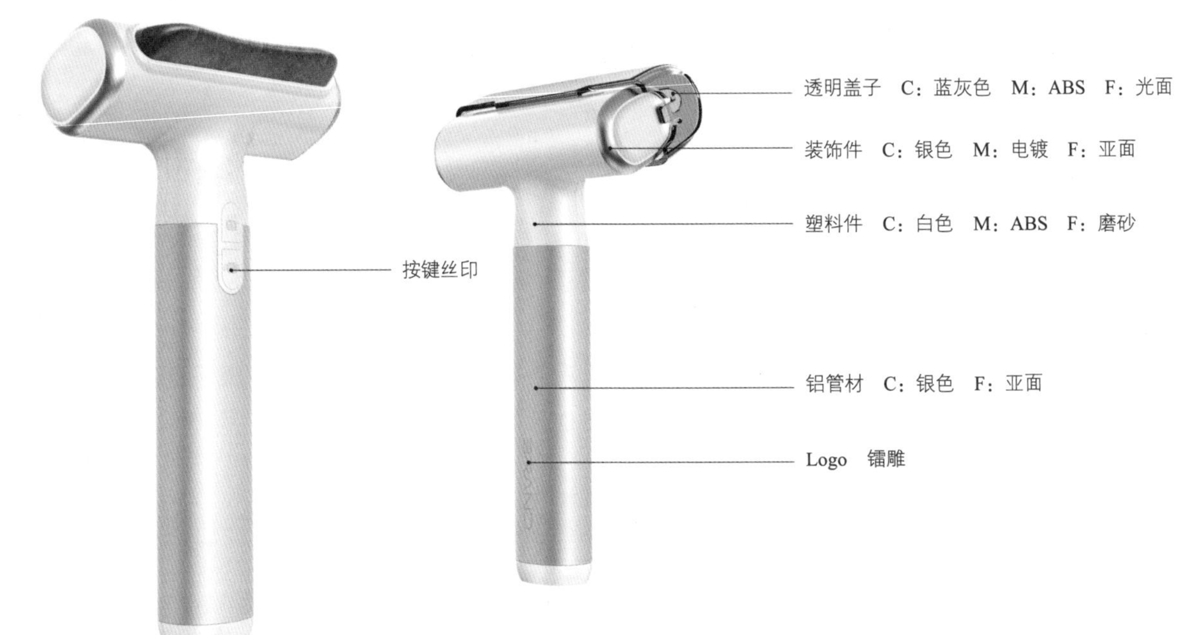

图 3-2-24　砭石经络推 CMF 设计标准

图 3-2-25　包装设计图

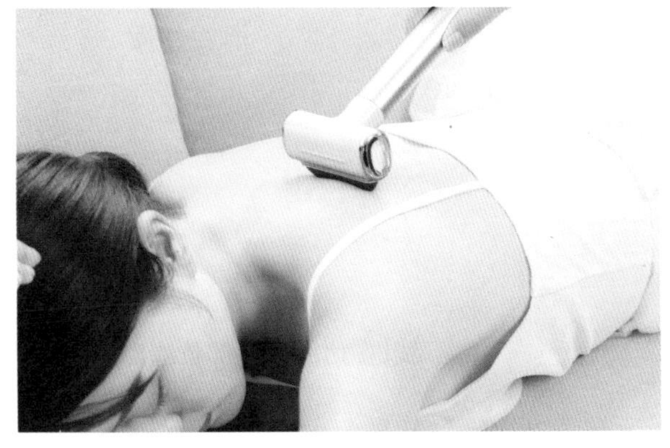
图 3-2-26　砭石经络推使用状态图

四、案例四：茶吧机设计

中国有着悠久的饮茶文化，当今社会，饮茶已经成为家庭生活、亲友团聚和商务休闲等多种场景下的一种生活方式。经过对市场现有茶吧机产品进行分析后发现，这些产品具备烧水功能，但缺乏泡茶空间，并且产品风格相对单一。通过深入研究和洞察，本项目以展现茶文化原色、重新规划操作空间、营造全新产品风格和饮茶体验为茶吧机开发的策略。

经过第一轮、第二轮和第三轮的设计提案与不断改进，最后选定E4编号茶吧机为最终方案。该设计以白色为主色调，以竹材和耐高温的黑色PP（聚丙烯）材料作为点缀，采用椭圆形为整体外形，流畅简洁的直线条辅以轻快的曲线，打破了传统茶吧机的方形设计，使“轻生活——新式茶吧机”看起来更加轻盈、简洁和现代。茶吧机的操作空间考虑到烧水和泡茶这两大功能，加入竹材料，既划分了空间，又提升了茶文化元素，营造出轻松、休闲且易于使用的体验感（图3-2-27至图3-2-44）。

作 品 名：轻生活——新式茶吧机

设计企业：佛山市形科工业设计有限公司

设 计 师：张法娟（佛山市形科工业设计有限公司创始人）

1. 功能：保暖+烧水
2. 均无茶盘，没有泡茶空间
3. 产品差异化不大

图 3-2-27　茶吧机市场调研

轻生活

茶文化/竹韵/新体验

茶盘为茶吧机提供喝茶便利

茶文化

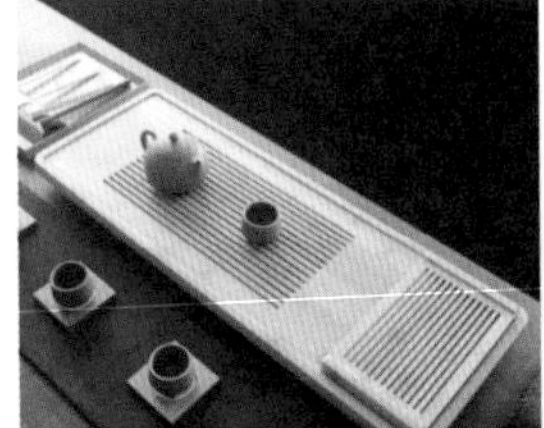

竹韵

约三两好友，喝茶聊天

1. 融入茶文化，竹韵茶盘
2. 更好的泡茶、喝茶体验
3. 造型简洁时尚
4. 适合公寓、家庭、小型办公室，营造小型交流中心

图 3–2–28　茶吧机产品策略 1

轻生活，茶文化，竹韵茶盘，简洁造型
自带有接水盒以及直接外排水口
重新规划操作空间
左边泡茶，右边烧水，全新喝茶体验。

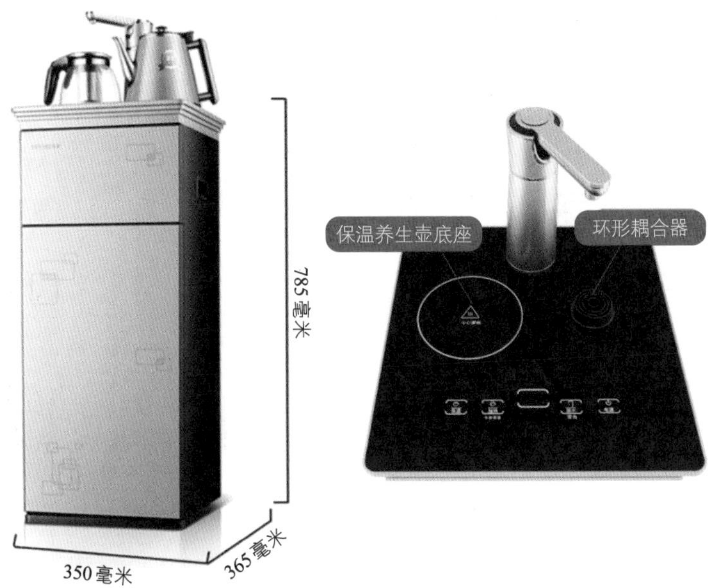

图 3–2–29　茶吧机产品策略 2

图 3-2-30　茶吧机第一轮设计提案汇总

1. 顶部不要飘出来；一体化，整机感，更简洁
2. 水龙头与水壶看起来风格有点怪异，考虑换回现在的产品：全玻璃，木质把手，茶壶感觉
3. 茶盘用竹子材质，整体材质/配色考虑往竹韵方面靠拢

图 3-2-31　茶吧机第一轮设计提案评审意见

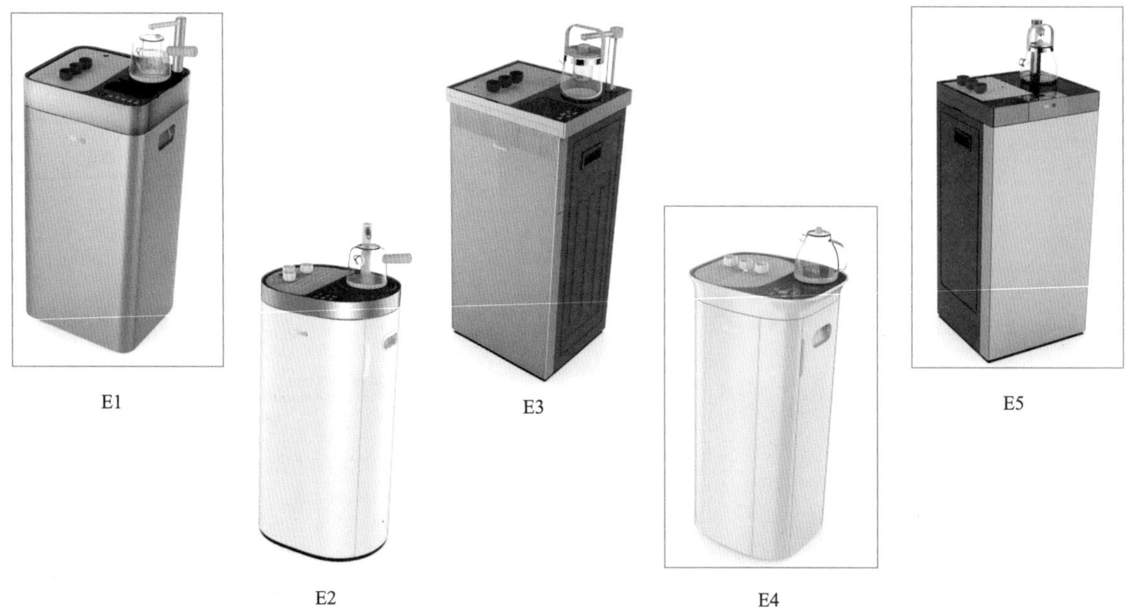

1. 产品风格以圆润为主，更加贴近家用的场景
2. 方形的产品，太过于偏向商用场景
3. 外观方案的选择，倾向于E1、E4和E5
4. 塑料门的方案，成本高于玻璃门(玻璃门可以不用内衬)，要解决这个问题

图 3-2-32　茶吧机第二轮设计提案汇总

1. 产品细节调整
2. 产品的外形尺寸
特价机：金架构尺寸：305毫米 ×270毫米 ×700毫米
终端机：金架构尺寸：400毫米 ×345毫米 ×752毫米
3. 加热系统还原为传统的水壶加热，控制成本，加热水壶采用透明玻璃材质，类似于养生壶的方式
4. 衍生两种加水方式
5. 传统外置水龙头加水
6. 底部上水，没有龙头
7. 操作按键的排布适宜
8. 圆形外观的产品，按键排布倾向于E4方案，采用圆形，区别于现有茶吧机的款式
9. 方形外观的产品，按键排布保持方形，但需要重新设计

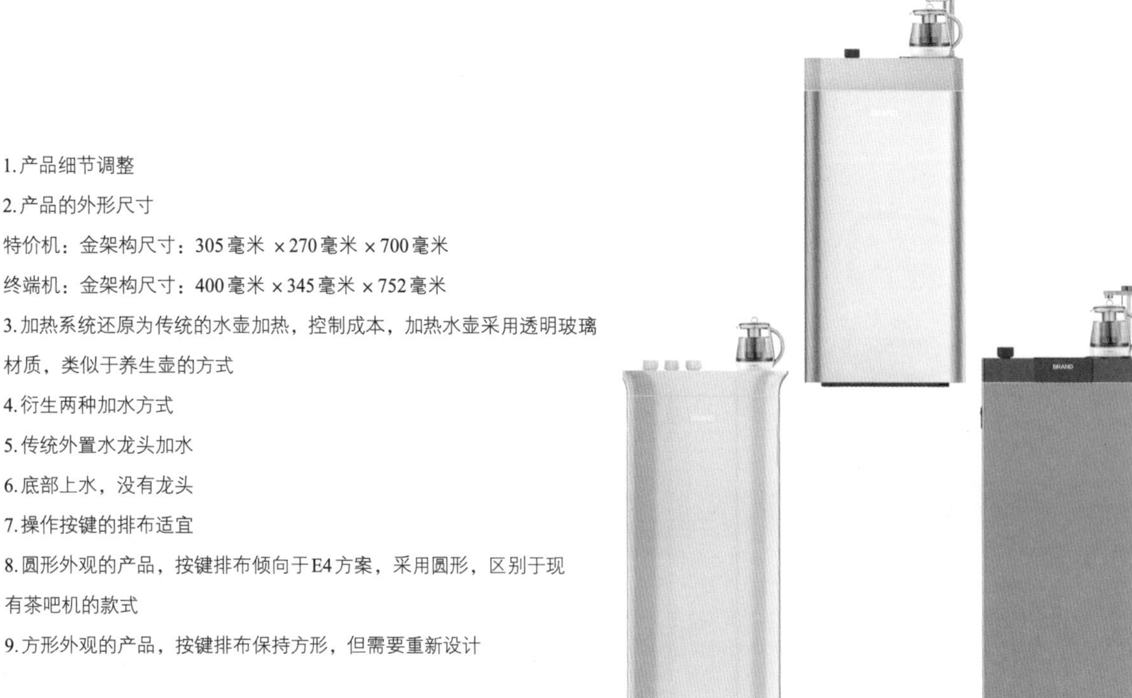

图 3-2-33　茶吧机第二轮设计提案评审意见

图 3-2-34　茶吧机第三轮设计提案汇总

图 3-2-35　茶吧机第三轮设计提案之 E2 效果图

图 3-2-36　茶吧机第三轮设计提案之 E2 细节图 1

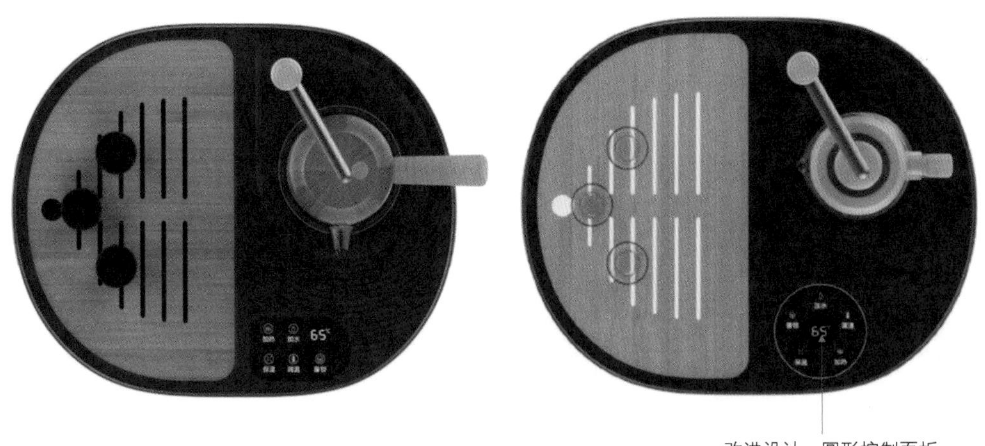

图 3-2-37　茶吧机第三轮设计提案之 E2 细节图 2

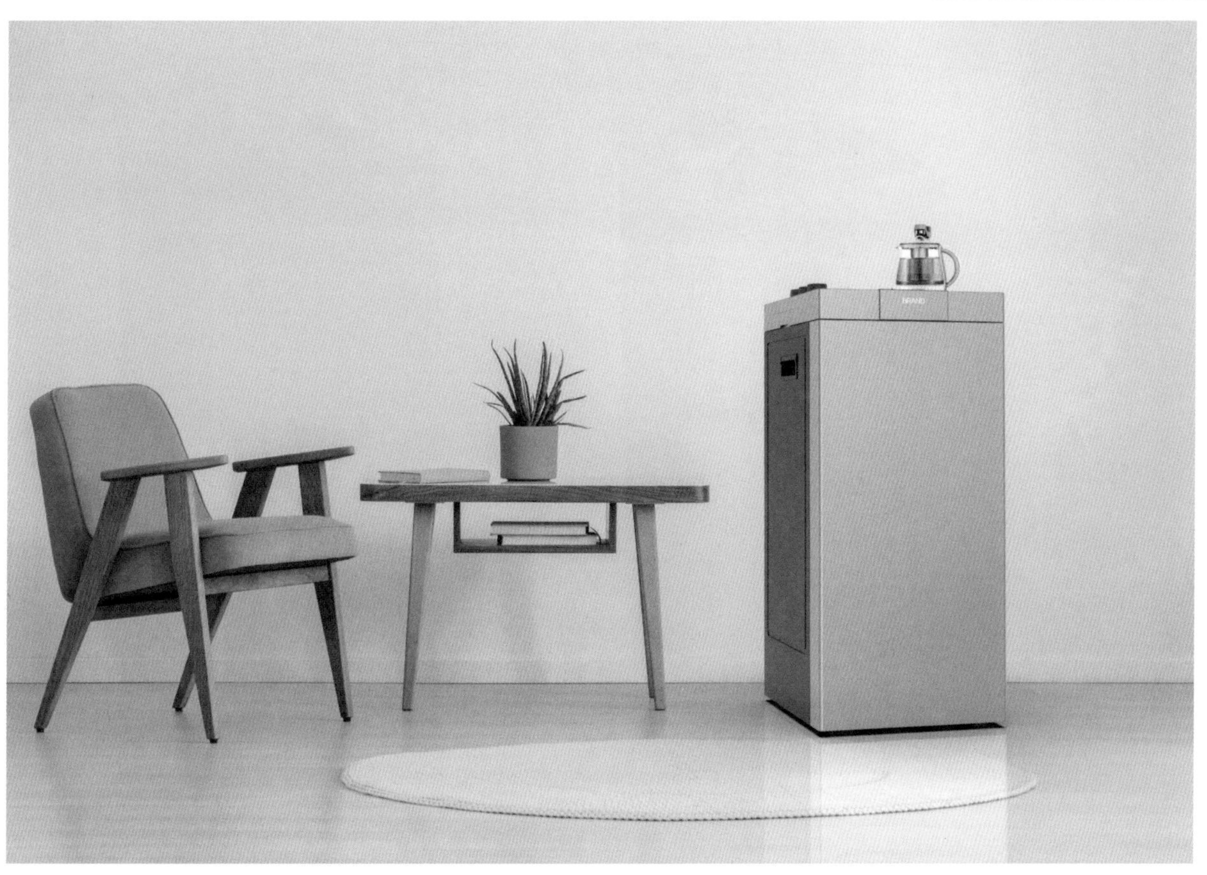

图 3-2-38 茶吧机第三轮设计提案之 E5 效果图

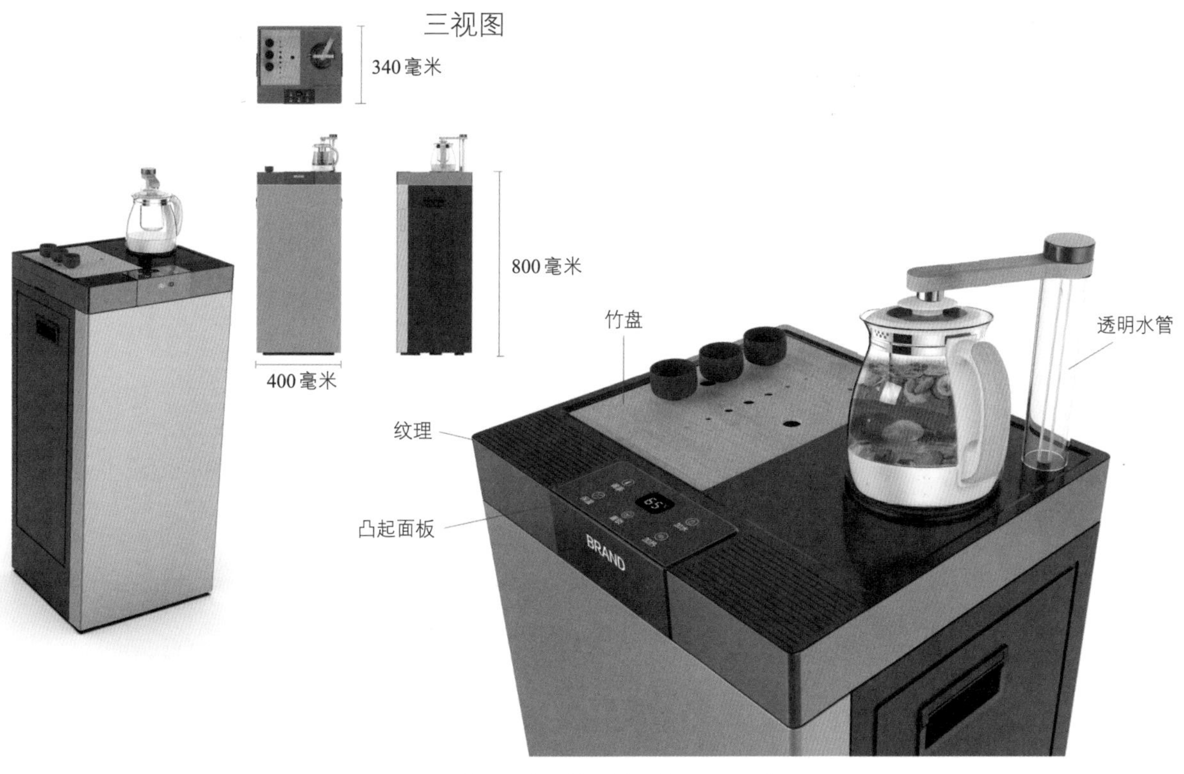

图 3-2-39 茶吧机第三轮设计提案之 E5 细节图

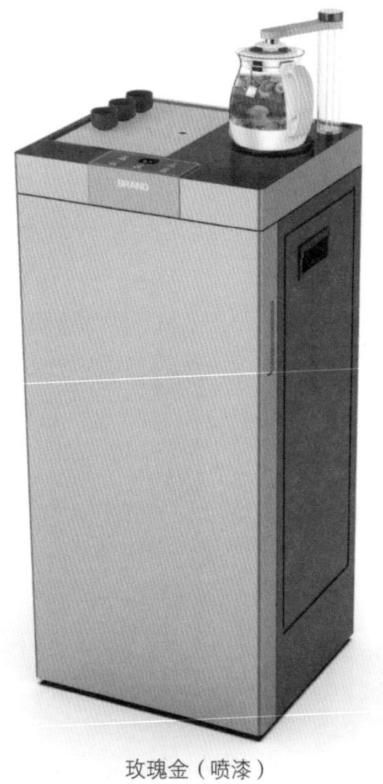
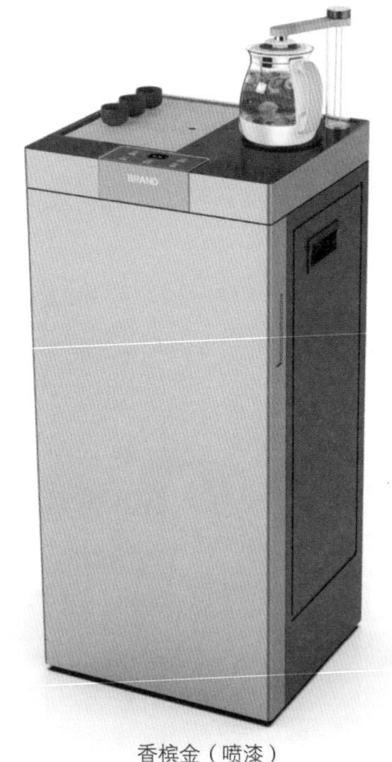

玫瑰金（喷漆）　　香槟金（喷漆）

图 3-2-40　茶吧机第三轮设计提案之 E5 配色图

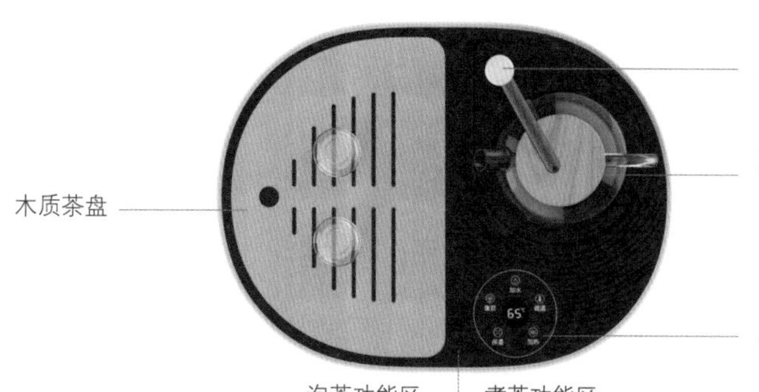

图 3-2-41　选定的最终方案说明图

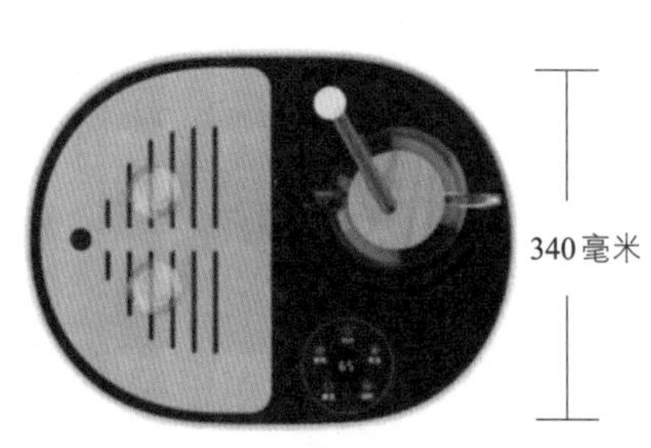

图 3-2-42　最终方案尺寸图

轻生活——新式茶吧机

采用模块化设计，根据场景选择
不同水源模块

净水模块

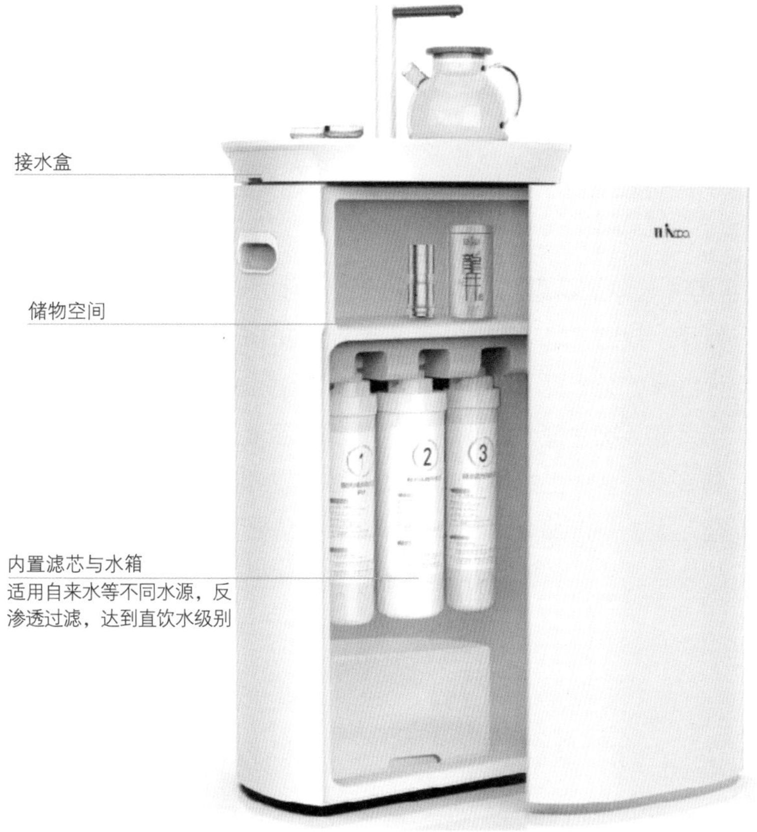

图 3-2-43　最终方案结构说明图

图 3-2-44　“轻生活——新式茶吧机”使用场景图

参考资料

[1] [荷] 代尔夫特理工大学工业设计工程学院. 设计方法与策略：代尔夫特设计指南 [M]. 倪裕伟译. 武汉：华中科技大学出版社，2014.

[2] 许继峰，张寒凝. 产品设计程序与方法 [M]. 北京：北京大学出版社，2017.

[3] 桂元龙，况雯雯，杨淳编著. 产品项目设计 [M]. 合肥：安徽美术出版社，2017.

[4] 韩吉安，卢世主主编. 产品设计程序与方法 [M]. 南京：江苏凤凰美术出版社，2015.

[5] 桂元龙，杨淳编著. 产品形态设计 [M]. 北京：北京理工大学出版社，2007.

[6] 黎恢来. 产品结构设计提升篇：真实案例设计过程全解析 [M]. 北京：电子工业出版社，2021.

后　记

编者在多年的教学中发现，设计作为一门综合型、应用型学科，一直注重实践、应用和经验总结，但对指导实践过程的方法往往没有深入挖掘，难以形成系统、全面的理论体系。《设计程序与方法》作为学习产品艺术设计（工业设计）的学生来说，往往是进入专业阶段的第一门重要课程，对学生如何理解产品艺术设计至关重要。掌握更多的知识、方法和案例将能帮助初学者培养科学的设计观，提升设计创意思维，并且熟练掌握创新设计方法。

然而，产品设计程序与方法包含的内容过于宽泛，几乎可以涵盖产品设计的所有环节、流程、方法和知识。受限于课程课时和教材篇幅的限制，教材必须有所侧重。基于编者多年的教学经验总结，本教材着重阐释了研究洞察与产品策略这一流程，即第二章第一、二节的内容。牢固掌握好这部分内容，能够帮助初学者更好地理解产品设计是什么，产品设计怎么做，产品设计如何实现，产品设计如何评价。通过不断学习和实践，最终实现自主设计创新。然而，教材无法详尽地涵盖所有内容，学习者还需要在更多的课程、教材和实践中不断寻找答案。

第三章以不同类型的学生作品和企业作品作为案例，简要展示了设计的过程，旨在帮助学习者比较不同类型产品和不同项目产品的侧重点与设计方法，更好地体会产品设计创新与应用。

在本书的编写过程中，得到了许多国内有实力的设计机构和设计师的支持，他们提供了优秀作品作为案例，以增加本教材的应用性，使产品艺术设计教育与产业更紧密地结合，培养优秀的人才。在此特别感谢广东东方麦田工业设计股份有限公司的刘诗锋先生、广州维博产品设计有限公司的黎坚满先生、广州人本造物产品设计有限公司的朱雍先生、佛山市形科工业设计有限公司的张法娟先生、阳江川页艺术设计有限公司的苏志勇先生等。

因学识有限，书中难免有偏颇之处，还望各位专家、读者能够不吝赐教。

编者

2023 年 12 月